高 等 学 校 教 材
电子信息

MATLAB应用技术
——在电气工程 与自动化专业中的应用

王忠礼 段慧达 高玉峰 编著
赵金宪 主审

清華大学出版社
北 京

内 容 简 介

本书以当前流行的仿真软件——MATLAB 和 Simulink 为基础,主要针对自动化和电气工程等相关专业的应用,介绍自动控制理论与自动控制系统、电力电子技术、工业企业供电与电力等 MATLAB 仿真技术,以及 MATLAB 在模糊智能控制技术中的应用。本书通过实例由浅入深、循序渐进地介绍 MATLAB 的使用经验与技术,使读者轻松掌握 MATLAB 电类仿真技术。

本书适合高等院校电气工程、自动控制等电类专业的本科生使用,也适用于从事相关技术研究的科技人员。

图书在版编目(CIP)数据

MATLAB 应用技术:在电气工程与自动化专业中的应用/王忠礼,段慧达,高玉峰编著.
—北京:清华大学出版社,2007.1(2024.1 重印)
(高等学校教材·电子信息)
ISBN 978-7-302-13290-5

Ⅰ. M⋯ Ⅱ. ①王⋯ ②段⋯ ③高⋯ Ⅲ. ①电气工程－计算机辅助计算－软件包,
MATLAB－高等学校－教材 ②自动控制系统－计算机辅助计算－软件包,MATLAB－高等
学校－教材 Ⅳ. ①TM02-39 ②TP273

中国版本图书馆 CIP 数据核字(2006)第 070688 号

责任编辑:丁　岭　赵晓宁
责任校对:时翠兰
责任印制:曹婉颖

出版发行:清华大学出版社
　　　　网　　　址:https://www.tup.com.cn,https://www.wqxuetang.com
　　　　地　　　址:北京清华大学学研大厦 A 座　　　邮　　编:100084
　　　　社 总 机:010-83470000　　　　　　　　　邮　　购:010-62786544
　　　　投稿与读者服务:010-62776969,c-service@tup.tsinghua.edu.cn
　　　　质 量 反 馈:010-62772015,zhiliang@tup.tsinghua.edu.cn
印 装 者:三河市龙大印装有限公司
经　　销:全国新华书店
开　　本:185mm×260mm　　　印　　张:19　　　字　　数:457 千字
版　　次:2007 年 1 月第 1 版　　　　　　　　　印　　次:2024 年 1 月第 17 次印刷
印　　数:32001~33200
定　　价:59.00 元

编号:017854-03

编审委员会成员

重庆大学	曾孝平	教授
重庆邮电学院	谢显中	教授
	张德民	教授
西安电子科技大学	彭启琮	教授
	樊昌信	教授
西北工业大学	何明一	教授
集美大学	迟 岩	教授
云南大学	刘惟一	教授
东华大学	方建安	教授

改革开放以来,特别是党的十五大以来,我国教育事业取得了举世瞩目的辉煌成就,高等教育实现了历史性的跨越,已由精英教育阶段进入国际公认的大众化教育阶段。在质量不断提高的基础上,高等教育规模取得如此快速的发展,创造了世界教育发展史上的奇迹。当前,教育工作既面临着千载难逢的良好机遇,同时也面临着前所未有的严峻挑战。社会不断增长的高等教育需求同教育供给特别是优质教育供给不足的矛盾,是现阶段教育发展面临的基本矛盾。

教育部一直十分重视高等教育质量工作。2001 年 8 月,教育部下发了《关于加强高等学校本科教学工作,提高教学质量的若干意见》,提出了十二条加强本科教学工作提高教学质量的措施和意见。2003 年 6 月和 2004 年 2 月,教育部分别下发了《关于启动高等学校教学质量与教学改革工程精品课程建设工作的通知》和《教育部实施精品课程建设提高高校教学质量和人才培养质量》文件,指出"高等学校教学质量和教学改革工程"是教育部正在制定的《2003—2007 年教育振兴行动计划》的重要组成部分,精品课程建设是"质量工程"的重要内容之一。教育部计划用五年时间(2003—2007 年)建设 1500 门国家级精品课程,利用现代化的教育信息技术手段将精品课程的相关内容上网并免费开放,以实现优质教学资源共享,提高高等学校教学质量和人才培养质量。

为了深入贯彻落实教育部《关于加强高等学校本科教学工作,提高教学质量的若干意见》精神,紧密配合教育部已经启动的"高等学校教学质量与教学改革工程精品课程建设工作",在有关专家、教授的倡议和有关部门的大力支持下,我们组织并成立了"清华大学出版社教材编审委员会"(以下简称"编委会"),旨在配合教育部制定精品课程教材的出版规划,讨论并实施精品课程教材的编写与出版工作。"编委会"成员皆来自全国各类高等学校教学与科研第一线的骨干教师,其中许多教师为各校相关院、系主管教学的院长或系主任。

按照教育部的要求,"编委会"一致认为,精品课程的建设工作从开始就要坚持高标准、严要求,处于一个比较高的起点上;精品课程教材应该能够反映各高校教学改革与课程建设的需要,要有特色风格、有创新性(新体系、新内容、新手段、新思路,教材的内容体系有较高的科学创新、技术创新和理念创新的含量)、先进性(对原有的学科体系有实质性的改革和发展,顺应并符合新世纪教学发展的规律,代表并引领课程发展的趋势和方向)、示范性(教材所体现的课程体系具有较广泛的辐射性和示范性)和一定的前瞻性。教材由个人申报或各校推荐(通过所在高校的"编委会"成员推荐),经"编委会"认真评审,最后由清华大学出版社审定出版。

目前,针对计算机类和电子信息类相关专业成立了两个"编委会",即"清华大学出版社计算机教材编审委员会"和"清华大学出版社电子信息教材编审委员会"。首批推出的特色精品教材包括:

(1) 高等学校教材·计算机应用——高等学校各类专业,特别是非计算机专业的计算机应用类教材。

(2) 高等学校教材·计算机科学与技术——高等学校计算机相关专业的教材。

(3) 高等学校教材·电子信息——高等学校电子信息相关专业的教材。

(4) 高等学校教材·软件工程——高等学校软件工程相关专业的教材。

(5) 高等学校教材·信息管理与信息系统。

(6) 高等学校教材·财经管理与计算机应用。

清华大学出版社经过二十年的努力,在教材尤其是计算机和电子信息类专业教材出版方面树立了权威品牌,为我国的高等教育事业做出了重要贡献。清华版教材形成了技术准确、内容严谨的独特风格,这种风格将延续并反映在特色精品教材的建设中。

清华大学出版社教材编审委员会
E-mail:dingl@tup.tsinghua.edu.cn

前　言

MATLAB 是一种集数学计算、分析、可视化、算法开发与发布等于一体的软件平台,通过MATLAB 及相关工具箱,可以在统一的平台下完成相应的科学计算工作。自 1984 年MathWorks 公司推出以来,MATLAB 以惊人的速度应用于自动化、汽车、电子、仪器仪表和通讯等领域与行业。在我国几乎所有高等院校都开设相关课程,各类MATLAB 书籍上百种,一些公司推出了基于 MATLAB 软件的相关产品。MATLAB发展到今天,已经远远地超出 MATLAB 矩阵运算的初衷,可以这样说,不管处理什么样的对象——算法、图形、图像、报告或者算法仿真—— MATLAB 都能够提高工作效率,达到事半功倍的效果。

在我国,虽然各类与 MATLAB 相关的书籍很多,但是绝大部分书籍或教材都侧重于 MATLAB 某个工具箱的使用或侧重于 MATLAB 语言本身,而以专业为背景特别是使用 MATLAB 较多的自动化和电气工程等电类专业的图书就更少见到。我们编写本书的目的就是为了满足自动化和电气工程专业广大读者的要求。

本书以自动化和电气工程专业为主线,以 MATLAB 与 Simulink 为基础,力求涵盖自动化和电气工程专业的主干课程,主要包括电力电子技术、自动控制原理、交直流控制系统、电力系统以及模糊控制原理与应用等内容。

除 2 个附录外,全书共 7 章,第 1 章 MATLAB 基础知识与 MATLAB 程序设计;第 2 章 Simulink 仿真环境介绍与 Simulink 技术应用;第 3 章电力电子仿真技术,包括电子器件仿真与常用的变换电路仿真实例。第 4 章交直流调速系统原理与 MATLAB仿真实现;第 5 章 MATLAB 与电力系统仿真的相关技术;第 6 章 MATLAB 与模糊智能控制技术的应用;第 7 章 MATLAB 其他应用技术,主要包括 GUI、MATLAB 与C 语言、Word 接口等技术。

本书由王忠礼任主编,段慧达、高玉峰任副主编,黑龙江省科技学院赵金宪教授任主审。第 1 章由王忠礼、刘海波共同编写;第 2 章由高玉峰编写;第 3、4 章由王忠礼编写;第 5 章由段慧达编写;第 6 章由高兴华编写;第 7 章由高玉峰、王继忠共同编写。附录 1、2 由王忠礼编写,全书由王忠礼统稿。

在本书的编写过程中参阅了大量相关文献与资料,北华大学电气工程系与自动化系的老师提供了宝贵意见,在这里一并表示衷心感谢。由于时间仓促与编者水平有限,书中难免有错误和不当之处,恳请相关专家与读者不吝赐教。

编者的电子信箱:wzlmqh@163.com。

编　者

2005 年 7 月

第1章

MATLAB基本知识

1.1　MATLAB 简介

1.1.1　概述

在科学研究和工程应用中,为了克服一般语言对大量的数学运算,尤其当涉及矩阵运算时编制程序复杂、调试麻烦等困难,美国 Math Works 公司于 1967 年构思并开发了矩阵实验室(Matrix Laboratory,MATLAB)软件包。经过不断的更新和扩充,该公司于 1984 年推出 MATLAB 的正式版,特别是 1992 年推出具有划时代意义的 MATLAB 4.0 版,并于 1993年推出其微机版,以配合当时日益流行的 Microsoft Windows 操作系统一起使用。截止到 2005年,该公司先后推出了 MATLAB 4.x,MATLAB 5.x、MATLAB 6.x 以及 MATLAB 7.x 等版本,该软件的应用范围越来越广。

用 MATLAB 编程运算与进行科学计算的思路和表达方式完全一致,所以使用 MATLAB 进行数学运算就像在草稿纸上演算数学题一样方便。因此,在某种意义上说, MATLAB 既像一种万能的、科学的数学运算"演算纸",又像计算器一样方便、快捷。 MATLAB 降低了使用者对数学基础和计算机语言知识的要求,使用户在不懂 C 或 Fortran 这样的程序设计语言的情况下,也可以轻松的通过 MATLAB 再现 C 或 Fortran 语言的几乎全部功能,从而设计出功能强大、界面优美、稳定、可靠的高质量程序,而且编程效率和计算效率极高。

尽管 MATLAB 开始并不是为控制理论与控制系统的设计者们编写的,但以它的"语言"化的数值计算,强大的矩阵处理及绘图功能,以及灵活的可扩充性和产业化的开发思路,很快就为自动控制界研究人员所瞩目。目前,在自动控制、图像处理、语言处理、信号分析、振动理论、优化设计、时序分析和系统建模等领域,由著名专家与学者以 MATLAB 为基础开发的实用工具箱极大地丰富了 MATLAB 的内容。

常见的 MATLAB 工具箱有以下几种。

(1) Communications Toolbox(通信工具箱)。

(2) Control Systems Toolbox(控制系统工具箱)。

(3) Data Acquisition Toolbox(数据获取工具箱)。

(4) Database Toolbox(数据库工具箱)。

(5) Filter Design Toolbox(滤波器设计工具箱)。

（6）Fuzzy Logic Toolbox（模糊逻辑工具箱）。

（7）Image Processing Toolbox（图像处理工具箱）。

（8）Neural Network Toolbox（神经网络工具箱）。

（9）Model Predictive Control Toolbox（模型预测控制工具箱）。

（10）Optimization Toolbox（优化工具箱）。

（11）Robust Control Toolbox（鲁棒控制工具箱）。

（12）Signal Processing Toolbox（信号处理工具箱）。

（13）Statistics Toolbox（统计学工具箱）。

（14）System Identification Toolbox（系统识别工具箱）。

（15）Wavelet Toolbox（小波分析工具箱）。

（16）Partial Differential Equation Toolbox（偏微分方程工具箱）。

（17）High-order Spectral Analysis Toolbox（高阶谱分析工具箱）。

（18）Spline Toolbox（样条工具箱）。

（19）Fixed-Point Blockset（定点运算模块集）。

另外，模型输入与仿真环境 Simulink 更使 MATLAB 为控制系统的仿真与 CAD 中的应用开辟了崭新的局面，使 MATLAB 成为目前国际上最流行的控制系统计算机辅助设计的软件工具。MATLAB 不仅流行于控制界，在生物医学工程、语言处理、图像信号处理、雷达工程、信号分析以及计算机技术等行业中也都有广泛的应用。

严格地说，MATLAB 并不是一种真正意义上的计算机语言，它仅仅是一种高级的科学分析与计算软件，因为用它编写出来的程序并不能脱离 MATLAB 环境。但从其功能上讲，MATLAB 已经完全具备了计算机语言的结构与性能，所以这里将其称作"MATLAB 语言"。本书以目前最为流行的 MATLAB 6.5 版为基础来进行介绍。

1.1.2　MATLAB 安装与运行

MATLAB 的安装过程与一般的应用软件相同，即在 MATLAB 安装盘的目录下运行 SETUP，在用户输入正确的产品授权系列号，经过定制安装路径以及预安装的工具箱之后，开始安装 MATLAB 软件，如图 1-1 所示，详细安装步骤这里不进行赘述。

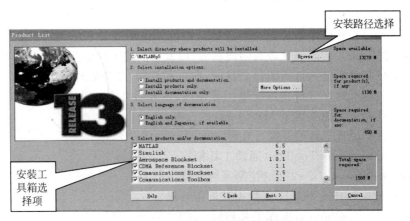

图 1-1　MATLAB 安装界面

在安装完成之后双击 MATLAB 图标,即启动 MATLAB 应用程序,如图 1-2 所示。在默认设置下,MATLAB 主界面包括命令窗口及其菜单与工具栏、当前工作路径窗口、工作空间窗口以及历史命令窗口等。

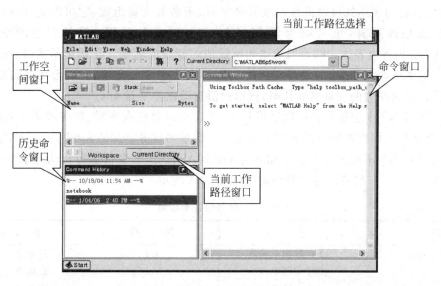

图 1-2   MATLAB 命令窗口

(1) 命令窗口及其菜单与工具栏主要完成 MATLAB 文件管理、工作环境的设置、MATLAB 退出操作以及 MATLAB 命令的执行。

(2) 当前工作路径窗口用来显示当前工作路径中所有文件、文件类型、最近修改时间和相关描述等内容。另外可以通过当前路径选择改变当前路径。

(3) 历史命令窗口显示已经输入的并已被执行过的命令和每次开机的时间等信息。

(4) 工作空间窗口是 MATLAB 6.0 以上版本新增功能,用来显示在 MATLAB 命令空间存在的变量等信息,包括变量的名字、大小、字节和类型等信息,并通过右击弹出的对话框进行操作。

(5) 在 MATLAB 命令窗口中的"＞＞"为 MATLAB 的命令提示符,闪烁的"|"为输入字符提示符,第一行是有关 MATLAB 的信息介绍和帮助等命令的显示,可以在 MATLAB 的命令行中输入这些命令而得到相应的结果。如果是第一次使用 MATLAB,建议在命令行中输入 demo 命令,它将启动 MATLAB 的演示程序,用户可以在这些演示程序中领略到 MATLAB 所提供的强大的运算和绘图功能。

1.2   MATLAB 的基本操作

1.2.1   MATLAB 语言结构

MATLAB 命令窗口就是 MATLAB 语言的工作空间,因为 MATLAB 的各种功能的执行必须在此窗口下才能实现。在这种环境下输入的 MATLAB 语句称作"窗口命令"。所谓窗口命令就是在上述环境下输入的 MATLAB 语句,直接执行它们完成相应的运算及绘图等。

MATLAB 语句的一般格式为：

变量名 = 表达式；

其中，等号右边的表达式可由操作符或其他字符、函数和变量组成，它可以是 MATLAB 允许的数学或矩阵运算，也可以包含 MATLAB 下的函数调用；等号左边的变量名为 MATLAB 语句右边表达式的返回值语句所赋值的变量的名字。在调用函数时，MATLAB 允许一次返回多个结果，这时等号左边的变量名需用"[ ]"括起来，且各个变量名之间用逗号分隔开。如果左边的变量名默认时，则返回值自动赋给变量 ans。

在 MATLAB 中变量名必须以字母开头，之后可以是任意字母、数字或者下划线（不能超过 19 个字符），但变量中不能含有标点符号。变量名区分字母的大小写，同一名字的大写与小写被视为两个不同的变量。一般说来，在 MATLAB 下变量名可以为任意字符串，但 MATLAB 保留了一些特殊的字符串常量，如表 1-1 所示。

表 1-1　常用的数学常量

符　号	含　义	符　号	含　义
eps	浮点数相对精度	inf	正无穷
i	虚数实部单位	NaN	非数值
j	虚数虚部单位	pi	圆周率
realmax	最大正浮点数	realmin	最小正浮点数

MATLAB 是一种类似 BASIC 语言的解释性语言，命令语句逐条解释逐条执行，它不是输入全部 MATLAB 命令语句，并经过编译、连接形成可执行文件后才开始执行的，而是每输入完一条命令，在输入 Enter 键后 MATLAB 就立即对其处理，并得出中间结果，完成了 MATLAB 所有命令语句的输入，也就完成了它的执行，直接得到最终结果。从这一点来说，MATLAB 清晰地体现了类似"演算纸"的功能。

例如：

```
>>a = 5；↙
>>b = 6；↙
>>c = a * b↙
```

执行后显示：

```
c =
    30
>>d = c + 2
```

执行后显示：

```
d =
    32
```

注意：以上各命令中的"＞＞"标志为 MATLAB 的命令提示符，其后的内容才是用户输入的信息。每行命令输入完后，只有用 Enter 键进行确定后，命令才会被执行。

MATLAB 语句既可由分号结束，也可由逗号或换行结束，但它的含义是不同的。用分号";"结束(半角状态的分号),则说明执行了这一条命令,MATLAB 这时将不立即显示运行的中间结果,而是等待下一条命令的输入,以上前两条命令如果以逗号","或回车结束,则将把左边变量的值全部显示在屏幕上。当然在任何时候也可输入相应的变量名来查看其内容。

例如:

>>a↙

执行后显示:

```
a =
    5
```

在 MATLAB 中,几条语句也可以出现在同一行中,只要用分号或逗号将它们分割即可。

例如:

>>a = 5; b = 6; c = a * b; d = c + 2↙

这时得到与上面相同的结果。

1.2.2 MATLAB 常用命令

在 MATLAB 工作空间中,通过 MATLAB 常用命令实现对空间的管理、在线帮助等功能。

1. 空间管理命令

(1) who 命令。

为了查看工作空间中都存在哪些变量名,则可以使用 who 命令来完成。例如,当MATLAB 的工作空间中有 a,b,c,d 四个变量名时,使用 who 命令操作如下。

```
>>who↙
your variable are:
a    b    c    d
```

(2) whos 命令。

使用 who 命令只能查看到在命令空间的变量列表,可以使用 whos 命令进一步得到变量的详细信息。

```
>>whos↙

Name      Size                Bytes Class
a         1x1                     8 double array
b         1x1                     8 double array
c         1x1                     8 double array
d         1x1                     8 double array
Grand total is 4 elements using 32 bytes
```

其功能类似在工作空间窗口中显示的变量信息。

(3) clear命令。

了解了当前工作空间中的现有变量名之后,可以使用 clear 命令来删除其中一些不再使用的变量名,这样可使得整个工作空间更简洁,同时节省一部分内存,例如,想删除工作空间中的两个变量,则可以使用下面的命令。

>>clear a b↙

然后再查询空间存在的变量,结果为:

>>who↙

Your variables are:

c　d

如果想删除整个工作空间中所有的变量,则可以使用以下命令。

>>clear↙

(4) save命令。

当退出 MATLAB 时在 MATLAB 工作空间中的变量会丢失。如果在退出 MATLAB 前想将工作空间中的变量保存到文件中,则可以调用 save 命令来完成,该命令的调用格式为:

save　文件名　变量列表达式　其他选项

注意:这一命令中不同的元素之间只能用空格来分隔。

例如,想把工作空间中的 a,b,c 变量存到 mydat. mat 文件中去,则可用下面的命令来实现:

>> save mydat a b c↙

将 a,b,c 变量存到 mydat. mat 文件中。如果想将整个工作空间中所有的变量全部存入该文件,则应采用下面的命令:

>> save mydat↙

当然这里的 mydat 也可省略,这时将工作空间中的所有变量自动地存入到文件 matlab. mat 中了。应该指出的是,这样存储的文件均是按照二进制的形式进行的,所以得出的文件往往是不可读的,如想按照 ASCII 码的格式来存储数据,则可以在命令后面加上一个控制参数-ascii 实现。该选项将变量以单精度的 ASCII 码形式存入文件中去,如果想获得高精度的数据,则可使用控制参数-ascii-double。

(5) load命令。

MATLAB 提供的 load 命令可以从文件中把变量调出并重新装入到 MATLAB 的工作空间中去,是与 save 命令相反过程,该命令的调用格式与 save 命令相同。

当然工作空间中变量的保存和调出可利用命令窗口菜单项中的 File→Save Workspace As…和 File→Open 命令来分别完成。

(6) clc命令。

在编制某个程序时,为了保持显示界面的整洁,程序开始第一步应先进行清除屏幕(不是清除内存中的变量）。清除屏幕应用 clc 命令来完成。

（7）exist 命令。

要查看当前工作空间是否存在一个变量时，可以使用 exist 命令完成。其调用格式为：

i = exist('a');

其中，a 为要查看的变量名；

　　i 为返回值：

　　　　i=1 表示当前工作空间存在此变量；

　　　　i=2 表示存在一个名为 a.m 的文件；

　　　　i=3 表示在当前路径下存在一个名为 a.mex 的文件；

　　　　i=4 表示存在一个名为 a..mdl 的 Simulink 文件；

　　　　i=5 表示存在一个名为 a()的内部函数；

　　　　i=0 表示不存在和 a 相关的变量或文件。

2. 数据格式命令

MATLAB 的数据格式设置可以通过命令窗口的 File 菜单的 Preferences 项进行，也可以通过基本命令来实现。

（1）format 命令。

format 用来设置输出数据格式。其调用格式为：

format 命令参数

命令参数与功能如表 1-2 所示。

表 1-2　命令参数与功能列表

参 数 选 项	功　　能	参 数 选 项	功　　能
format short	默认设置	format +	正、负或零
format long	16 位	format rational	有理数近似
format long e	16 位指数	format hex	十六进制
format short e	5 位指数	format long g	15 位小数
format bank	2 个十进制	format short g	5 位小数

例如，

```
>> format short ↙
>>pi
ans =

    3.1416
```

（2）sym 命令。

sym 命令可以设置数据显示格式，并进行格式转换，以达到动态改变数据格式。其调用格式为：

sym(变量名,'参数')

其中,变量名为预设置的格式的变量;参数为设置显示格式选项,如表 1-3 所示。

表 1-3   sym 参数设置

参 数 选 项	数据设置格式	参 数 选 项	数据设置格式
'f'	浮点式	'd'	十进制式
'r'	有理式	'e'	带上系统误差格式

例如

```
>> sym(pi,'d')

ans =

3.1415926535897931159979634685442
```

(3) vpa 命令。

vpa 命令用来设置数据精度并计算,其调用格式为:

R = vpa(a,d)

其中,R 为返回值;a 为预设定变量的变量名;d 为变量的精度,并可以默认。

```
>> phi = vpa((1 + sqrt(5))/2)
  phi =
  1.6180339887498949025257388711907
```

3. 在线帮助

(1) help 命令。

当知道所要求助的命令名时,可以直接在 MATLAB 命令窗口输入 help 命令。例如要了解 clc 命令功能,可执行如下命令。

```
help clc
  CLC Clear command window.
    CLC clears the command window and homes the cursor.

    See also home.

    Reference page in Help browser
        doc clc
```

当不知道或不确定命令名时,可以直接输入 help 命令,通过系统提供的目录树逐级查找。

(2) lookfor 命令。

lookfor 命令可以查找所有的 MATLAB 提供的标题或 M 文件的帮助部分,返回结果为包含所指定的关键词项。例如,查找 clc,可执行如下命令:

```
>> lookfor clc
```

输出显示：

CLC Clear command window.

（3）从菜单中获得帮助。

通过命令窗口的 Help 菜单的 MATLAB Help 命令获得 MATLAB 帮助窗口，如图 1-3 所示。通过左侧的导航目录进行帮助检索要查找的命令信息。

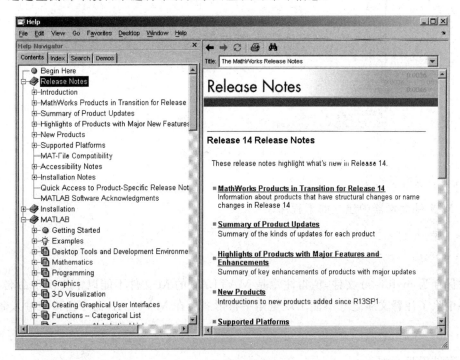

图 1-3　MATLAB 帮助窗口

1.2.3　MATLAB 的 M 文件

由于 MATLAB 本身可以被认为是一种高效的语言，所以用它可编写出具有特殊意义的文件来，这些文件是由一系列的 MATLAB 语句组成的，它既可以是一系列窗口命令语句，又可以是由各种控制语句和说明语句构成的函数文件。由于它们都是由 ASCII 码组成的，其扩展名均为 m，故统称作 M 文件。MATLAB 的 M 文件有两种形式：文本文件和函数文件。M 文件可以通过 M 文件编辑器建立完成，即通过 MATLAB 命令窗口的 File 菜单下的 New 命令建立 M-File。M 文件编辑器窗口，如图 1-4 所示。

1. 文本文件

文本文件由一系列的 MATLAB 语句组成，它类似于 DOS 下的批处理文件，通过文本编辑对其进行查看或者修改。在 MATLAB 的提示符下直接输入文本文件名，便可自动执行文件中的一系列命令，直到得出最终结果。文本文件在工作空间中运算的变量为全局变量。

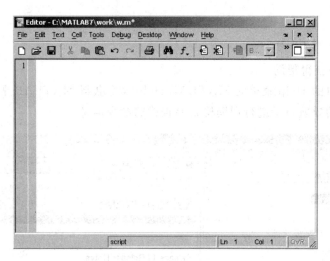

图 1-4   M 文件编辑器

例如,建立一个正弦函数。

在 M 文件编辑器中建立如下程序。

```
i = - pi: 0.1: pi;
y = sin(i)
```

并保存为 myfile. m 文件,值得注意是 MATLAB 的 M 文件不能以中文汉字命名,同时在文件中除了注释文字之外不能出现全角字符形式。在 MATLAB 命令窗口中输入命令:

```
>>myfile↙
```

运算结果显示如下:

```
y =
Columns 1 through 8
  - 0.0000    - 0.0998    - 0.1987    - 0.2955    - 0.3894    - 0.4794    - 0.5646    - 0.6442
Columns 9 through 16
  - 0.7174    - 0.7833    - 0.8415    - 0.8912    - 0.9320    - 0.9636    - 0.9854    - 0.9975
Columns 17 through 24
  - 0.9996    - 0.9917    - 0.9738    - 0.9463    - 0.9093    - 0.8632    - 0.8085    - 0.7457
Columns 25 through 32
  - 0.6755    - 0.5985    - 0.5155    - 0.4274    - 0.3350    - 0.2392    - 0.1411    - 0.0416
Columns 33 through 40
    0.0584      0.1577      0.2555      0.3508      0.4425      0.5298      0.6119      0.6878
Columns 41 through 48
    0.7568      0.8183      0.8716      0.9162      0.9516      0.9775      0.9937      0.9999
Columns 49 through 56
    0.9962      0.9825      0.9589      0.9258      0.8835      0.8323      0.7728      0.7055
Columns 57 through 63
    0.6313      0.5507      0.4646      0.3739      0.2794      0.1822      0.0831
```

2. 函数文件

函数文件的功能是建立一个函数,且这个文件与 MATLAB 的库函数一样使用,它与文本文件不同。在一般情况下不能直接输入函数文件的文件名来运行一个函数文件,它必须由其他语句来调用。函数文件允许有多个输入参数和多个输出参数值,其基本格式如下:

function[f1,f2,f3,…] = fun(x,y,z,…)
注释说明语句
函数体语句

其中,x,y,z,…是形式输入参数;f1,f2,f3,…是返回的形式输出参数;fun 是函数名。

实际上,函数语句一般就是这个函数文件的文件名,注释语句段的内容同样可用 help 命令显示出来。

调用一个函数文件只需直接使用与这个函数一致的格式。

[y1,y2,y3,…] = fun(i,j,k,…)

其中,i,j,k,…是相应的实际输入参数,而 y1,y2,y3,…是相应的实际输出参数的值。

例如,运行 MATLAB 的函数 rot90,其功能将矩阵逆时针旋转 90 度。

```
function B = rot90(A,k)
%  ROT90 Rotate matrix 90 degrees.
%    ROT90(A) is the 90 degree counterclockwise rotation of matrix A.
%    ROT90(A,K) is the K * 90 degree rotation of A, K = + - 1, + - 2,…
%
%    Example,
%       A = [1 2 3      B = rot90(A) = [3 6
%            4 5 6]                     2 5
%                                       1 4]
%
%    See also FLIPUD, FLIPLR, FLIPDIM.

%    From John de Pillis 19 June 1985
%    Modified 12-19-91, LS.
%    Copyright 1984-2003 The MathWorks, Inc.
%    $ Revision：5.11.4.1 $  $ Date：2003/05/01 20：41：57 $

if ndims(A) ~ = 2
   error('MATLAB：rot90：SizeA', 'A must be a 2-D matrix.');
end
[m,n] = size(A);
if nargin == 1
```

```
    k = 1;
else
    if length(k)~ = 1
        error('MATLAB: rot90: kNonScalar', 'k must be a scalar.');
    end
    k = rem(k,4);
    if k < 0
        k = k + 4;
    end
end
if k == 1
    A = A.';
    B = A(n: -1: 1,: );
elseif k == 2
    B = A(m: -1: 1,n: -1: 1);
elseif k == 3
    B = A(m: -1: 1,: );
    B = B.';
else
    B = A;
end
```

在一个函数的 M 文件中,第一行把 M 文件定义为一个函数,并指定它的名字。同时也定义了它的输入和输出变量。接下来的注释行是所展示的文本,它与执行帮助命令——help rot90 相同,显示相对应内容。第一行帮助行称作 H1 行,是由 lookfor 命令所搜索的显示行。最后,M 文件的其余部分包含了 MATLAB 创建输出变量的命令,三部分以空行分开。

M 文件函数的函数名和文件名必须相同的原则,另外函数可以按少于函数 M 文件中所规定的输入和输出变量进行调用,但不能用多于函数 M 文件中所规定的输入和输出变量数目。

函数文件中定义的变量为局部变量,它只在函数内有效。在该函数返回后,这些变量会自动在 MATLAB 工作空间中清除掉,这与文本文件是不同的。可通过命令

```
global<变量>
```

来定义一个全局变量。

函数文件与文本文件另一个区别在于其第一行是由 function 开头的,且有函数名和输入形式参数与输出形式参数。没有这一行的文件就是文本文件。

3. M 文件的管理

在 MATLAB 命令空间中,可以实现类似 DOS 操作系统对文件的管理,其调用方法是在 MATLAB 提示符下输入感叹号后面直接跟可执行文件名。如表 1-4 所示为常用的文件管理命令与功能。

表 1-4　文件管理命令与功能

命令名	实 现 功 能	命令名	实 现 功 能
cd	显示当前目录	matlabroot	返回到 matlab 根目录
x＝cd	返回当前工作目录到目录 x	path	显示或修改 matlab 的搜索路径
cd path	改变目录到 path	type wq	在命令窗口显示 wq.m 文件
delete wq	删除文件 wq.m	what	显示当前目录的 M 文件和 MAT 文件
dir	列出当前目录的文件	which wq	显示 wq.m 所在目录

1.2.4　输入与输出函数

1. Input 函数

MATLAB 的输入与输出函数包括命令窗口输入与输出及图形界面的输入与输出。除上面提到的用于机器间交换数据的 save 和 load 外,MATLAB 还允许计算机和用户之间进行数据交互与交换,允许对文件进行读写操作。如果用户想在计算的过程中输入一个参数,则可以使用 input() 函数来进行,该函数的调用格式如下:

变量名 = input(提示信息,s 选项)

这里提示信息可以为一个字符串,提示用户输入什么样的数据,input() 函数的返回值赋予等式左边的变量名。

例如,提示用户想输入 A 矩阵。

>>A = input('Enter matrix A = >');

执行该命令时,屏幕上显示 Enter matrix A =>提示信息,然后等待用户通过编程实现从键盘按 MATLAB 格式输入矩阵,并把此值赋给 A。如果在 input() 函数调用时采用了 s 选项,则允许用户输入一个字符串,同时需用单引号将所输字符串括起来。

2. disp 函数

MATLAB 提供的命令窗口输出函数主要有 disp() 函数,其调用格式如下:

disp(变量名)

其中,变量名既可以是字符串,也可以是变量矩阵。

例如,

>>s = 'Hello World'

结果显示:

s =
　　Hello World
>>disp(s)

结果显示:

```
Hello World
```

可见用 disp()函数显示方式,和前面有所不同,它不显示变量名字,其格式更紧密,且不留任何没有意义的空行。

3. fopen 函数

MATLAB 还提供了更低一级的文件打开或处理命令。

打开文件函数 fopen()的语句格式如下:

```
文件名柄 = fopen(文件名,文件类型)
```

其中,文件名应为单引号括起来的字符串,而文件类型可以由一个字符串来描述,其意义和C 语言的语法几乎一致。可以用'r'表示一个只读型文件,而用'a'表示一个可添加的文件。

例如用户要打开一个名为 myfile.xdy 的文件,但不能改变其中的内容,只从中读出一些数据,则可以把它按一个只读型文件打开,这样就可使用如下的命令。

```
>>myf = fopen('myfile.xdy','r');
```

如果该文件存在,则返回一个句柄 myf,以后就可以对该句柄指向的文件进行直接操作了,使用 fread()或 fscanf()等函数从中读取数据,还可以调用 fclose()命令来关闭该文件,如果该文件不存在,则返回的句柄值为—1,但不会中断运行。

4. 其他相关函数

MATLAB 提供了较实用的字符串处理及转换的函数。

int2str()函数就可以方便地将一个整型数据转换成字符串形式,该函数的调用格式如下。

```
cstr = int2str(n)
```

其中,n 为一个整数,而该函数将返回一个相关的字符串 cstr。

例如,已知 num=15,要求输出 num 并给出其他说明性附加信息,其命令如下:

```
>>num = 15;
>>disp(['The value of num is'; int2str(num),'! ok'])
```

结果显示:

```
The value of num is 15 ! ok
```

num2str()函数与 int2str()函数的功能及调用方式相似,可以将给出的实型数据转换成字符串的表达式,最终也可以将该字符串输出。例如,为绘制的图形赋以数字的标题,其命令如下:

```
>>c = (70 - 32)/1.8;
>>title(['Room temperature is',num2str(c ),'degrees C'])
```

则会在当前图形上加上题头

```
Room temperature is 21.1111 degrees C
```

1.3　MATLAB 的矩阵运算

MATLAB 的基本数据单元是不需要指定维数的复数矩阵,因此它提供了各种矩阵的运算与操作。MATLAB 既可以对矩阵整体地进行处理,也可以对矩阵的某个或某些元素进行单独处理,所以在 MATLAB 环境下矩阵的操作与数的操作一样简单。

1.3.1　矩阵的实现

在 MATLAB 语言中不必描述矩阵的维数和类型,矩阵的维数和类型是由输入的格式和内容来确定的。例如当 A＝5 时,把 A 当做一个标量,A＝1＋2j 时,把 A 当做一个复数。

矩阵可以用以下方式进行赋值。

(1) 直接列出元素的形式。

(2) 通过语句和函数产生。

(3) 建立在文件中。

(4) 从外部的数据文件中装入。

1. 简单矩阵的输入

对于比较小的简单矩阵可以使用直接排列的形式输入,把矩阵的元素直接排列到方括号中,每行内的元素间用空格或逗号分开,行与行的内容用分号隔开。

例如,矩阵

$$A = \begin{bmatrix} 1 & 2 & 3 \\ 4 & 5 & 6 \\ 7 & 8 & 9 \end{bmatrix}$$

在 MATLAB 下输入方式为:

```
>>A = [1,2,3;4,5,6;7,8,9]
```

或者输入:

```
>>A = [1 2 3;4 5 6;7 8 9]
```

都将得到相同的结果,即

```
A =
   1   2   3
   4   5   6
   7   8   9
```

对于比较大的矩阵,可以用 Enter 键代替分号,对同一行的内容也可利用续行符号(…),把一行的内容分两行来输入。

例如,前面的矩阵还可以等价地由下面两种方式来输入。

```
>>A = [1 2 3;4 5 6
       7 8 9]
```

或者

```
>>A = [1 2 3; 4 5…
            6; 7 8 9]
```

输入后矩阵将一直保存在工作空间中,除非被替代和清除,在 MATLAB 的命令窗口中可随时查看其内容。

利用 size() 函数可测取一个矩阵的维数,该函数的调用格式为:

```
[n, m] = size(A)
```

其中,A 为要测试的矩阵名,而返回的两个参数 n,m 分别为 A 矩阵的行数和列数。

当要测试的变量是一个向量时,当然仍可由 size() 函数来得出其大小;更简洁地,用户可以使用 length() 函数来求出,该函数的调用格式为:

```
n = length(x)
```

其中,x 为要测试的向量名,而返回的 n 为向量 x 的元素个数。

如果对一个矩阵 A 用 length(A) 函数测试,则返回该矩阵行列的最大值,即该函数等效于 max(size(a))。

例如:

```
>> size(A)
ans =
     3   3
>> n = length(A)
n =
     3
```

2. 矩阵的元素

MATLAB 的矩阵元素可用任何表达式来描述,它既可以是实数,也可以是复数。
例如:

```
>>B = [ - 1/3 1.3 sqrt(3) (1 + 2 + 3) * i ]
```

结果显示:

```
B =
  - 0.3333          1.3000          1.7321          0 + 6.0000i
```

MATLAB 允许把矩阵作为元素来建立新的矩阵。对于 A 矩阵,通过下面的语句显示。

```
>>C = [A; [10,11,12]]
```

结果显示:

```
C =
    1    2    3
    4    5    6
    7    8    9
   10   11   12
```

MATLAB 还允许对一个矩阵的单个元素进行赋值和操作。例如,如果想将 A 矩阵的第 2 行第 3 列的元素赋为 100,则可通过下面的语句来完成。

```
>>A(2,3) = 100
```

结果显示:

```
A =
   1  2   3
   4  5  100
   7  8   9
```

这时将只改变此元素的值,而不影响其他元素的值。

如果给出的行数或列数大于原来矩阵的范围,则 MATLAB 将自动扩展原来的矩阵,并将扩展后未赋值的矩阵元素置为 0。例如,把以上矩阵 A 的第 4 行第 5 列元素的值定义为 8,就可以通过下面语句来完成。

```
>>A(4,5) = 8
```

结果显示:

```
A =
   1  2   3   0  0
   4  5  100  0  0
   7  8   9   0  0
   0  0   0   0  8
```

矩阵的元素也可利用下列语句来产生:

$$S1：S2：S3$$

其中,S1 为起始值,S3 为终止值,S2 为步距。使用这样的命令就可以产生一个由 S1 开始,以步距 S2 自增,并终止于 S3 的行向量。

例如:

```
>>y = 0：pi/4：pi
```

结果显示:

```
y =
   0   0.7854   1.5708   2.3562   3.1416
```

如果 S2 省略,则可以认为自增步距为 1。

例如:

```
>>x = 1：5
```

结果显示:

```
x =
   1  2  3  4  5
```

利用上面的语句除了对单个矩阵元素进行定义之外,MATLAB 还允许对子矩阵进行定义和处理。

例如：

```
A(1:3,1:2:5)        %表示取 A 矩阵的第 1 行到第 3 行内,且位于 1,3,5 列上的所有元素子矩阵
A(2:3,:)            %表示取 A 矩阵的第 2 行和第 3 行的所有元素构成的子矩阵
A(:,j)             %表示取 A 矩阵第 j 列的全部元素构成的子矩阵
B(:,[3,5,10]) = A(:,1:3)    %表示将 A 矩阵的前 3 列,赋值给 B 矩阵的第 3,5 和 10 列
A(:,n:-1:1)        %表示由 A 矩阵中取 n~1 反增长的列元素组成一个新的矩阵
```

注意：A(:)在赋值语句的右边表示将 A 的所有元素按列在一个长的列向量中展开成串。

例如：

```
>>A = [1 2; 3 4],B = A(:)
```

结果显示：

```
A =
    1    2
    3    4
B =
    1
    2
    3
    4
```

3. 特殊矩阵的实现

在 MATLAB 中特殊矩阵可以利用函数来建立。

（1）单位矩阵函数 eye()。

基本格式　　A＝eye(n)　　　　　%产生一个 n 阶的单位矩阵 A

　　　　　　A＝eye(size(B))　　%产生与 B 矩阵同阶的单位矩阵 A

　　　　　　A＝eye(n,m)　　　　%产生一个主对角线的元素为 1,其余全部元素全为
　　　　　　　　　　　　　　　　%0 的 n×m 矩阵

（2）零矩阵函数 zeros()。

基本格式　　A＝zeros(n,m)　　　%产生一个 n×m 零矩阵 A

　　　　　　A＝zeros(n)　　　　%产生一个 n×n 零矩阵 A

　　　　　　A＝zeros(size(B))　%产生一个与 B 矩阵同阶的零矩阵 A

（3）矩阵函数 ones()。

基本格式　　A＝ones(n,m)

　　　　　　A＝ones(n)

　　　　　　A＝ones(size(B))

（4）随机元素矩阵函数 rand()。

随机元素矩阵的各个元素是随机产生的,如果矩阵的随机元素满足[0,1]区间上的均匀分布,则可以由 MATLAB 函数 rand()来生成,该函数的调用格式为：

A＝rand(n,m)

A＝rand(n)

A＝rand(size(B))

（5）对角矩阵函数 diag()。

用 MATLAB 提供的方法建立一个向量 $V=[a_1,a_2,\cdots,a_n]$，则可利用函数 diag(V)来建立一个对角矩阵。

例如：

```
>>V = [1,2,3,4]; A = diag(V)
```

结果显示：

```
A =
   1  0  0  0
   0  2  0  0
   0  0  3  0
   0  0  0  4
```

如果矩阵 A 为一个方阵，则调用 $V=$ diag(A)将提取出 A 矩阵的对角元素来构成向量 V，而不管矩阵的非对角元素是何值。

（6）伴随矩阵函数 compan()。

假设有一个多项式：

$$x^n + a_1 x^{n-1} + \cdots + a_n$$

则可写出一个伴随矩阵：

$$\boldsymbol{P} = \begin{bmatrix} 1 & a_1 & a_2 & \cdots & a_n \end{bmatrix}$$

生成伴随矩阵函数的调用格式为：

$$\boldsymbol{A} = \mathrm{compan}(\boldsymbol{P})$$

其中，$\boldsymbol{P}=\begin{bmatrix} 1 & a_1 & a_2 & \cdots & a_n \end{bmatrix}$为一个多项式向量。

例如，有一个向量 $\boldsymbol{P}=\begin{bmatrix} 1 & 2 & 3 & 4 & 5 \end{bmatrix}$，则可通过下面的命令构成一个伴随矩阵，

```
>>P = [1 2 3 4 5];
>>A = company(P)
```

结果显示：

```
A =
  -2  -3  -4  -5
   1   0   0   0
   0   1   0   0
   0   0   1   0
```

（7）上三角矩阵函数 triu()和下三角矩阵函数 tril()。

调用格式为：

$$A = \mathrm{triu}(B)$$
$$A = \mathrm{tril}(B)$$

其中，B 为矩阵。

例如：

```
>>B = [1 2 3; 4 5 6; 7 8 9];
>>A = tril(B)
```

结果显示：

```
A =
    1   0   0
    4   5   0
    7   8   9
```

1.3.2 矩阵的运算

矩阵运算是 MATLAB 的基础，MATLAB 矩阵运算功能十分强大，并且运算的形式和一般的数学表示法相似。

1. 矩阵的转置

矩阵转置的运算符为" ' "。

例如：

```
>>A = [1 2 3; 4 5 6];
>>B = A'
```

结果显示：

```
B = 1   4
    2   5
    3   6
```

如果 A 为复数矩阵，则 A'为它们的复数共轭转置，非共轭转置使用 A'或者用 conj(A) 实现。

2. 矩阵的加和减

矩阵的加减法的运算符为"＋"和"－"。矩阵只有同阶方可进行加减运算，标量可以和矩阵进行加减运算，但应对矩阵的每个元素进行加减运算。

例如：矩阵的加运算。

```
>>A = [1 2 3; 4 5 6; 7 8 9]; B = A + 1
```

结果显示：

```
B =
    2   3   4
    5   6   7
    8   9   10
```

3. 矩阵的乘法

矩阵的乘法运算符为"＊"。当两个矩阵中前一矩阵的列数和后一矩阵的行数相同时，可以进行乘法运算，这与数学上的形式是一致的。

例如：

```
>>C = A * B
```

在 MATLAB 中还可进行矩阵和标量相乘,其结果为标量与矩阵中的每个元素分别相乘。

4. 矩阵的除法

矩阵的除法有两种运算符"\"和"/",分别表示左除和右除。一般地讲,x = A\B 是 A * x=B 的解,而 x=B/A 则是 x * A=B 的解,通常 A\B≠B/A,而 A\B=inv(A) * B, B/A=B * inv(A)。

5. 矩阵的乘方

矩阵的乘方运算符为"∧"。一个方阵的乘方运算可以用 A∧P 来表示。P 为正整数,则 A 的 P 次幂即为 A 矩阵自乘 P 次;如果 P 为负整数,则可以将 A 自乘 P 次,然后对结果进行求逆运算,就可得出该乘方结果;如果 P 是一个分数,例如,P=M\N,其中 N 和 M 均为整数,则应该将 A 矩阵自乘 N 次,然后对结果再开 M 次方。

例如:

```
>>A = [1 2 3;4 5 6;7 8 9];B = A^2,C = A^0.1
```

结果显示:

```
B =
    30    36    42
    66    81    96
    102   126   150
C =
      0.8466 + 0.2270i   0.3599 + 0.0579i   -0.0967 - 0.1015i
      0.4015 + 0.0216i   0.4525 + 0.0133i    0.4432 - 0.0146i
     -0.0134 - 0.1740i   0.4848 - 0.0509i    1.0132 + 0.0802i
```

6. 矩阵的翻转

MATLAB 还提供了一些矩阵翻转处理的特殊命令,对 n×m 矩阵 A

```
B = fliplr(A)      %命令将矩阵 A 进行左右翻转再赋予 B
C = flipud(A)      %命令将矩阵 A 进行上下翻转再赋予 C
D = rot90(A)       %命令将矩阵 A 进行旋转 90°后赋予 D
```

例如:

```
>>A = [1,2,3; 4,5,6; 7,8,9]; B = fliplr(A)
```

结果显示:

```
B =
    3  2  1
    6  5  4
    9  8  7
```

```
>>A = [1,2,3;4,5,6;7,8,9]; C = flipud(A)
```

结果显示：

```
C =
   7   8   9
   4   5   6
   1   2   3
>>A = [1,2,3;4,5,6;7,8,9]; D = rot90(A)
D =
   3   6   9
   2   5   8
   1   4   7
```

7. 矩阵的超越函数

MATLAB 中 exp(),sqrt(),sin(),cos()等基本函数命令可以直接在矩阵中使用,这种运算只定义在矩阵的单个元素上,即分别对矩阵的每个元素进行运算——超越数学函数。可以在函数名后加上 m 成为矩阵的超越函数。例如,expm(A),sqrtm(A),logm(A)分别为矩阵指数,矩阵开方和矩阵对数。矩阵的超越函数要求运算的矩阵必须为方阵。

例如：

```
>>A = [1,2,3;4,5,6;7,8,9]; B = expm(A)
```

结果显示：

```
B =
   1.0e + 006 *
        1.1189   1.3748   1.6307
        2.5339   3.1134   3.6929
        3.9489   4.8520   5.7552
C =
   0.4498 + 0.7623i   0.5526 + 0.2068i   0.6555 - 0.3487i
   1.0185 + 0.0842i   1.2515 + 0.0228i   1.4844 - 0.0385i
   1.5873 - 0.5940i   1.9503 - 0.1611i   2.3134 + 0.2717i
```

8. 关系运算

MATLAB 常用的关系操作符如表 1-5 所示。

表 1-5　关系操作符

关系操作符	相 应 功 能	关系操作符	相 应 功 能
==	等于	>	大于
~=	不等于	<=	小于等于
<	小于	>=	大于等于

MATLAB 的关系操作符可以用来比较两个大小相同的矩阵,或者比较一个矩阵和一个标量。比较两个元素大小时,结果是 1 表示真,结果是 0 表示假。函数 find()在关系运算

中应用很广泛,它可以在矩阵中找出一些满足某一关系的数据元素。

例如:

　　>>A=1:9;B=A>4

结果显示:

```
B =
   0 0 0 0 1 1 1 1 1
>>A=1:9;C=A(>4)
```

结果显示:

```
C =
   5 6 7 8 9
>>A=1:9;C=find(A>4)
```

结果显示:

```
C =
   5 6 7 8 9
```

9. 逻辑运算

MATLAB 的逻辑操作符有"&"(与)、"|"(或)和"～"(非)。它们通常用于元素或0～1矩阵的逻辑运算。

"与"和"或"运算符可比较两个标量或两个同阶矩阵。对于矩阵,逻辑运算符是作用于矩阵中的元素。逻辑运算结果信息也用0和1表示,逻辑操作符认定任何非0元素都表示为真,即1为真,0为假。

"非"是一元操作符,当A非0时,～A返回的信息为0,当A为0时,～A返回的信息为1,因而就有:P|(～P)返回值为1,P&(～P)返回值为0。

例如:

　　>>A=1:9;C=～(A>4)

结果显示:

```
C =
   1 1 1 1 0 0 0 0 0
>>C=(A>4)&(A<7)
```

结果显示:

```
C =
   0 0 0 0 1 1 0 0 0
```

10. 关系和逻辑运算函数

除了上面介绍的关系和逻辑运算符外,MATLAB 中还提供了关系和逻辑运算函数,如表1-6所示。

表 1-6 　关系和逻辑运算函数

函 数 名 称	相 应 功 能	函 数 名 称	相 应 功 能
eq	等于	ge	大于等于
ne	不等于	and	与运算
lt	小于	or	或运算
gt	大于	not	非运算
le	小于等于	xor	异或运算

对于矩阵,any( )和 all( )命令按列对其处理,并返回带有处理列所得结果的一个行向量。

1.4　MATLAB 的向量运算

虽然在 MATLAB 中向量和矩阵在形式上有很多的一致性,但它们实际上遵循着不同的运算规则。MATLAB 向量运算符由矩阵运算符前面加“.”来表示,如“.＊”、“./”和“.∧”等。

1. 向量的加减

向量的加、减运算与矩阵的运算相同,所以“＋”和“－”既可被向量接受又可被矩阵接受。

2. 向量的乘法

向量乘法的操作符为“.＊”。如果 x,y 两个向量具有相同的维数,则 x.＊y 表示 x 和 y 单个对应元素之间的对应相乘。

例如:

```
>>x=[1 2 3];y=[4 5 6];z=x.*y
```

结果显示:

```
z =
   4  10  18
```

可见向量的输入和输出与矩阵具有相同的格式,但它的运算规则不同。例如,如果 x 是一个向量,则求取 x 平方时不能直接写成 x＊x 或 expm(A),而必须写成 x.＊x,否则将给出错误信息。

但是对于矩阵可以使用向量运算符号,这时实际上就相当于把矩阵看成向量进行运算的,例如,对于两个维数相同的 A,B 矩阵,C=A.＊B 表示 A 矩阵和 B 矩阵的相应元素之间直接进行乘法运算,然后将结果赋给 C 矩阵,把这种运算称作矩阵的点积运算。两个矩阵之间的点积是它们对应元素的直接运算,它与矩阵的乘法是不同的。

例如:

```
>>A=[1 2 3;4 5 6;7 8 9];B=[2 3 4;5 6 7;8 9 0];C=A.*B
```

结果显示:

```
C =
     2    6   12
    20   30   42
    56   72    0
```

3. 向量的除法

向量除法的操作符为".∕"或".\"，它们的运算结果一样。

例如，对前面给出的 x 和 y 向量。

$$>>z = y./x$$

结果显示：

```
z =
    4.0000   2.5000   2.0000
```

对于向量 x.\y 和 y./x 一样，将得到相同的结果，因这与矩阵的左和右除是不同的。向量的运算是它们对应元素间的运算。

对于矩阵也可使用向量的除法操作符，就相当于把矩阵看成向量进行运算。

4. 向量的乘方

向量乘方的运算符为".^"。向量的乘方是对应元素的乘方，在底与指数均为向量的情况下，要求它们的维数必须相同。

例如：

$$>>x = [1\ 2\ 3]; y = [4\ 5\ 6]; z = x.^y$$

结果显示：

```
z =
    1   32   729
```

若指数为标量时，会得到如下结果。

例如：

$$>>x = [1\ 2\ 3]; z = x.^2$$

结果显示：

```
z =
    1   4   9
```

若底为标量时，则会得到如下结果。

例如：

$$>>x = [1\ 2\ 3]; y = [4\ 5\ 6]; z = 2.^[x\ y]$$

结果显示：

```
z =
    2   4   8   16   32   64
```

同样，对于矩阵也可以采用运算符". ^ "。

例如：

>>A＝[1 2 3；4 5 6；7 8 0]；B＝A.^A

结果显示：

```
B =

         1          4         27
       256       3125      46656
    823543   16777216          1
```

即矩阵 B 中的每个元素都是矩阵 A 元素的相应乘方，例如 5^5＝3125。

因此，如果对矩阵使用向量运算符号，实际上就相当于把矩阵看成了向量进行运算，否则将作为矩阵运算。

1.5　MATLAB 的控制语句

MATLAB 是一个功能极强的高度集成化程序设计语言，它具备一般程序设计语言的基本语句结构，并且功能更强。由它编写出来的程序结构简单，可读性强。与其他高级语言一样，MATLAB 也提供了条件转移语句、循环语句等一些常用的控制语句，从而使MATLAB 语言的编程显得十分灵活。

1.5.1　循环语句

MATLAB 中可以使用两种循环语句：for 语句和 while 语句。

1. for 语句

基本格式为：

```
for    循环变量 = 表达式 1：表达式 2：表达式 3
       循环语句组
end
```

在 MATLAB 的循环语句基本格式中，循环变量可以取做任何 MATLAB 变量，表达式1,3 的定义和 C 语言相似，即首先将循环变量的初值赋成表达式 1 的值，然后，再求取表达式 3 的值，如果此时循环变量的值介于表达式 1 和表达式 3 的值之间，则执行循环体中的语句，否则结束循环语句的执行。执行完一次循环体中的语句之后则会将循环变量自增一个表达式 2 的值，然后再判断循环变量是否介于表达式 1 和表达式 3 之间。如果满足循环条件，则继续执行循环体，否则将结束循环语句的执行，而继续执行后面的语句。如果表达式 2的值为 1，则可省略表达式 2。

例如：

mysum = 0;

```
for i = 1：1：100
    mysum = i + mysum;
end
mysum
```

在实际编程中,在 MATLAB 下采用循环语句会降低其执行速度,所以前面的程序可以由下面的命令来代替,以提高运行速度。

```
>>i = 1：100; mysum = sum(i)
```

其中 sum()为内部函数,其作用是求出 i 向量的各个元素之和。

2. while 语句

基本结构为:

```
while(条件式)
      循环体条件组
end
```

其执行方式为,若条件式中的条件成立,则执行循环体的内容;如果条件式不成立,则跳出循环,向下继续执行。它的特点是执行后再判断条件是否仍然成立。

例如,对于上面的例子,如果改用 while 循环语句,则可以写出下面的程序。

```
mysum = 0；i = 1；
  while(i< = 100)
  mysum = mysum + i;
  i = i + 1;
    end
mysum
```

MATLAB 提供的循环语句 for 和 while 是允许多级嵌套的,而且它们之间也允许相互嵌套,这一点与 C 语言等高级程序设计语言是一致的。

1.5.2　条件转移语句

MATLAB 提供的条件语句是由 if 引导的,其格式为:

```
if(条件式)
   条件块语句组
end
```

当给出的条件式成立时,则执行该条件块结构中的语句组的内容;若条件不成立,则跳出条件块而直接向下执行。

例如,同循环语句举例相同的求和功能用条件转移语句实现,其程序如下。

```
mysum = 0;
for i = 1：120
```

```
      if (mysum> = 5050)
          i
        mysum
        break;
      end
      mysum = mysum + i;
    end
```

执行结果：

```
i =
    101
mysum =
    5050
```

注意：这里使用 break 命令的作用就是中止上一级的 for 语句循环过程。在 MATLAB 下没有提供绝对转移的指令。所以，while 循环语句也在条件转移语句中起着相当重要的作用。

如果对一个变量 x 自动赋值。当从键盘输入 y 或 Y 时（表示是），x 自动赋值为 1，当从键盘输入 n 或 N 时（表示否），x 自动赋值为 0，输入其他字符时终止程序。

要实现这样的功能，则可由下列的 while 循环程序实现：

```
ikey = 0;
while(ikey == 0)
   s1 = input('若给 x 赋值请输入[y/n]? ','s');
   if(s1 == 'y'|s1 == 'Y')
      ikey = 1; x = 1
      else if(s1 == 'n'|s1 == 'N')
          ikey = 1; x = 0
        end
        break
   end
end
```

MATLAB 还提供了其他两种条件结构，if-else 格式和 if-else if 格式，这两种格式的调用方法分别为：

```
if(条件式)
   条件块语句组 1
else
   条件块语句组 2
end
```

或者

```
if(条件式 1)
   条件块语句组 1
else if 条件式 2
```

　　条件块语句组 2

end

一般来说，当一个 M 文件运行时，文件中的命令不在屏幕上显示出来。利用 echo 命令可以使 M 文件在运行时把其中的命令显示在工作空间中，这对于调试，演示等操作的作用很大。

pause()命令使用户暂停运行程序，当再按任一键时恢复执行。其中，pause(n)中的 n 为等待的秒数。

keyboard 命令也是等待键盘输入，并把键盘输入的内容作为一个文本文件来使用，它类似于 input()，但 keyboard 功能更强。

1.6　MATLAB 的绘图功能

MATLAB 为控制界广泛接受的另一个主要原因是它提供了十分方便的一系列绘图命令，包括线性坐标、对数坐标、半对数坐标及极坐标等命令，允许用户同时打开若干个图形窗口并对图形进行标注文字说明等，使得图形绘制和处理的复杂工作变得简单。

1. 基本形式

MATLAB 最基本的绘图函数为 plot()，如 y 是一个 n 维向量，那么 plot(y)绘制一个 y 元素和 y 元素排列序号 $1,2,\cdots,n$ 之间关系的线性坐标图。

例如：

　　>>y = [0 0.48 0.84 1 0.91 0.6 0.14]; plot(y)

则显示的曲线，如图 1-5 所示。

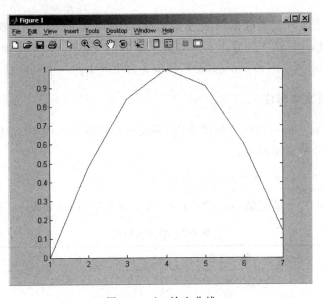

图 1-5　plot 输出曲线

2. 多条线型

在同一图形中可以绘制多条线型,基本命令格式如下。

plot(x1,y1,x2,y2,…,xn,yn)

以上命令可将 x1 对 y1,x2 对 y2…,xn 对 yn 的图形绘制在一个图形中,而且分别采用不同的色彩或线型,以下命令可输出多条曲线,如图 1-6 所示。

>>x = 0:0.12 * pi; plot(x ,sin(x),x,cos(x))

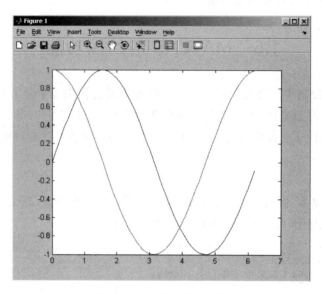

图 1-6   plot 输出多条曲线

当 plot()命令作用于复数数据时,通常虚部是忽略的。然而有一个特殊情况,当 plot()只作用于单个复变量 z 时,则实际绘出实部对应于虚部的关系图形(复平面上的一个点)。这时 plot(z)等价于 plot(real(z),image(z)),其中 z 为矩阵中的一个复向量。

3. 图形修饰及文本标注

MATLAB 中对于同一图形中的多条线,不仅可分别定义其线型,而且可分别选择其色彩,其曲线绘制命令的调用格式为:

plot(x1,y1,选项 1,x2,y2,选项 2,…,xn,yn,选项 n)

其中,x1,x2,…,xn 为 x 轴变量,y1,y2,…,yn 为 y 轴变量,选项如表 1-7 和表 1-8 所示。

表 1-7   颜色控制符

字　符	颜　色	字　符	颜　色
b	蓝	m	紫红
g	绿	y	黄
r	红	k	黑
c	青	w	白

表 1-8　线型控制符

字　符	线　型	字　符	线　型
o	圆	.	点
x	叉号	—	实线(默认)
+	加号	:	点连线
*	星号	—.	点划线
s	方形	——	虚线
d	菱形	p	五角星
h	六角形	v	下三角
∧	上三角	<	左三角

另外,表中的线型和色彩选项可以同时使用。

例如,

x = 0: 0.1: 2 * pi; plot(x,sin(x),'- g',x,cos(x),'* r')

输出曲线,如图 1-7 所示。

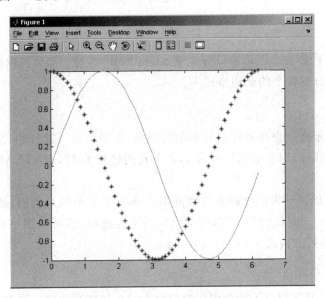

图 1-7　plot 多种线型输出

绘制完曲线后,MATLAB 还提供的特殊绘图函数对屏幕上已有的图形加注释、题头或坐标网格。

例如,

```
>>x = 0: 0.1: 2 * pi; y = sin(x); plot(x,y)
>>title('Figure example')          % 给出题头
>>xlabel('This is x axis')         % x 轴的标注
>>ylabel('This is y axis')         % y 轴的标注
>>grid                             % 增加网格
```

输出带右标注的曲线,如图 1-8 所示。

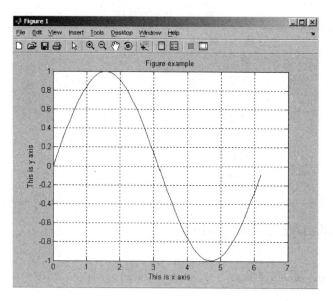

图 1-8 带有标注的 plot 输出曲线

4. 图形控制

MATLAB 允许将一个图形窗口分割成 n×m 部分,对每一部分可以用不同的坐标系单独绘制图形,窗口分割命令的调用格式为:

```
subplot(n,m,k)
```

其中,n,m 分别表示将这个图形窗口分割的行列数,k 表示每一部分的代号。例如,想将窗口分割成 4×3 个部分,则左上角代号为 1,右下角的代号为 12,MATLAB 最多允许9×9个窗口的分割。

MATLAB 可以自动根据绘制曲线数范围选择合适的坐标系范围,使得曲线能够尽可能清晰地显示出来。如果觉得自动选择的坐标还不合适时,还可以用手动的方式来选择新的坐标系。调用函数的格式为:

```
axis([xmin,xmax,ymin,ymax])
```

另外,MATLAB 还提供了清除图形窗口命令 clg,保持当前窗口的图形命令 hold,放大和缩小窗口命令 zoom 等。

5. 特殊坐标图形

除了基本的绘图命令 plot()外,MATLAB 还允许绘制极坐标曲线,对数坐标曲线,条形图和阶梯图等功能。

极坐标曲线绘制函数的调用格式为:

```
polar(theta,rho,选项)
```

其中,theat 和 rho 分别为长度相同的角度向量和幅值向量,选项的内容和 plot()函数基本一致。

对数和半对数曲线绘制函数的调用格式分别为：

```
semilogx(x,y,选项)        % 绘制 x 轴为对数标度的图形；
semilogy(x,y,选项)        % 绘制 y 轴为对数标度的图形；
loglog(x,y,选项)          % 绘制两个轴均为对数标度的图形；
```

semilogx()仅对横坐标进行对数变换，而纵坐标仍保持线性坐标，而 semilogy()只对纵坐标进行对数变换，而横坐标仍保持线性坐标；loglog()则分别对横纵坐标都进行对数变换（最终得出全对数坐标的曲线来）。选项的定义与 plot()函数完全一致。

例如：

```
x = -1:0.1:1;
subplot(2,2,1)
polar(x,exp(x))
subplot(2,2,2)
semilogx(x,exp(x))
subplot(2,2,3)
semilogy(x,exp(x))
subplot(2,2,4)
loglog(x,exp(x))
```

结果输出的特殊曲线，如图 1-9 所示。

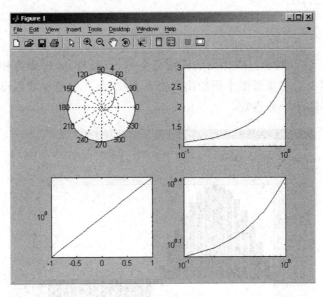

图 1-9 特殊曲线输出

与线性坐标向量的选取不同，MATLAB 还提供了一个实用的函数 logspace()，按对数等间距的分布来产生一个向量，该函数的调用格式为：

```
x = logspace(n,m,z)
```

其中，10 的 n 次方和 10 的 m 次方，分别表示向量的起点和终点，而 z 表示需要产生向量点的个数，当这个参数忽略时，z 将采用默认值 50。

条形图的绘制函数 bar()有以下两种调用格式：

bar(x,y,选项)

或者，

$[xx,yy]$ = bar(x,y)

其中，前一种调用方式将直接绘制由 x 向量和 y 向量给定的条形图，其使用方式与 plot()函数是类似的，而后一种调用方式则需首先把由 x 向量和 y 向量给出的普通图形数据转换成 xx 和 yy 向量中的条形图所需的数据，最后再由 plot(xx,yy)来绘制出条形图，其结果与第一种方式相同。

例如，将一个周期内的正弦值在两种步长下利用 bar()函数绘制出来，程序如下。

```
clg
t1 = 0: 0.2: 2 * pi;
y1 = sin(t1);
t2 = 0: 0.5: 2 * pi;
y2 = sin(t2);
bar(t1,y1);
axis([0,2 * pi, -1,1]);
hold on;
[t3,y3] = bar(t2,y2);
plot(t3,y3);
hold off
```

输出曲线如图 1-10 所示。阶梯图的调用命令 stairs()与 bar()命令相类似，唯一的区别在于它输出的图形中没有条形图中所给出的铅垂直线，而产生阶梯状图形，这种图形对于统计或绘制数据采集的图十分直观。

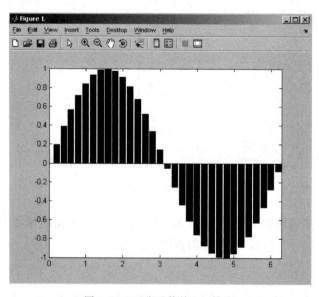

图 1-10　正弦函数的 bar 输出

6. 利用鼠标绘制图形

MATLAB 允许利用鼠标来单击屏幕,命令格式为:

[x,y,button] = ginput(n)

其中,n 为选择点的数目,返回的 x,y 向量分别存储被点上的 n 个点的坐标;button 变为一个 n 维向量,它的各个分量为鼠标键的标号,如 button(i)＝1,则说明第 i 次按下的是鼠标左键,而该值为 2 或 3 则分别对应于中键和右键。

例如,用鼠标左键绘制折线,利用鼠标中键或右键中止绘制。

```
clg                    % 清除图形窗口
axis([0,10,0,5]);      % 定义坐标轴范围
hold on                % 保护原来窗口中的图形不被删除
x = [ ]; y = [ ];
for I = 1: 100
    [x1,y1'button] = ginput(1)
    text(x1,y1,'.')
    x = [x,x1]; y = [y,y1];
    line(x,y)
    if(button~ = 1);
        break;
    end
end
```

运行程序,单击图形可以得到想要的折线,如图 1-11 所示。

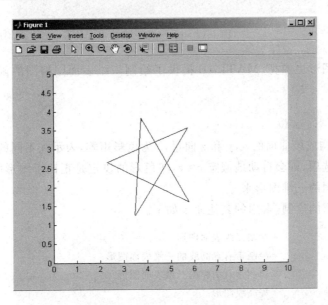

图 1-11　鼠标左键绘制的折线

7. 三维图形

与二维图形相对应,MATLAB 提供了 plot3()函数,它能够在一个三维空间内绘制出三维的曲线,该函数的调用格式为:

```
plot3(x,y,z,选项)
```

其中,x,y,z 为维数相同的向量,分别存储曲线的 3 个坐标的值,选项的意义同 plot()函数。例如,利用以下命令可得到三维的曲线,如图 1-12 所示。

```
>>t = 0: pi/50: 10 * pi; plot3(sin(t),cos(t),t)
```

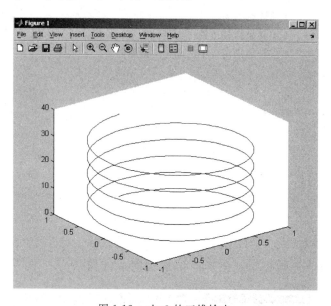

图 1-12   plot3 的三维输出

为了使三维图形更漂亮,MATLAB 提供了绘制三维表面网格图的函数。此函数的调用格式为:

```
mesh(x,y,z,c)
```

其中,x,y,z 分别构成该曲面的 x,y 和 z 向量,c 为色彩矩阵,表示在不同的高度下的色彩范围。如果省略此选项,则会自动地假定 c=z,亦色彩的设定是正比于图形的高度的,这样就可以得出层次分明的三维图形来。

关于三维图形的绘制,常用的其他命令如下。

```
surf(x,y,z)        % 绘制三维表面图形
surfc(x,y,z)       % 绘制带有等高线的三维表面图形
surf1(x,y,z)       % 绘制带有阴影的三维表面图形
coutour(x,y,z)     % 等高线图形
```

例如,$z = -\sqrt{x^2 + y^2}$ 的网线图和曲面,如图 1-13、图 1-14 所示。

```
x = -8: 0.5: 8;
```

```
y = x;
[x,y] = meshgrid(x,y)
z = - sqrt(x.^2 + y.^2);
z = - z. * z;
surf(x,y,z);            % 三维曲面图,图 1-13
pause;
mesh(x,y,z);            % 三维网线图,图 1-14
```

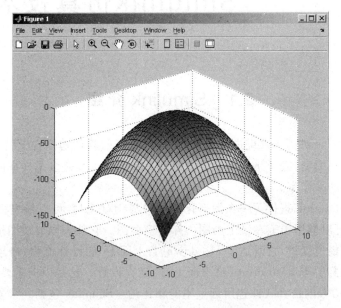

图 1-13　三维曲面图

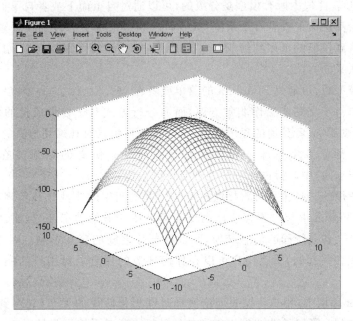

图 1-14　三维网线图

第 2 章

Simulink仿真技术

2.1　Simulink 介绍

  Simulink 是一个对动态系统进行建模、仿真和分析的软件包。它支持线性和非线性系统连续和离散时间模型，或者是两者混合的模型。系统还可以是多采样率的，比如系统的不同部分拥有不同的采样率。

  在建模上，Simulink 提供了一个图形化的用户界面（GUI），可以拖曳模块的图标建模。通过图形界面，可以像用铅笔在纸上画图一样画模型图。它外表以方块图形式呈现，且采用分层结构。从建模角度讲，它既适于 top-down（自上而下）的设计流程（概念、功能、系统、子系统直至器件），又适于 bottom-up（自下而上）的逆程设计。这是以前需要编程语言明确地用公式表达微分方程的仿真软件包所远远不能相比的。Simulink 包括一个复杂的由接受器、信号源、线性和非线性组件以及连接件组成的模块库，用户可以定制或者创建自己的模块。

  在 Simulink 软件包中所有模型是分级的，可以通过自上而下或者自下而上的方法建立模型。可以在最高层面上查看一个系统，然后通过双击系统中的各个模块进入到系统的低一级层面以查看到模型的更多的细节。这提供了一个了解模型是如何组成以及它的各个部分是如何相互联系的方法。

  定义一个模型后，可通过 Simulink 的菜单或者在 MATLAB 的命令窗口输入命令对它进行仿真。菜单对于交互式工作非常方便，而命令行方式对于处理成批的仿真比较适用。使用 scopes（示波器）或者其他的显示模块，可以在运行仿真时观察到仿真的结果。另外，还可以在仿真时改变参数并且立即看到有什么变化。仿真的结果放在 MATLAB 的 workspace（工作空间）中以待进一步的处理或者可视化。

  模型分析使用的工具包括可直接通过命令行方式调用的线性化和整理工具，从分析研究角度讲，这种 Simulink 模型不仅能让用户知道具体环节的动态细节，而且能清晰地了解各器件、各子系统、各系统间的信息交换，掌握各部分之间的交互影响。因为 MATLAB 和 Simulink 是集成在一起的，所以用户可以在任何环境的任意点对用户的模型进行仿真、分析或修改。

  在 Simulink 环境中，用户将摆脱理论演绎时理想化假设的无奈，观察到现实世界中摩擦、风阻、齿隙、饱和、死区等非线性因素和各种随机因素对系统行为的影响。用户可以在仿真进程中改变各种参数，实时地观察系统行为的变化。由于 Simulink 环境使用户摆脱了数学推演的压力和繁琐编程的困扰,极大的简化一些复杂的数学编程工作,因此用户在此环境中会产生浓厚的探索兴趣,将工作的重点放在系统的研究与设计中。

在 MATLAB 6.x 版中,可直接在 Simulink 环境中运作的工具包很多,已覆盖通信、控制、信号处理、DSP、电力系统等诸多领域,所涉及的内容专业性极强。本章无意论述涉及工具包的专业内容,而只是集中阐述 Simulink 的基本使用方法和相关的知识内容。

2.1.1　Simulink 的安装

Simulink 是否安装,由安装 MATLAB 时的选项决定,如图 2-1 所示。在安装 MATLAB 过程中,一定不要忘记选中 Simulink 复选框。这样在安装 MATLAB 的同时,也安装了 Simulink。

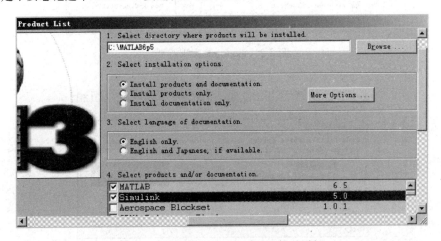

图 2-1　安装 MATLAB 时的组件对话框

2.1.2　Simulink 入门

由于 Simulink 是基于 MATLAB 环境基础上的高性能的系统仿真设计平台,启动 Simulink 之前必须首先运行 MATLAB,然后才能启动 Simulink 并建立系统模型。启动 Simulink 有如下两种方式。

- 用命令方式启动 Simulink。即在 MATLAB 的命令窗口中直接输入如下命令。

>>Simulink

- 使用工具栏按钮启动 Simulink。即单击 MATLAB 工具栏中的 Simulink 按钮。

下面举例说明 Simulink 的建模与仿真过程。

(1)在 MATLAB 的命令窗口运行指令 Simulink,或单击命令窗中的图标■,打开 Simulink Library Browser 窗口(Simulink 模块库浏览器),如图 2-2 所示。

(2)单击 Source 子库的"+"(或双击子库名),可看到各种信源模块,如图 2-3 所示。

(3)单击"新建"图标▯,打开一个名为 untitled 的空白模型窗口,如图 2-4 所示。

(4)光标指向所需的信源模块(如正弦信源 Sine Wave),将信源模块拖曳至 untitled 窗,生成一个正弦波信源复制品,如图 2-5 所示。

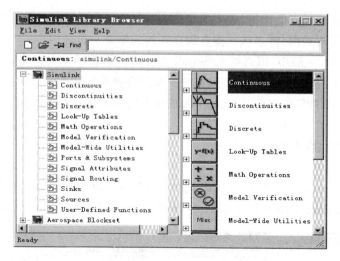

图 2-2　Simulink 库浏览器

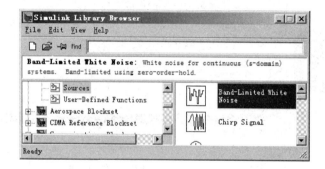

图 2-3　信源子库的模块

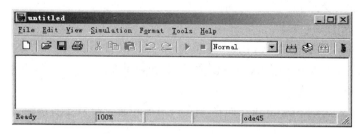

图 2-4　Simulink 的新建模型窗

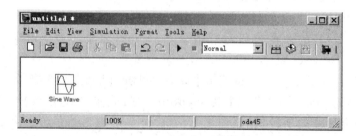

图 2-5　模型创建中的模型窗(1)

（5）采用同样方法，将信宿库 Sinks 中的示波器 Scope 复制到模型窗，如图 2-6 所示。

图 2-6　模型创建中的模型窗（2）

（6）将光标指向信源右侧的输出端，当光标变为十字符时，拖曳鼠标至示波器的输入端，释放左键，就完成了两个模块间的信号线连接，建立一个简单模型，如图 2-7 所示。

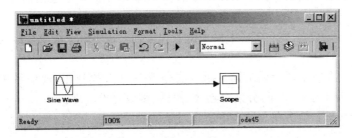

图 2-7　创立完毕的模型窗

另一种绘制模块之间连线的常用方法是：先单击信号模块，然后按下 Ctrl 键并单击示波器，便会在信号源模块的输出口和示波器的输入口之间自动产生连线。

（7）双击示波器模块，打开示波器显示屏窗口，如图 2-8 所示。调整显示屏窗口，使之与模型窗口互不交叠，以便观察。

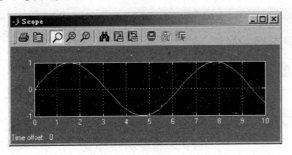

图 2-8　仿真结果波形

（8）单击模型窗口中"仿真启动"图标▶，或选择菜单 Simulink：Start，即开始仿真。在示波器显示屏窗口中，可看到黄色的正弦波形。单击示波器上的"自动刻度"按钮🔍，使得波形充满整个坐标框，如图 2-8 所示。

2.1.3　Simulink 库浏览器窗口的组成

Simulink 库浏览器窗口的组成，如图 2-9 所示。
Simulink 库浏览器窗口由下面几部分组成。

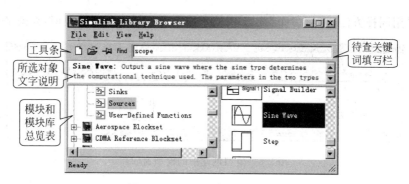

图 2-9　Simulink 库浏览器窗口

（1）工具条：最左边两个图标引出标准的 Windows 工具。顶层图标 ⊡ 使 Simulink 库浏览器总处在桌面最上层。

（2）关键词（需填写）栏：在栏中输入待查关键词。按 Enter 键便在指定库中自动查找相关模块。

（3）总览表：表中呈现分层结构。第一层是 Simulink 模块组，通信系统模块组等。每个模块组又包含若干子模块库，分别是连续、离散、函数等模块库。

（4）文字说明框：给出在总览表中所选对象的简明信息。

2.1.4　Simulink 模型窗口的组成

图 2-7 实际上仅是模型窗口的"单窗口"表现形式。单击图标 ⊡，可切换为"双窗口"形式，如图 2-10 所示。窗口的左侧为 Model Browser（模型浏览器），用来显示该模型的"分层"子系统名录；而右侧显示相应系统的连接方块图。下面介绍模型窗的组成。

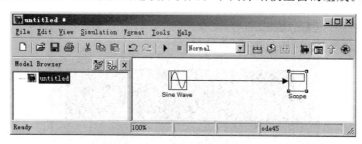

图 2-10　模型窗口的组成

（1）工具条：最左边的几个图标具有标准 Windows 的相应操作功能，其余部分图标的功能如下。

⊛ 模型框图修改后的一致化（如色彩等)　　▶ 仿真的启动或继续

⊞ 打开模块库浏览器　　■ 结束仿真

⊞ 模型浏览器单双窗口外形切换　　⊛ 打开调试器

（2）状态栏：自左至右的文字分别表示如下。

① Ready 表示模型已准备就绪而等待仿真指令。

② 100% 表示编辑窗模型的显示比例。

③ 仿真历经的时刻为 T=0。

④ ode45 是仿真所选取用的积分算法。此外仿真过程中,在状态栏的空白格中还会出现动态信息。

(3) 菜单栏:主要包括 File、Edit、View、Simulation、Format 和 Tools 等选项。

2.2　Simulink 基本操作

2.2.1　模型概念和文件操作

1. Simulink 模型概念

Simulink 模型有以下几层含义:在视觉上表现为直观的方框图;在文件上则是扩展名为 mdl 的 ASCII 代码;在数学上体现为一组微分方程或差分方程;在行为上模拟了物理器件构成的实际系统的动态性状。

从宏观角度看,Simulink 模型通常包含 3 种"组件":source(信源)、system(系统)以及 sink(信宿)。Simulink 模型的一般性结构如图 2-11 所示。系统指被研究系统的 Simulink 方框图;信源可以是常数、正弦波、阶梯波等信号源;信宿可以是示波器、图形记录仪等。系统、信源、信宿,或从 Simulink 模块库中直接获得,或用库中模块搭建而成。

信源 → 系统 → 信宿

图 2-11　Simulink 模型的一般性结构

当然,对于具体的 Simulink 模型而言,不一定完全包含这 3 大组件。

2. 模型文件的操作

模型文件的操作主要有 4 个:新建、打开、存盘和打印。下面列出各种操作的主要步骤。

(1) 新建模型即打开一个名为 untitled 的模型窗口的方法。

方法一:单击库浏览器或模型窗口中的 New 按钮 ▯。

方法二:选择 MATLAB 指令窗或某模型窗口中的菜单 File→New→Model。

(2) 打开模型的方法。

方法一:单击库浏览器或某模型窗口中的 Open 按钮 ▱。

方法二:选择某窗口中菜单 File→Open。

方法三:在 MATLAB 指令窗口输入需要打开模型的名字(不要包括扩展名 mdl),如果文件不在当前目录或 MATLAB 搜索路径上,则还需注明路径目录。

(3) 存盘。Simulink 模型是以 ASCII 码形式存储的 mdl 文件,称作 MDL 模型文件。

(4) 打印操作是打印出需要的输出内容。

2.2.2　模块操作

当 Simulink 库浏览器被启动之后,通过单击模块库的名称查看模块库中的模块。模块库中包含的系统模块显示在 Simulink 库浏览器旁边的一栏中。Simulink 库浏览器的基本操作如下。

（1）单击系统模块库，如果模块库为多层结构，则单击"＋"号载入库。

（2）右击系统模块，在单独的窗口打开库。

（3）单击系统模块，在模块描述栏中显示此模块的描述。

（4）右击系统模块，可以得到系统模块的帮助信息，将系统模块插入到系统模型中，查看系统模块的参数设置，以及回到系统模块的上一层库。

此外还可以进行如下操作。

（1）拖曳系统模块，并将其复制到系统模型中。

（2）在模块搜索栏中搜索所需的系统模块。

下面介绍一些对系统模块进行操作的基本方法，掌握它们可使建立动态系统模型变得更为方便快捷。

1. 模块选择

模块选定操作是许多其他操作（如复制、移动、删除）的前导操作。被选定的模块 4 个角处出现小黑块，这种小黑块称作 handle（柄），如图 2-12 所示。

图 2-12　选定的模块

- 选定单个模块的操作方法：光标指向待选模块，单击即可。

- 选定多个模块的操作方法如下。

方法一：按下 Shift 键的同时，依次单击所需选定的模块。

方法二：拖曳鼠标，拉出矩形虚线框，将所有待选模块包在其中，于是矩形里所有模块（包括与连接模块的信号线）均被选中，如图 2-13 所示。

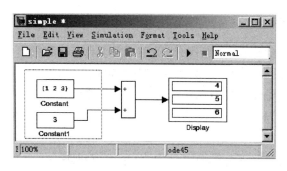

图 2-13　用矩形框同时选中多个对象

【例 2-1】　介绍如何建立动态系统模型。此系统的输入为一个正弦波信号，输出为此正弦波信号与一个常数的积。要求建立系统模型，并以图形方式输出系统运算结果。已知系统的数学描述如下。

系统输入：$u(t)=\sin t, t \geqslant 0$

系统输出：$y(t)=au(t), a \neq 0$

启动 Simulink 并新建一个系统模型文件。

（1）建立此模型需要如下的系统模块（这些模块均在 Simulink 公共模块库中）。

① 系统输入模块库 Sources 中的 Sine Wave 模块：产生一个正弦信号。

② 数学库 Math 中的 Gain 模块：将信号乘以一个常数（即信号增益）。

③ 系统输出库 Sinks 中的 Scope 模块：以图形方式显示结果。

选择相应的系统模块并将其复制（或拖动）到新建的系统模型中，如图 2-14 所示。

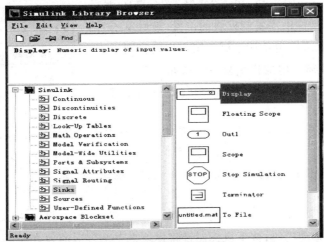

(a) 打开Simulink库浏览器

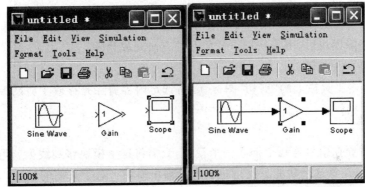

(b) 在新建模型窗中生成模块　　　　(c) 在新建模型窗中连接模块

图 2-14　模型的初步建立

（2）在选择构建系统模型所需的所有模块后，需要按照系统的信号流将各系统模块正确连接起来。连接系统模块的步骤如下。

① 将光标指向起始的输出端口，此时光标变成"+"。

② 拖曳鼠标到目标模块的输入端口，直至光标变成双十字，连接完成。完成后在连接点处出现一个箭头，表示系统中信号的流向，如图 2-14(c) 所示。

（3）在最新的 6.x 版本中，连接系统模块还有如下更有效的方法。

① 单击起始模块。

② 按下 Ctrl 键，同时单击目标模块。

2. 模块的复制

如果需要几个同样的模块，可以右击并拖曳基本模块进行复制。也可以在选中所需的模块后，使用 Edit 菜单上的 Copy 和 Paste 选项或使用 Ctrl＋C 键和 Ctrl＋V 键完成同样的功能。它又分两种不同情形。

- 不同模型窗(包括库窗口在内)之间的模块复制方法如下。

方法一：在窗口选中模块，将其拖至另一模型窗，释放鼠标。

方法二：在窗口选中模块，单击"复制"图标 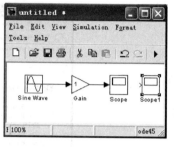，然后用鼠标单击目标模型窗中需复制模块的位置，最后单击"粘贴"图标 即可。此方法也适用于同一窗口内的复制。

- 在同一模型窗口内的模块复制方法如下。

方法一：按下鼠标右键，拖动鼠标到合适的地方，释放鼠标即完成。

方法二：按住 Ctrl 键，再按下鼠标左键，拖曳鼠标至合适的地方，释放鼠标。如图 2-15 所示。

图 2-15　模块的复制

注意：此处 Scope1 是使用鼠标右键单击模块并拖动产生的。

3. 模块的移动

方法：选中需移动模块，按下鼠标左键将模块拖曳至合适的地方即可。

4. 模块的删除

在选中待删除模块后，可采用以下任何一种方法完成删除。

方法一：按 Delete 键。

方法二：单击工具栏上的"剪切"图标 ，将选定内容剪除并存放于剪贴板上。

5. 模块的插入

如果用户需要在信号连线上插入一个模块，只需将这个模块移到线上就可以自动连接，如图 2-16 所示。注意这个功能只支持单输入单输出模块。对于其他的模块，只能先删除连线，放置块，然后再重新连线。

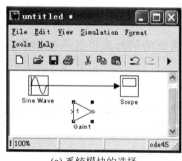
(a) 系统模块的选择

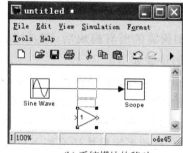
(b) 系统模块的移动

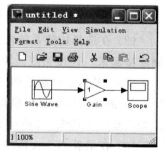
(c) 系统模块的插入

图 2-16　系统模块的插入

6. 模块大小的改变

首先选中该模块，待模块柄出现之后，将光标指向适当的柄，拖曳至适当的位置，从而改变模块的大小。

7. 模块的旋转

默认状态下的模块总是输入端在左,输出端在右,通过选择 Format→Flip Block 将选定模块旋转 $180°$;而选择 Format→Rotate Block 将选取模块旋转 $90°$。

8. 模块名的操作

- 修改模块名:单击模块名,将在原名字的四周出现一个编辑框。此时,就可对模块名进行修改。当修改完毕,将光标移出编辑框,单击即结束修改。
- 模块名字体设置:选择 Format→Font,打开字体对话框并根据需要设置各项参数。
- 改变模块名的位置:移动模块名的另一种方法是:单击模块名,出现编辑框后,可用鼠标拖曳。如果模块的输入输出端位于其左右两侧,则模块名位置在模块下方;否则位于模块的左外侧。
- 隐藏模块名:单击模块后,选择 Format→Hide Name,可以隐藏模块名。与此同时,菜单也变为 Format→Show Name。

9. 连线分支与连线改变

Simulink 模型中的信号总是由模块之间的连线携带并传送,模块间的连线被称作 Signal Lines(信号线)。在连接模块时,要注意模块的输入、输出端和各模块间的信号流向。在 Simulink 中,模块总是由输入口接收信号,由输出口发送信号。

在基本情况下,一个系统模块的输出同时作为多个其他模块的输入,这时需要从此模块中引出若干连线,以连接多个其他模块,对信号连线进行分支操作方式为:右击需要分支的信号连线(光标变成"＋")然后拖曳到目标模块。

(1) 水平或垂直连线的产生。

先将光标指向连线的起点(即某模块的输出端),待光标变为十字后,按下左键并拖曳至终点(即某模块输入端),释放鼠标。Simulink 会根据起点和终点的位置,自动配置连线,或者采用直线,或者采用折线(由水平和垂直线组成)连接。

(2) 斜连线的产生。

为绘制斜线,必须先按下 Shift 键,再像(1)那样拖动鼠标至完成。

(3) 连线的移动和删除。

选中待删除线段,并将光标指向它,拖曳至目的地后,释放鼠标。

要删除某线段,首先选中待移动线段,然后按 Delete 键。

(4) 分支的产生。

在实际模型中,一个信号往往需要分送到不同模块的多个输入端,此时就需要绘制 Branch Line(分支线)。分支线的绘制步骤如下。

- 将光标指向分支线的起点(即一已存在信号线上的某点)。
- 按下鼠标右键,看到光标变为十字;或者按住 Ctrl 键,再按下鼠标左键。
- 拖曳鼠标,直至分支线的终点处。

(5) 信号线的折曲。

在构建方块图模型时,有时需要使两模块间的连线移动,以让出空白,绘制其他东西。

产生"折曲"的过程是：选中已存在的信号线,将光标指向待折点,按住 Shift 键,再按下鼠标左键,拖曳鼠标至合适处,释放鼠标。

（6）折点的移动。

选中折线,将光标指向待移动的折点处,当光标变为一个小圆圈时,按下鼠标左键并拖曳鼠标至希望处,释放鼠标。

（7）信号线宽度显示。

信号线所携带的信号既可能是标量也可以是向量,并且不同信号线所携带的向量信号的长度可能互不相同。为了使信息一目了然,Simulink 不但具有用粗宽线显示向量信号线的能力,而且可以将向量长度用数字标出。操作方法：选择 Format→Wide nonscale Lines和 Format→Signal dimensions。

（8）彩色显示信号。

Simulink 所建离散系统模型允许多个采样频率。为了清晰显示不同采样频率的模块及信号线,选择 Format→Sample Time Color。此时,Simulink 将用不同颜色显示采样频率不同的模块和信号线。默认红色表示最高采样频率,黑色表示连续信号流经的模块及信号线。信号连线分支与连线改变如图 2-17 所示。

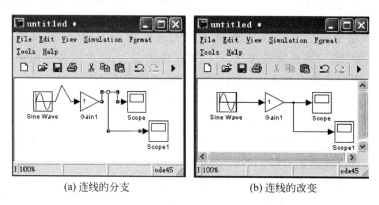

(a) 连线的分支　　　　　　　　(b) 连线的改变

图 2-17　连线分支与连线改变

注意：此处从 Gain1 到 Scope1 是使用鼠标右键单击连线并拖动产生的。改变是由鼠标左键操作完成的。

（9）label（信号线标识）。

- 添加标识：双击需要添加的信号线,弹出一个空白的文本填写框。在其中输入文字,作为对该信号线的标识。输入结束后,将光标移出该文本框,单击即可。
- 修改标识：单击要修改的标识,原标识四周出现一个文本框,此时即可开始修改标识。
- 移动标识：单击标识,文本框出现后,将光标指向文本框,拖曳至新位置处即可。
- 复制标识：类似于移动标识,只是要求拖曳鼠标的同时按 Ctrl 键,或者改用鼠标右键操作。
- 删除标识：单击标识,文本框出现后,双击标识使得整个标识被全部选中,按 Delete键。最后将光标移出文本框后单击鼠标按钮,即删除了该标识。

10. 信号组合

当 Simulink 进行系统仿真时,在很多情况下,要将系统中某些模块的输出信号(一般为标题)组合成一个向量信号,并将得到的信号作为另外一个模块的输入。例如,使用示波器显示模块 Scope 显示信号时,Scope 模块只有一个输入端口;若输入是向量信号,则 Scope 模块以不同的颜色显示每个信号,能够完成信号组合的系统模块为 Signals and Systems 模块库中的 Mux 模块,Mux 模块可以将多个标量信号组合成一个向量。因此 Simulink 可以完成矩阵与向量的传递。信号组合如图 2-18 所示。

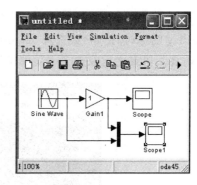

图 2-18　信号组合

如果系统模型中包含向量信号,使用 Format→Wide Nonscalar Lines 可以将它们区分出来(标量信号的连线较细,而向量信号的连线较粗);也可以使用 Format→Signal Dimensions 显示信号的维数(在相应的信号连线上显示信号的维数)。

2.2.3　运行仿真

几乎所有的模块都有一个相应的参数对话框,该对话框可以用来对模块参数进行设置。双击一个模块,打开模块对话框,然后通过改变相应栏中的值即可。每个对话框的下端都有 4 个按钮,各自的含义如下。

- OK 按钮:参数设置完成,关闭对话框。
- Cancel 按钮:取消所作的修改,恢复原先的参数值,关闭对话框。
- Help 按钮:打开该模块超文本帮助文档。
- Apply 按钮:将所作的修改应用于模块,不关闭对话框。

此外,如果选择已在模型窗口中的模块后,再选择 Edit→Block Propertied,Simulink 就可打开一个基本属性对话框。在该对话框中列出由用户根据需要设定的 5 个基本属性: Description(模块功能描述),Priorty(优先级),Tag(标签),Open Function(打开函数), Attributes Format String(属性格式)。

当按照信号的输入输出关系连接各系统模块之后,系统模型的创建工作就完成了。为了对动态系统进行正确的仿真与分析,必须设置正确的系统模块参数与系统仿真参数。系统模块参数的设置方法如下。

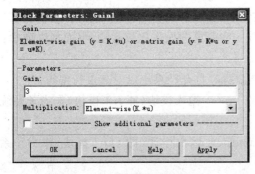

图 2-19　系统模块参数设置

(1)双击系统模块,打开系统模块的参数设置对话框。参数设置对话框包括系统模块的简单描述、模块的参数选项等信息。注意,不同系统模块的参数设置不同。

(2)在参数设置对话框中设置合适的模块参数,根据系统的要求在相应的参数选项中设置合适的参数,如图 2-19 所示。

注意:双击系统模块,出现相应的模块参数设置对话框以设置系统参数。

当系统中各模块的参数设置完毕后,可设置合适的系统仿真参数以进行动态系统的仿真。

当对系统中各模块参数以及系统仿真参数进行正确设置之后,单击系统模型编辑器上的 Play 图标(黑三角)或选择 Simulation→Start 项便可以对系统进行仿真分析。对上例进行仿真。仿真之后双击 Scope 模块以显示系统仿真的输出结果,如图 2-20 所示。

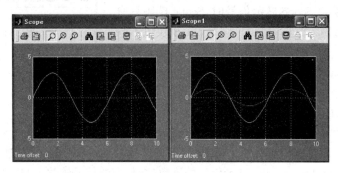

图 2-20　系统仿真及结果输出

2.3　Simulink 子系统封装

2.3.1　子系统的生成与操作

当 Simulink 建立动态系统的模型并进行系统仿真分析时,对于简单的动态系统仿真,可以直接建立其模型,然后进行仿真。然而对于复杂的动态系统而言。直接建立系统并仿真会带来诸多不便,可以采用合适的策略建立系统模型,然后才能进行系统仿真。采用的策略一般有两种:一种是 top-down(自上而下)的策略,另一种是 bottom-up(自下而上)的策略。无论采用哪种策略建立复杂系统模型并进行仿真,其中都会不同程度使用 Simulink 的子系统技术。

在使用 Simulink 子系统技术时,通常子系统的生成有如下两种方法。

(1) 已经建立好的系统模型之中建立子系统,如图 2-21 所示。首先选择能够完成一定功能的一组模块,然后选择 Simulink 模型,利用编辑器 Edit→Create subsystem,即可建立子系统并将这些模块封装到此子系统中,Simulink 自动生成子系统的输入与输出端口。

(2) 建立系统模型时建立空的子系统,如图 2-22 所示。使用 Subsystems 模块库中的 Subsystem 模块建立子系统,首先构成系统的整体模型,然后编辑空的子系统内的模块。

在使用 Simulink 子系统建立系统模型时,有一些简单的操作比较常用,下面加以列举:

- 子系统命名:命名方法与模块命名类似。
- 子系统编辑:用鼠标左键双击子系统模块图标,打开子系统以对其进行编辑。
- 子系统的输入:使用 Sources 模块库中的 Inport 输入模块(即 In1 模块)作为子系统的输入端口。
- 子系统的输出:使用 Sinks 模块库中的 Outport 输出模块(即 Out1 模块)作为子系统的输出端口。

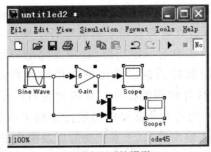

(a) 建立子系统模型

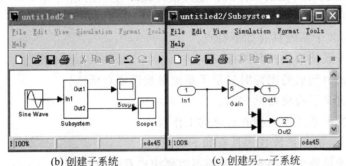

(b) 创建子系统   (c) 创建另一子系统

图 2-21 子系统建立：由模块生成子系统

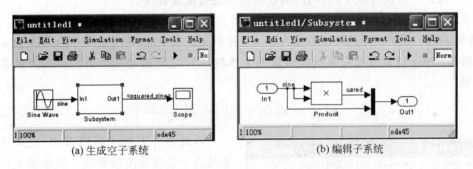

(a) 生成空子系统   (b) 编辑子系统

图 2-22 子系统建立：生成空子系统并编辑

2.3.2 子系统的封装

在使用 Simulink 进行系统仿真分析时，首先需要进行模块参数设置，因此需要对系统中所有的模块进行正确的参数设置。如果逐一的对各个子系统进行参数设置是很繁琐的，因为子系统一般均为具一定功能的模块组的集合，在系统中相当于一个单独的模块，具有特定的输入与输出关系。对于已经设计好的子系统而言，能够像 Simulink 模块库中的模块一样进行参数设置，则会给用户带来很大的方便，这时用户只需要对子系统参数选项中的参数进行设置，而无需关心子系统的内部模块的实现。Simulink 的子系统封装技术可以实现这一点，从而极大方便了用户的使用。

1. 子系统的封装

封装子系统与建立子系统并不相同，建立子系统指的是将具有一定功能的一组模块"容纳"在一个子系统之中,使用单一图形方式的子系统模块来表示一组模块,从而增强系统模型的可读性,在动态系统进行仿真时需要对子系统中各个模块的参数分别进行设置;而封装子系统指的是将已经建立好的具有一定功能,且功能完全一致的模块封装在一起。通过定义用户自己的图标、参数设置对话框以及帮助文档等内容,可以使封装后的子系统与Simulink中内置的系统模块具有相同的操作。双击封装后的子系统模块打开模块参数设置对话框进行参数设置,将系统仿真所需要的参数传递到子系统之中;同时可以查看模块的帮助文档以获得子系统输入输出关系、子系统功能以及模块描述等帮助信息。除此之外,封装后的子系统还拥有自己的工作区。这样使得用户建立的系统模型框图更为专业,并且可以保护子系统的内部实现,从而使得对子系统的操作与通用Simulink模块一样友好。

简单来说,封装子系统具有如下特点。

(1) 自定义子系统模块及其图标。

(2) 用户双击封装后的图标时显示子系统参数设置对话框。

(3) 用户自定义子模块帮助文档。

(4) 封装后的子系统模块拥有自己的工作区。

因此,使用封装的子系统技术具有如下优点。

(1) 向子系统模块中传递参数,屏蔽不需要用户看到的细节。

(2) "隐藏"子系统模块中不需要过多展现的内容。

(3) 保护子系统模块中的内容,防止模块实现被随意篡改。

下面通过实例全面介绍子系统的封装技术。

【例2-2】 设某一年的人口数目为$p(n)$,其中n表示年份,它与上一年的人口$p(n-1)$、人口增长速率r以及新增资源所能满足的个体数目K之间的动力学方程由如下的差分方程描述:

$$p(n) = rp(n-1)\left[1 - \frac{p(n-1)}{K}\right]$$

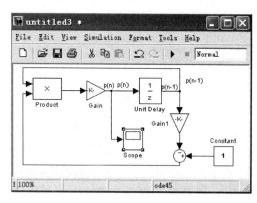

图 2-23 系统仿真模型

从此差分方程中可以看出,此人口变化系统为一非线性离散系统。如果设人口初始值$p(0)=100\,000$,人口繁殖率$r=1.05$,新增资源所能满足的个体数目$K=1\,000\,000$,要求建立此人口动态变化系统的系统模型,并分析人口数目在0~100年之间的变化趋势。

根据例题,分析并建立系统仿真模型,如图2-23所示。

封装子系统的基本过程如下。

① 打开人口动态变化的非线性离散模型框图。

② 生成需要进行封装的子系统。

③ 选择需要封装的Subsystem(子系统),如图2-24(a)所示。右击,在弹出的菜单中选择Mask Subsystem项,或单击Edit→Mask Subsystem项。

当选择Mask Subsystem菜单命令后将出现图中所示的封装编辑器。使用封装编辑器可以编辑封装后子系统 Icon（模块的图标）、Initialization（参数初始化设置对话框）以及 Documentation（帮助文档），从而可以使用户设计出非常友好的模块界面，以充分发挥 Simulink 的强大功能。

打开 Mask editor：Subsystem 对话框，如图 2-24(b)所示。

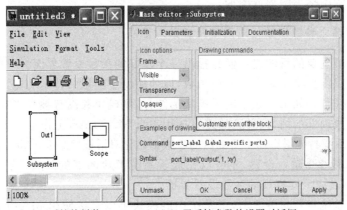

(a) 子系统的封装　　　　　　　(b) 子系统参数的设置对话框

图 2-24　子系统封装流程示意图

2. 封装编辑器之图标编辑对话框

在 Mask Subsystem 菜单命令进行子系统封装时，将出现如上图 2-24 所示右侧的对话框。使用此编辑器可以对封装后的子系统进行各种编辑。

在默认情况下，封装子系统不使用图标。但友好的子系统图标可使子系统的功能一目了然。为了增强封装子系统的界面友好性，用户可以自定义子系统模块的图标。只需在图标编辑对话框中的 Icon 选项卡中 Drawing commands（绘制命令）栏中使用 MATLAB 中相应的命令便可绘制模块图标，并可设置不同的参数控制图标界面的显示。下面介绍对话框的使用。

(1) Mask Type（封装类型）。

封装类型用来对封装后的子系统进行简短的说明。本例中用户可以在 Parameters 选项卡中输入 Population Sample Mask。它将显示在参数对话框的左上角。

(2) 图标显示界面控制参数。

通过设置不同的参数可使模块图标具有不同的显示形式。有下面几种。

• Frame（图标边框设置）。

功能：设置图标边框为可见或不可见。

• Transparency（图标透明性设置）。

功能：设置图标为透明或不透明显示。

Drawing commands（图标绘制命令）。包括如下 3 种情形。

• 图标描述性文件。

• 图标为系统状态方程。

• 图标为图像或图形。

封装后子系统模块的图标均是在图标绘制命令栏中绘制完成的。使用不同的绘制命令可以生成不同的图标如描述性的文本、系统状态方程、图像以及图形等。如果在此栏中输入多个绘制命令,则图标的显示会按照绘制命令顺序显示。同时使用 dpoly 命令在设置封装后子系统模块的图标中,可以为系统传递函数,也可以使用 plot 命令与 image 命令设置封装后子系统模块的图标为图形或图像。

3. 封装编辑器之参数初始化对话框及参数对话框

子系统封装最主要的目的之一便是提供一个友好的参数设置界面。一般的用户无需了解系统内部实现只需提供正确性的模块参数,以使用特定模块的特定功能,从而完成系统设计与仿真分析的任务。如果只是绘制了模块的图标,则模块并没有被真正封装,因为在双击模块时仍显示模块内部的内容,并且始终直接用来自 MATLAB 工作空间中的参数。

只有使用子系统封装编辑器中所提供的参数初始化对话框(Mask Editor 下的 Initialization 选项卡)进行子系统参数输入设置,才可以完成子系统模块的真的封装,从而使用户设计出与 Simulink 内置模块一样直观的参数设置界面。

在没有对子系统进行封装之前,子系统中的模块可以直接使用 MATLAB 工作空间中的变量。通常的子系统均可以被看作是图形化的 MATLAB 脚本,也就是说,子系统只是将一些命令(由模块实现)以图形的方式组合到一起。而一旦子系统被封装之后,其内部的参数对系统模型中的其他系统拥有独立的工作区,这是封装最主要的特点之一。这样用户可以在一个模型中有同样模块的若干实例,它们拥有同样的变量名定义,但其取值各不相同。下面以通常的子系统与封装后的子系统作一个简单的比较。

- 通常的子系统可以视为 MATLAB 脚本文件,其特点是子系统没有输入参数,可以直接使用 MATLAB 工作空间中的变量。
- 封装后的子系统可以视为 MATLAB 的函数,其特点是封装后的子系统提供参数设置对话框输入参数;不能直接使用 MATLAB 工作空间中的变量;拥有独立的模块工作区(工作空间);包含的变量对其他子系统及模块不可见;可以在同一模型中使用同样的子系统而其取值可各不相同。

其参数对话框,如图 2-25 所示。初始化对话框,如图 2-26 所示。

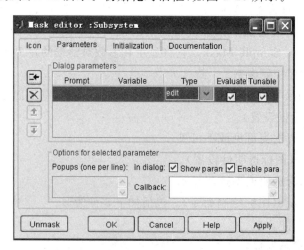

图 2-25　参数对话框

下面对参数选项卡的内容作逐一介绍。

（1）Prompt（参数描述）。

参数描述指的是对模块输入的参数作简单的说明，其取值最好能够说明参数的意义或者作用。

（2）Variable（参数对应变量）。

参数对应变量表示输入的参数值将传递给封装后的子系统工作空间中相应的变量，在此使用的变量必须与子系统中所使用的变量具有相同的名称。

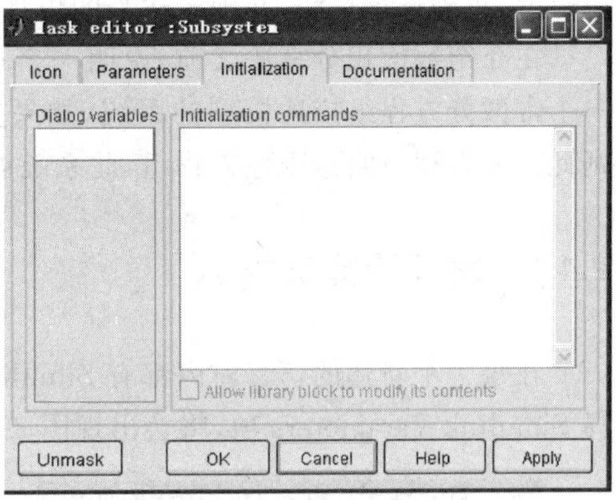

（3）Initialization commands（初始化命令）。

初始化命令为一般的 MATLAB 命令，在

图 2-26 Initialization 选项卡

此可以定义封装后子系统工作空间中的各种变量，这些变量可以被封装子系统模块图标绘制命令，其他初始化命令或子系统中的模块使用。当出现以下情况时，Simulink 开始执行初始化命令。

- 模型文件被载入。
- 框图被更新或模块被旋转。
- 绘制封装子系统模块图标时。

4. 封装编辑器之文档对话框

Simulink 模块库中的内置模块均提供了简单的描述与详细的帮助文档，这可以大大方便用户的使用与理解。对于用户自定义的模块（即封装后的子系统），Simulink 提供的文档编辑功能同样可使用户建立自定义模块的所有帮助文档。如图 2-27 所示为封装编辑器中

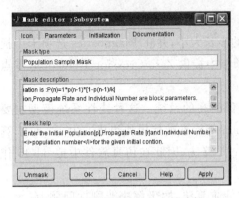

图 2-27　封装编辑器的文档编辑

Documentation（文档编辑）选项卡，使用文档编辑可以建立用户自定义模块的简单描述文档与模块的详细帮助文档（包括模块的所有信息，可以使用 HTML 格式编写）。当子系统被封装之后，便可以编制子系统模块的描述文档与帮助文档了。对于本文所述之例，编写如图 2-27 所示的文档。

单击 OK 按钮后，双击封装后的模块，则其参数设置对话框中显示模块的描述文档。至此，本节已全面地介绍了子系统封装的概念。

2.4　仿真算法及仿真参数设置

Simulink 仿真涉及微分方程组的数值求解，由于控制系统的多样性，没有哪一种仿真算法是万能的。因此需针对不同类型的仿真模型，按照各种算法的不同特点、仿真性能与适

应范围,正确选择算法,并确定适当的仿真参数,才能得到最佳仿真结果。

在介绍数值积分算法之前,说明一个重要问题——stiff(刚性)系统。其解算总是对于一个常微分方程组描述模型的系统,如果方程组的 Jacobian 矩阵的特征值相差特别悬殊,则此微分方程组叫做刚性方程组,此系统被称作刚性系统。

2.4.1　解算器算法类型

在每一个新建的仿真窗内都有 Simulink 栏,单击 Simulink 栏,在弹出的下拉菜单中选择 Simulink Parameters 项,将会出现图 2-28 和图 2-29 对话框。

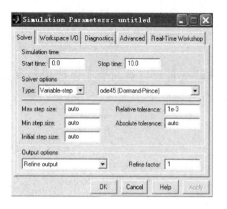

图 2-28　Solver 变步长仿真参数设置

图 2-29　Solver 固定步长仿真参数设置

在 Simulation Parameters 对话框包括 5 个标签,默认的标签为微分方程求解程序 Solver 解算器(标签),在该标签下的对话框,主要接受微分方程求解的算法。

1. Variable-step"可变步长"类型算法

可变步长类型算法可以让程序修正每次仿真的步长大小,并在 Diagnostics 选项卡中提供 Error Control(错误控制)以及在 Advanced 选项卡中提供 Zero Crossing Detection(零点检测)功能。可变步长类型的仿真包括如下算法。

(1) ode45:这种算法特别适用于仿真线性化程度高的系统。这种线性系统模型主要是由 Transfer Function、State-Space、Zero-Pole、Gain 等标准功能模块组成。由于 ode45 算法计算快,一般来说在第一次仿真时,首先采用 ode45 算法,因此在仿真软件中把 ode45 作为默认的算法。

(2) ode23:是 Bogacki 和 Shampine 相结合的低阶算法,用于解决非刚性问题,在允许误差方面以及使用在 stiffness mode(稍带刚性)问题方面,比 ode45 效率高。

(3) ode23s:是一种改进的 Rosenbrock 二阶算法,在允许误差比较大的条件下,ode23s 比 ode15s 更有效。所以在使用 ode15s 处理效果比较差的情况下,宜选用 ode23s 来解决问题。

(4) ode113:属于 Adams 算法,用于解决非刚性问题,在允许误差要求严格的情况下,比 ode45 算法更有效。

（5）ode15s：属于 NDFs 算法，用于解决刚性（stiff）问题。当 ode45、ode113 无法解决问题时，可以尝试采用 ode15s 去求解，但 ode15s 法运算精度较低。

（6）ode23t：这种算法是采用自由内插法实现的梯形，适用于解决系统有适度刚性并要求无数值衰减问题。

（7）ode23tb：属于 TR-BDF2 算法，适合于求解刚性问题，对于求解允许误差比较宽的问题效果好。

（8）discrete：用于处理非连续状态的系统模型，离散系统一般默认选择此算法。

2. Fix-step 固定步长类型算法

当选择图 2-29 时在 Type 项右侧出现如下算法。

（1）ode5：属于 Dormand Pfince 算法，就是定步长下的 ode45 算法。

（2）ode4：属于四阶的 Runge-Kutta 算法。

（3）ode3：属于 Bogacki-Shampine 算法，就是定步长下的 ode23 算法。

（4）ode2：属于 Heuns 法则。

（5）ode1：属于 Euler 法则。

（6）discrete(fixed-step)：不含积分运算的定步长方法，适用于求解非连续状态的系统模型问题。

2.4.2　solver(解算器)选项卡的参数设置

对 Simulink 模型本质上是一个计算机程序，定义了描写被仿真系统的一组微分或差分方程。当选中 Simulink 窗菜单 Simulation→Start 时，Simulink 就开始用一种数值解算方法去求解方程。

在进行仿真前，假如不采用默认设置，那么就必须对各种参数进行配置。参数配置包括仿真的起始和终止时刻的设定、仿真步长的选择、各种仿真容差的选定、数值积分算法的选择、是否从外界获得数据、是否向外界输出数据等。

选中模型窗菜单 Simulation→Parameters，打开 Parameters 对话框。

1. Solver(解算器)选项卡的参数设置

Solver(解算器)选项卡的参数设置是仿真工作必需的步骤，如何设定参数，要根据具体问题的要求而定。最基本的参数设定包括仿真的起始时间与终止时间，仿真的步长大小与解算问题的算法等。解算器选项卡参数设定窗口中选项的设定如下。

（1）Simulation time 栏为设置仿真时间栏，在 Start time 与 Stop time 旁的文本框内分别输入仿真的起始时间与停止时间，单位是 s(秒)。

（2）Solver options 栏为选择算法的操作，包括许多选项。Type 栏的下拉列表中可选择变步长(Variable-step)算法或者固定步长(Fixed-step)算法。

在变步长情况下，连续系统仿真可选择的算法有 ode45、ode23、ode113、ode15s、ode23s、ode23t、ode23tb 等。离散系统一般默认地选择定步长的 discrete(no continous states)算法。一般系统设定 ode45 为默认算法。

Max step size 文本框为设定解算器运算步长的时间上限默认值为 auto，Initial step size

为设定的解算器第一步运算的时间,默认值为 auto。Relative tolerance 相对误差的默认值为 1e-3,Absolute tolerance 为绝对误差,默认值为 auto。

在固定步长情况下(界面如图 2-29 所示),连续系统仿真可选择的算法有 ode1、ode2、ode3、ode4、ode5、discrete 几种。一般 ode4 为默认算法,它等效于 ode45。固定步长方式可以设定 fixed step size 为自动。Mode 下拉列表可选择模型的类型,包括 3 个选项:MultiTasking(多任务)项指其中有些模块具有不同的采样速率,并对模块之间采样速率的传递进行检测;SingleTasking(单任务)项指各模块的采样速率相同,不检测采样速率的传递;auto(自动)项则根据模型中模块采样速度是否相同,决定采用前两者的哪一种。

(3)Output options 输出选择下拉列表的第一选项为 Refine output 细化输出项,其 Refine factor(细化系数)最大值为 4,默认值为 1,数值愈大则输出愈平滑。

- Produce additional output 产生附加输出项,允许指定产生 Output times(输出的附加时间)。该选项被选中后,在编辑框 Output times 中可以输入产生输出的附加的时间。这种方式可改变仿真步长以使其与指定的附加时间相一致。
- Produce additional output Only 只产生特定的输出项,只在指定的输出时间有产生仿真输出,这种方式可改变仿真步长以使其与产生输出的指定时间相一致。

(4)在标签页后的右下部有 4 个按钮,它们的功能如下。

- OK 按钮用于参数设置完毕,可将窗口内的参数值应用于系统的仿真,并关闭对话框;
- Cancel 按钮用于立即撤销参数的修改,恢复标签页原来的参数设置,并关闭对话框;
- Help 按钮用于打开并显示该模块使用方法帮助文件;
- Apply 按钮用于修改参数后的确认,即表示将目前窗口改变的参数设定用于系统的仿真,并保持对话框窗口的开启状态,以便进一步修改。

这种 4 个按钮的组合,在其他许多界面里都有,其功能与此相同。

2. Workspace I/O 工作空间选项卡参数设置

Workspace I/O 为工作空间选项卡,如图 2-30 所示。

可以从当前工作空间输入数据、初始化状态模块并把仿真结果保存到当前工作空间。

(1)Load from workspace 栏可以从 MATLAB 工作空间获取数据输入到模型的输入模块(In1),这是 Simulink 仿真模型窗中的一个重要功能。当然,模型一定要有输入模块(In1)。具体操作方法是:选中 Input 复选框,在其后的文本框里输入数据的变量名,变量名默认值为[t,u],t 是一维时间列向量,u 是与 t 相同的二维列向量。如果输入模块有 n 个,则 u 的第 1、2、…、n 列分别送往输入模块 In1、In2、…、Inn。

(2)选中 initial state 复选框,将迫使模型从 MATLAB 工作空间获取模型中全部模块所有状态变量的初始值,这就是初始化状态模块。在栏后的文本框里填写的含有初始化值变量(其默认名为 xInitial)的个数应与状态模块数目一致。

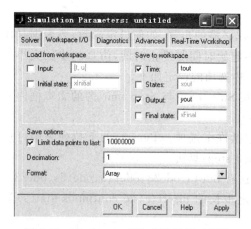

图 2-30　Workspace I/O 参数设置对话框

（3）把模块结果保存到当前工作空间，此项功能在 Save to workspace 栏中设置。

- Time 复选框，模型把 Time（变量）以指定的变量名存储在 MATLAB 工作空间默认值名 tout。
- States 复选框，模型把状态变量以指定的变量名（xout）存储在 MATLAB 工作空间。
- Output 复选框，对应着模型窗口中使用的输出模块 out1 须在 MATLAB 工作空间填入输出数据变量名（输出矩阵默认名为 yout），输出矩阵每一列对应于模型的多个输出模块 out，每一行对应于一个确定时刻的输出。
- Final state 复选框，模型把状态变量的最终状态值以指定的名称（默认名为 xFinal）存储在 MATLAB 工作空间。状态变量的最终状态值还可以被模型再次调用。

（4）Save options（变量存储选项）栏与 Save to workspace 栏配合使用。

- Limit data points to last 复选框，在文本框中输入可能限定可存取的行数，一般尽可能大一些。

其默认值为 1000，即保留 1000 组最新的数据。当实际计算出来的数据量大大超过选择的值时，在 MATLAB 工作中将只保存 1000 组最新的数据。如果想消除这样的约束，则可以不选中 Limit data points to last 复选框。

- Decimation 输入文本框可设置的降频程度系数，降频程度系数的默认值为 1，表示每一个点都返回状态与输出值；若设定为 2，则会每隔断 2 个点返回状态与输出值，这些结果会被保存起来。
- Format 下拉列表框提供了 3 种保存数据的格式供选择：Matrix（矩阵）、Structure 构架、Structure with time 带时间的构架。

3. Diagnostics（仿真中异常情况的诊断）

Diagnostics 选项卡，如图 2-31 所示。

Simulink 能自动诊断的 22 种仿真异常情况，这些异常包括 Algebraic loop，Block priority violation，Min step size violation 等，对于每种异常 Simulink 又提供了 3 种可能处理方法。

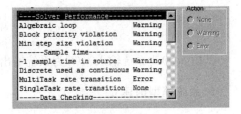

图 2-31 异常诊断窗口

- None 指示 Simulink 忽略这种异常。
- Warning 使 Simulink 每当遇到这种异常时发出相应的警告信息。
- Error 使 Simulink 采用发布出错信息终止仿真的方式处理仿真异常情况。

（1）Algebraic loop（代数环）异常的存在将大大减慢仿真速度，进而可能导致仿真失败。对于这种异常通常采用 Warning 处理方式。如果已知代数环存在，而仿真性能尚可接受，则把"异常情况处理方式"改为 None。

（2）Min step size violation（最小步长欠小）异常的发生，表明微分方程解算器为达到指定精度需要更小的步长，但这是解算器所不允许的。解决办法是采用高阶的解算器以放松对步长的苛求。对于这种异常通常采用 Warning 或 Error 处理方式。

（3）Unconnected block input（模块输入悬垂）异常是指构成模型的模块中有未被使用的输出端。这种异常是建模疏忽造成的。如果输出悬垂是"故意"所为，那么最好把那输出端与 Ground(接地模块)的输出相接。处理这种异常的方式通常是 Warning 或 Error。

（4）Unconnected block output(模块输出悬垂)异常是指构成模块中有未被使用的输出端。这种异常通常无害。这种异常往往是建模疏忽造成的。如果输出悬垂"故意"所为,那么最好把输出端与 Terminator(终端模块)相接。处理这种异常的方式通常是 Warning 或 Error。

（5）Unconnected line(信号线悬垂)异常是指构成模型中有一端未被使用的信号线。这种异常是建模疏忽造成的。处理这种异常的方式通常是 Error。

（6）Consistency checking(一致性检验)是专门用来调试用户自制模块的编程正确性。对于 Simulink 的标准模块则不必进行一致性检查,因此通常该选项设置为 off 状态,以免影响运行速度。

（7）Disable zero crossing detection(禁止零点穿越检测)相当一些 Simulink 模块呈现"不连续性",如 Sign(符号)模块。该模块的输入为负时,输出为−1;而当输入为正时,输出为＋1。假若采用变步长算法对含有符号模块的模型进行仿真,当符号模块的输入趋近于 0 时,Simulink 将调整积分算法的步长以使符号模块的输出在适当的时候发生改变。这个过程就称作 Zero Crossing Detection(零点穿越检测)。零点穿越检测提高了仿真的准确性,但却降低了仿真的速度。

2.4.3　参数设置应用实例

在对实际的动态系统进行仿真分析时,要对系统的仿真过程进行各种设置与控制,以达到特定的目的。Simulink 是一个具有友好用户界面的系统级仿真平台,通过它的图形仿真环境,可以对动态系统的仿真进行各种设置与控制,从而快速完成系统设计的任务。

【例 2-3】　对参数设置加以说明。

系统描述：

$$y(t) = \begin{cases} 2u(t), & t \geqslant 25 \\ 10u(t), & t \leqslant 25 \end{cases}$$

其中,$u(t)$为系统输入,$y(t)$为系统输出。下面将建立此简单系统的模型并进行仿真分析。

1. 系统模型的建立

实例中主要应用以下几个模块。

（1）Sources 模块库中的 Sine Wave 模块：用来作为系统的输入信号。

（2）Math 模块库中的 Relational Operator 模块：用来实现系统中的时间逻辑关系。

（3）Sources 模块库中的 Clock 模块：用来表示系统运行时间。

（4）Signal Routing 模块库中的 Switch 模块：用来实现系统中的信号增益。如图 2-32 所示为此系统的系统模型。

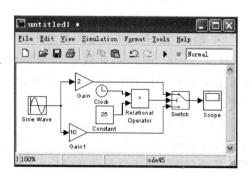

图 2-32　简单系统模型

2. 系统模块参数设置

在完成系统模型的建立之后,需要对系统中各模块的参数进行合理的设置。

(1) Sine Wave 模块:采用 Simulink 默认参数设置,即单位幅值、单位频率的正弦信号。

(2) Relational Operator 模块:其参数设置为">",如图 2-33 所示。

(3) Clock 模块:采用默认参数设置如图 2-34 所示。

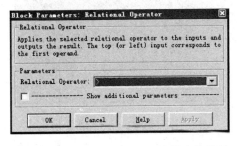

图 2-33　Relational Operator 模块参数设置

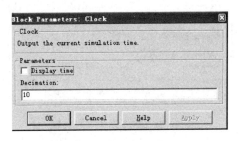

图 2-34　Clock 模块参数设置

(4) Switch 模块:设定 Switch 模块的 Threshold 值为 0.5(其实只要大于 0 小于 1 即可,因为 Switch 模块在输入端口 2 的输入大于或等于给定的阈值 Threshold 时,模块输出为第一端口的输入,否则为第三端口的输入),从而实现此系统的输出随仿真时间进行正确的切换。如图 2-35 所示。

(5) Gain 模块:参数设置如图 2-32 所示。

3. 系统仿真参数设置及仿真分析

图 2-35　Switch 模块参数设置

在对系统模型中各模块进行正确而合适的参数设置之后,便需要对系统仿真参数进行必要的设置以开始仿真。

在默认情况下,Simulink 默认的仿真起始时间为 0s,仿真结束时间为 10s。对于此简单系统,当时间大于 25s 时系统输出才开始转换,因此需要设置合适的仿真时间。设置仿真时间的方法为:选择菜单 Simulation→Simulation Parameters 项,或按 Ctrl+E 键,打开仿真参数设置对话框,在 Solver 选项中设置系统仿真时间区间。设置系统仿真起始时间为 0,结束时间为 100s,如图 2-36 所示。

在仿真参数设置对话框的 Solver(解算器亦称求解器)选项中,可以对系统仿真的解算器进行设置与控制,如解算器类型、求解方法、仿真步长以及误差控制等。

在系统模块参数与系统仿真参数设置完毕之后,可开始系统仿真操作。运行仿真的方法有下列几种:

(1) 选择菜单 Simulation→Start Simulation 项。

(2) 按 Ctrl+T 键。

(3) 单击模型编辑器工具栏中的 Play 按钮。

仿真结束后，双击系统模型中的 Scope 模块，显示的系统仿真结果，如图 2-37 所示。

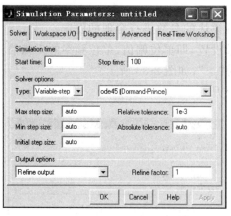

图 2-36　系统仿真时间设置

图 2-37　系统仿真结果输出曲线

4. 步长设置

仿真参数的选择对仿真结果有很大的影响。在使用 Simulink 对简单系统进行仿真时，影响仿真结果输出的因素有仿真起始时间、结束时间和仿真步长等。仿真各参数设置如图 2-38 所示。仿真输出结果如图 2-39 所示。

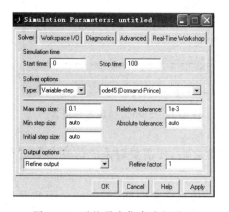

图 2-38　系统最大仿真步长设置

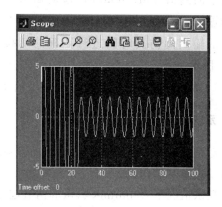

图 2-39　系统最大仿真步长为 0.1 下的仿真输出结果

2.5　S-函数

在 Simulink 中最具魅力的无疑是 S-函数，它完美地结合了 Simulink 框图乘法明快的特点和编程灵活方便的优点。S-函数提供了增强和扩展 Simulink 能力的强大机制，同时也是使用 RTW(Real Time Workshop)实现实时仿真的关键。实际上 Simulink 许多模块所包含的算法均是用 S-函数写的，也可以编写自己的 S-函数，然后进行封装便可得到具有特定功能的定制模块。S-函数支持 MATLAB、C、C++、Fortran 以及 Ada 等语言，使用这些语言，按照一定的规则就可以写出功能强大的模块。

2.5.1　什么是 S-函数

　　S-函数是 System Function(系统函数)的简称,是指采用非图形化的方式(即计算机语言,区别于 Simulink 的系统模块)描述的一个功能块。可以采用 MATLAB 代码,C、C++、Fortran 或 Ada 等语言编写 S-函数。S-函数由一种特定的语法构成,用来描述并实现连续系统、离散系统以及复合系统等动态系统;S-函数能够接收来自 Simulink 解算器的相关内容并对解算器发出的命令做出适当的响应,这种交互作用类似于 Simulink 系统模块与解算器的交互作用。一个结构体系完整的 S-函数包含了大量描述动态系统所需的全部的能力,所有其他的使用情况都是这个结构体系的特例。一般情况下 S-函数模块是整个 Simulink 动态系统的核心。

　　S-函数作为与其他语言相结合的接口,可以使用这个语言所提供的强大能力。当然,对于大多数动态系统仿真分析而言,使用 Simulink 提供的模块即可实现,而无需使用 S-函数。这也是 S-函数不为多数人所熟知的缘故。但是,当需要开发一个新的通用的模块作为一个独立的功能单元时,使用 S-函数实现则是一种相当简便的方法。由于 S-函数可以使用多种语言编写,因此可以将已有的代码结合起来,而不需要在 Simulink 中重新实现算法,从而在基本程度上实现了代码移植。另外,在 S-函数中使用文本方式输入公式、方程,非常适合复杂动态系统的数学描述,并且在仿真过程中可以对仿真进行更精确的控制。

　　S-函数一旦被正确地嵌入位于 Simulink 标准模块库中的 S-Function 框架模块中,它就可以像其他 Simulink 标准模块一样,与 Simulink 的方程解算器 Solver 交互、实现其功能。这种生成的 S-函数模块可以被"重用"于各种场合;在每种场合,该 S-函数模块又可通过不同的参数设置,实现出不同的性能。

　　一般情况下 S-函数应用如下场合:

　　(1) 生成研究中有可能经常反复调用的 S-函数模块。

　　(2) 生成基本硬件装置的 S-函数模块。

　　(3) 由已存在的 C 码程序构成 S-函数模块。

　　(4) 在一组数学方程所描写的系统中,构建一个专门的 S-函数模块。

　　(5) 构建用于图形动画表现的 S-函数模块。

2.5.2　S-函数工作原理

　　要创建 S-函数,首先要理解 S-函数,明白 Simulink 的动作方式。

　　在 Simulink 中模型的仿真有两阶段:初始化阶段和仿真阶段,如图 2-40 所示。

　　在初始化阶段,S-函数完成的主要任务如下。

　　(1) 把模型中各种多层次的模块"平铺化",即用基本库模块展开多层次的封装模块。

　　(2) 确定模型中各模块的执行次序。

　　(3) 为未直接指定相关参数的模块确定信号属性:信号名称、数据类型、数值类型、维数、采样时间、参数值等。

　　(4) 配置内存。

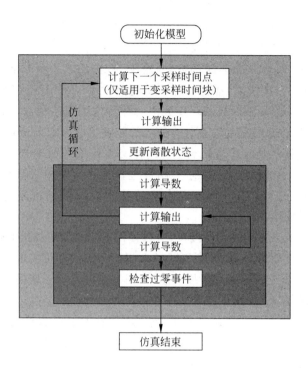

图 2-40　S-函数仿真流程

模型初始化结束后,就进入"仿真环"过程。在一个"主时步"内要执行"仿真环"中的各运算环节,具体包括如下内容。

（1）计算下一个主采样时点（当含有变采样时间模块时）。

（2）计算当前主时步上的全部输出。

（3）更新各模块的连续状态（通过积分）、离散状态以及导数。

（4）对连续状态进行"零穿越"检测。

由此可知,MATLAB 6.x 所提供的 S-函数 M 文件的标准模板的开发步骤如下。

（1）对 MATLAB 提供的标准模板程序,进行适当的"裁剪",生成用户自己的 S-函数。

（2）把自编的 S-函数"嵌入"Simulink 提供的 S-function（框架）标准库模块中,生成自编的"S-函数"模块。

（3）对自编的"S-函数"模块进行适当的封装。

2.5.3　S-函数的模板程序

MATLAB 6.x 提供了一个 S-函数模板程序,在建立实际的 S-函数时,可在该模板必要的子程序中编写程序并输入参数便可。S-函数的模板程序位于 toolbox/Simulink/blocks 目录下,文件名为 sfuntmpl.m,可以自己查看。S-函数的各部分组成,如表 2-1 所示。

表 2-1 S-函数组成

Flag	S-函数子程序	所处的仿真阶段
Flag＝0	MdlInitialige Sizes	S-函数初始化,此结构用 sizes 来存储,然后再用 simsizes 指令提取
Flag＝1	MdlDerivatives	输出值 sys 为状态的微分
Flag＝2	MdlUpdata	输出值 sys 为状态值在下一时刻的更新
Flag＝3	Mdloutputs	输出值 sys 为输入值与状态值的函数
Flag＝4	MdlGet Times of Next	输出值 sys 为下一次被触发的时间
Flag＝9	MdlTerminate	仿真任务结束

S-函数调用格式为:

```
Function[sys,x0] = sfuncname(t,x,u,flag,parameter)
```

其中,sfuncname 为用户定义的 S-函数名;

输入参数:t 为时间;x 为状态向量;u 为输入向量;flag 为 Simulink 执行何种操作的阶段标记;

输入参数 Parameter 是通过对话框设置参数值的变量名。若 Parameter 默认,表示 S-函数模块不需通过对话框设置参数值。

返回的参数值勤有 4 个:

sys 为 S-函数根据 flag 的值运算得出的解;x0 为初始状态值;str 为对 m 文件形成的 S-函数设置为空矩阵(可省略);ts 为两列向量,定义为取样时间及偏移量(可省略)。

在运用 S-函数进行仿真前,应当编制 S-函数程序,因此必须知道系统在不同时刻所需要的如下信息。

(1) 在系统开始进行仿真时,应先知道系统有多少状态变量,其中哪些是连续变量,哪些是离散变量,以及这些变量的初始条件等信息。这些信息可通过 S-函数中设置 flag＝0 获取。

(2) 若系统是严格连续的,则在每一步仿真时所需要的信息为:通过 flag＝1 获得系统状态导数;通过 flag＝3 获得系统输出。

(3) 若系统是严格离散的,则通过 flag＝2 获得系统下一个离散状态;通过 flag＝3 获得系统离散状态的输出。

Flag＝0,1,3 对应的 3 个子程序(mdlInitialige SizesmdlDerivatives,mdlOutputs)是 S-函数的基本组成,应当在 S-函数描述中给出。而 flag 其他取值对应的子程序则用于离散系统或比较复杂的系统。

【例 2-4】 (a)用 S-函数模块为单摆构造系统动力学模型,如图 2-41 所示;(b)利用 Simulink 研究该单摆摆角 θ 的运动曲线;(c)用 S-函数动画模块表现单摆的运动。

(a) 写出该单摆的动力学方程为

$$\ddot{\theta} = \frac{F_m}{M} - \frac{F_d}{M} - \frac{F_g}{M} = f_m - K_d \dot{\theta} - K_g \sin\theta$$

式中 f_m 实施加在单摆上的等效外力;K_d 是等效摩擦系数;K_g 是等效重力系数。

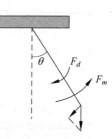

图 2-41 单摆示意图

（b）把上述二阶方程写成状态方程组

令

$$x_1 = \dot{\theta}, \quad x_2 = \theta, \quad u = f_m$$

于是上述方程可写为

$$\dot{x} = -K_d x_1 - K_g \sin\theta + u$$

$$\dot{x}_2 = x_1$$

（c）根据状态方程对模板文件进行"裁剪"得到 simpendzzy. m

从 MATLAB 的 toolbox\Simulink\blocks 子目录下，复制 sfintempl. m，并把它改名为 simpendzzy. m，再根据状态方程对文件进行修改，最后形成如下文件。

```
〔simpendzzy. m〕
function [sys,x0,str,ts] = simpendzzy(t,x,u,flag,dampzzy,gravzzy,angzzy)
switch flag,
  case 0,
    [sys,x0,str,ts] = mdlInitializeSizes(angzzy);
  case 1,
    sys = mdlDerivatives(t,x,u,dampzzy,gravzzy);
  case 2,
    sys = mdlUpdate(t,x,u);
  case 3,
    sys = mdlOutputs(t,x,u);
  case 9,
    sys = mdlTerminate(t,x,u);
  otherwise
    error(['Unhandled flag = ',num2str(flag)]);
end
% ------ mdlInitializeSizes -----------------------
function [sys,x0,str,ts] = mdlInitializeSizes(angzzy)
sizes = simsizes;
sizes.NumContStates = 2;
sizes.NumDiscStates = 0;
sizes.NumOutputs = 1;
sizes.NumInputs = 1;
sizes.DirFeedthrough = 0;
sizes.NumSampleTimes = 1;
sys = simsizes(sizes);
x0 = angzzy;
str = [ ];
ts = [0, 0];
% ----- mdlDerivatives ----------------------------
function sys = mdlDerivatives(t,x,u,dampzzy,gravzzy)
dx(1) = - dampzzy * x(1) - gravzzy * sin(x(2)) + u;
dx(2) = x(1);
```

```
sys = dx;
% ----- mdlUpdate -------------------------------------
function sys = mdlUpdate(t,x,u)
sys = [ ];
% ----- mdlOutputs -------------------------------------
function sys = mdlOutputs(t,x,u)
sys = x(2);
% ----- mdlTerminate -------------------------------------
function sys = mdlTerminate(t,x,u)
sys = [ ];
```

（4）构成名为 simpendzzy 的 S-函数模块操作步骤。

① 从 Simulink 的 user-defined Function 子库中复制 S-Function 框架模块到空白模型窗，如图 2-42 所示。

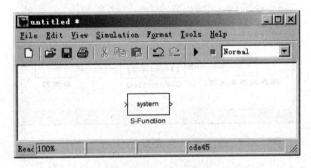

图 2-42　复制得到的 S-函数框架模块

② 双击 S-Function 框架模块，弹出 Block Parameters：S-Function 对话框，如图 2-43 所示。

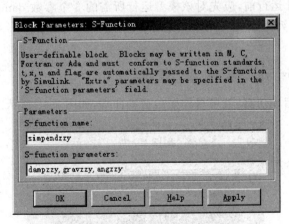

图 2-43　S-函数框架模块对话框

③ 在 S-Function name 文本框中输入函数名 simpendzzy；在 S-Function parameters 文本框中输入 simpendzzy.m 的第 4、5、6 个变量名 dampzzy，gravzzy，angzzy；单击 OK 按钮，就得到单摆 S-函数模块，如图 2-44 所示。

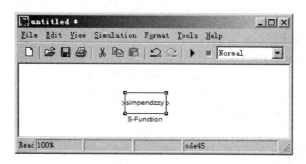

图 2-44   单摆系统 S-函数模块

（5）单摆事实运动的仿真模型 exm1.mdl。

用信号发生器产生作用力；用示波器观察摆角；构成仿真模型，如图 2-45 所示。

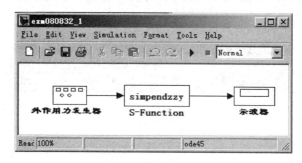

图 2-45   仿真模型 exm1_1

信号发生器的参数设置：信号取 square 波形；幅值为 1；频率为 0.1rad/sec。

示波器参数设置：Stop time 设置 200。

应该保证 simpendzzy.m 在 MATLAB 搜索路径上。

在该 exm_1.mdl 运行前，应先对该模型运行所需的 3 个参数 dampzzy，gravzzy，angzzy 进行设置。可输入下列命令：

```
clear
dampzzy = 0.8；gravzzy = 2.45；angzzy = [0；0]；
```

在参数设定后，启动仿真，就可得到摆角运动曲线，如图 2-46 所示。

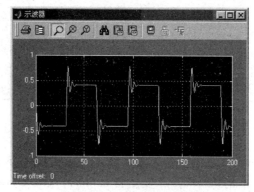

图 2-46   摆角运动曲线

（6）引进单摆动事模块，生成 exm-2.mdl。

把 exm-1.mdl。另存为 exm-2.mdl。

打开 toolbox\Simulink\simdemos\simdemos\simgeneral 子目录下的 simppend.mdl 模型；把 Animation Function、Pivot point for pendulum 以及 x&theta 模块复制到 exm-2.mdl 模型窗并进行适当的连接，对模块进行中文名称标识。

启动模型，得到单摆摆动动画，如图 2-47 所示。

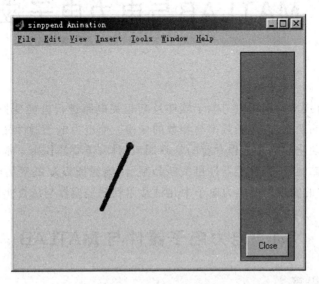

图 2-47 单摆摆动动画

第 3 章

MATLAB与电力电子应用技术

电力电子变流技术是利用电力电子器件及其相关电路进行电能变换的一门科学技术，既包括电压、电流的变换，也包括频率与相数的变换。而电力电子器件又是电力电子变流技术的核心，也是自动化和电气工程专业的基础知识，具有重要的作用。本章主要包括常用的功率电力二极管、晶闸管、全控型器件可关断晶闸管、绝缘栅极双极型晶体管等电力电子器件在 MATLAB 中的实现以及电力电子中几种常用到的变换器与仿真实现过程。

3.1 电力电子器件与 MATLAB

3.1.1 电力二极管

电力二极管是一种具有单向导电性的半导体器件，即正向导电、反向阻断。它属于不可控器件，但因其结构简单、性能可靠等优点，在整流而不需要调压的场合广泛应用，其符号如图 3-1 所示。

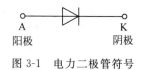

图 3-1 电力二极管符号

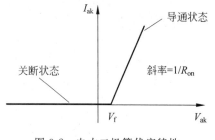

图 3-2 电力二极管伏安特性

1. 电力二极管基本特性

电力二极管的伏安特性主要是指其静态特性，特性曲线如图 3-2 所示。从特性曲线可以看出，当电力二极管承受正向电压大于门槛电压(V_f)时正向电流迅速增加，即二极管正向导通。当电力二极管承受反压时，导通电流近乎为零。因此电力二极管的伏安特性与普通二极管相似。

2. 电力二极管在 MATLAB 中仿真实现

MATLAB 在 SimPowerSystems 工具箱中定制了电力二极管的仿真模型，模型位于 SimPowerSystems 工具箱的 Power Electronic 库中，名称为 Diode，模块如图 3-3 所示。

电力二极管仿真模型由一个电阻 R_{on}、一个电感 L_{on}、一个直流电压源 V_f 和一个开关串联组成。开关受电压 V_{ak} 与电流

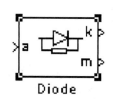

图 3-3 电力二极管仿真模型

I_{ak}逻辑信号所控制,即$V_{ak} > V_f$、$I_{ak} > 0$致使电力二极管导通,工作原理如图3-4所示。

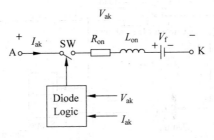

图3-4 电力二极管仿真模型原理

在图3-3中可看出电力二极管模块有两个输出(k、m端子)和一个输入(a端子),分别是电力二极管的阴极和测量信号输出端子以及二极管的阳极端子。测量端子可以测量输出向量导通电流和正向压降,即$[I_{ak}, V_{ak}]$。将电力二极管拖曳至模型窗口中,双击模块图标打开Block Parameters:Diode对话框对其参数设置,如图3-5所示。

电力二极管需要设置的参数如下。

- Resistance Ron(Ohms):电力二极管元件内电阻,单位为Ω,当电感参数设置为0时,内电阻不能为0。

- Inductance Lon(H):电力二极管元件内电感,单位为H,当电阻参数设置为0时,内电感不能为0。

- Forward voltage Vf(V):电力二极管元件正向管压降Vf,单位为V。

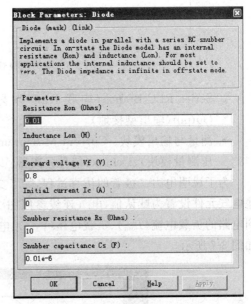

图3-5 电力二极管模块参数设置

- Initial current Ic(A):初始电流,单位为A,通常将Ic设为0。

- Snubber resistance Rs(Ohms):缓冲电阻,单位为Ω,为在模型中消除缓冲,可将Rs参数设置为inf。

- Snubber capacitance Cs(F):缓冲电容,单位为F,为在模型中消除缓冲,可将缓冲电容Cs设置为0,为得到纯电阻Rs,可将电容Cs参数设置为inf。

另外,在仿真含有电力二极管的电路时,必须使用刚性积分算法。为获得较快的仿真速度可使用ode23tb或者ode15s算法。

3. 电力二极管元件的仿真实例

下面以一个单相半波整流器为例,说明电力二极管的建模与仿真方法。系统模型如图3-6所示。

在此系统中使用的模块如下。

- 构成回路的模块:AC Voltage Source(交流电压源)、Diode(电力二极管模块)、

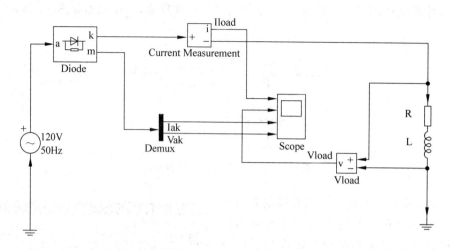

图 3-6　电力二极管单相半波整流器模型

Series RLC Branch（串联 RLC 分支）、Ground Input（输入型接地）以及 Ground Output（输出型接地）。

- 测量与输出模块：Current Measurement（电流测量模块）、Voltage Measurement（电压测量模块）、Demux（信号分离器）以及 Scope（示波器模块）。

为了说明电力二极管的仿真过程，除了交流电压源设为峰值 220V，频率 50Hz 之外，其他电气元件设置为默认值，电气连线参照图 3-6 连接。仿真方法选择 ode23tb，运行系统得到电路的负载电流（I_{load}）、负载电压（V_{load}）、电力二极管电流（I_{ak}）以及其正向压降（V_{ak}）分别如图 3-7 所示。

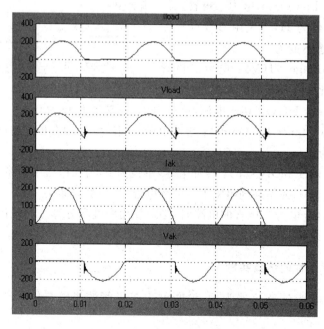

图 3-7　仿真电路各变量输出

3.1.2　晶闸管

1. 晶闸管工作原理

晶闸管(thyristor)是一种具有开关作用的大功率半导体器件,目前容量可达 8kV/6kA 以上。它具有 4 层 PN 结构、3 端引出线(A、K、g)的器件,其符号如图 3-8 所示,阳极、阴极、门极分别表示为 A、K、g。

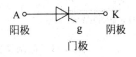

图 3-8　晶闸管元件的符号

晶闸管是一种可以通过门极信号触发导通的半导体器件,在工作过程中,阳极 A 和阴极 K 与电源和负载相连组成晶闸管的主电路,晶闸管的门极 g 和阴极 K 与控制晶闸管的触发电路部分相连,组成晶闸管的控制回路。晶闸管导通需要具备两个条件:晶闸管的阳极和阴极之间加正向电压以及门极和阴极之间也加正向电压和电流。晶闸管一旦导通,门极即失去控制作用,为使晶闸管关断,必须使其阳极电流减小到一定数值以下,这只有用使阳极电压减小到零或反向的方法来实现,因此晶闸管被称作半控型电力电子器件。

2. 晶闸管伏安特性

晶闸管元件的静态伏安特性,如图 3-9 所示。

当阳极和阴极之间的电压大于 V_f 且门极触发脉冲为正($g>0$)时,晶闸管开通。该触发脉冲的幅值必须大于 0 且有一定的持续时间,以保证晶闸管阳极电流大于擎住电流。当晶闸管的阳极电流下降到 0($I_{ak}=0$),且阳极和阴极之间施加反向电压的时间大于或等于晶闸管的关断时间 T_q 时,晶闸管关断。如果阳极和阴极之间施加反向电压的持续时间小于晶闸管的关断时间 T_q,晶闸管就会自动导通,除非没有门极触发信号(即 $g=0$)且阳极电流小于擎

图 3-9　晶闸管的静态伏安特性

住电流。另外,在导通时,阳极电流小于参数对话框中设置的擎住电流,当触发脉冲去掉后,晶闸管将立即关断。

3. 在 MATLAB 中的仿真实现

晶闸管仿真模型如图 3-10 所示。是由一个电阻 R_{on}、一个电感 L_{on}、一个直流电压源 V_f 和一个开关串联组成。开关受逻辑信号控制,该逻辑信号由电压 V_{ak}、电流 I_{ak} 和门极触发信号 g 决定,即 $V_{ak}>V_f$、$g>0$ 致使晶闸管导通以及 $I_{ak}>0$。

由以上分析可知,晶闸管仿真模型的静态伏安特性与理论所得晶闸管的伏安特性基本相符,以此说明仿真模型的正确性。

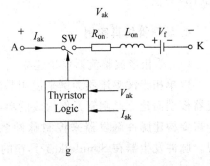

图 3-10　晶闸管仿真模型原理

晶闸管模块位于 MATLAB 的 SimPowerSystems 工具箱的 Power Electronic 库中。根据晶闸管还包括一个 Rs、Cs 串联缓冲电路,它通常与晶闸管并联。缓冲电路的 Rs 和 Cs 值

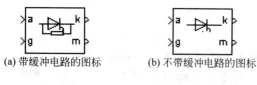

(a) 带缓冲电路的图标　　(b) 不带缓冲电路的图标

图 3-11　晶闸管模块的图标

可以设置,当指定 Cs=inf,缓冲电路为纯电阻;当指定 Rs=0 时,缓冲电路为纯电容;当指定 Rs=inf 或 Cs=0 时,缓冲电路去除。如图 3-11 所示为电力电子仿真模型中晶闸管带缓冲电路的图标和不带缓冲电路模块的图标。

在晶闸管模块图标中可以看到,它有两个输入和两个输出。第一个输入 a 输出、k 应用于晶闸管阳极和阴极,第二个输入 g 为加在门极上的逻辑信号(g),第二个输出(m)用于测量输出向量[Iak,Vak]。

双击晶闸管模型图标,打开 Block Parameters:Thyristor 对话框如图 3-12 所示。要设置的参数如下。

- Resistance Ron(Ohms):晶闸管元件内电阻 Ron,单位为 Ω,当电感参数设置为 0 时,内电阻不能为 0;
- Inductance Lon(H):晶闸管元件内电感 Lon,单位为 H,当电阻参数设置为 0 时,内电感不能为 0;
- Forward voltage Vf(V):晶闸管元件的正向管压降 Vf,单位为 V;
- Initial current Ic(A):初始电流 Ic,单位为 A,通常将 Ic 设为 0;
- Snubber resistance Rs(Ohms):缓冲电阻 Rs,单位为 Ω,为在模型中消除缓冲,可将 Rs 参数设置为 inf;

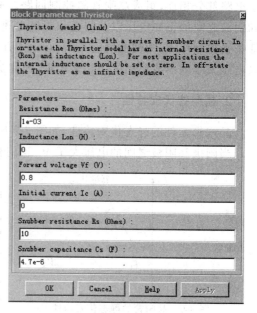

图 3-12　晶闸管元件的参数设置

- Snubber capacitance Cs(F):缓冲电容 Cs,单位为 F,为在模型中消除缓冲,可将缓冲电容 Cs 设置为 0,为得到纯电阻 Rs,可将电容 Cs 参数设置为 inf。

在仿真含有晶闸管的电路时,必须使用刚性积分算法。为获得较快的仿真速度可使用 ode15s 算法。

4. 晶闸管仿真实例

(1) 单相半波整流器模型建立。

以单相半波整流器为例来说明晶闸管元件的应用方法。参照二极管构成的单相半波整流器模型而建立晶闸管元件构成的单向半波整流器模型,如图 3-13 所示。主要不同之处在于需要构建脉冲触发器来控制脉冲触发角,此模型采用 Pulse Generator(脉冲发生器)实现。脉冲发生器在 Simulink 工具箱的 Source 库中,模型如图 3-13 中 Pulse Generator 模块所示。

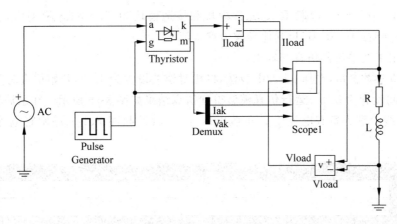

图 3-13　晶闸管构成的单相半波整流器模型

双击脉冲发生器模型可以改变其参数,这是单相半波整流桥感性负载,下面对 Pulse Generator 模块进行参数设置,通过设置 Phase delay(相位延迟),来改变控制角 α 的不同角度,来观察负载电压、电流及晶闸管电压、电流的变化情况。脉冲参数设置对话框如图 3-14 所示。

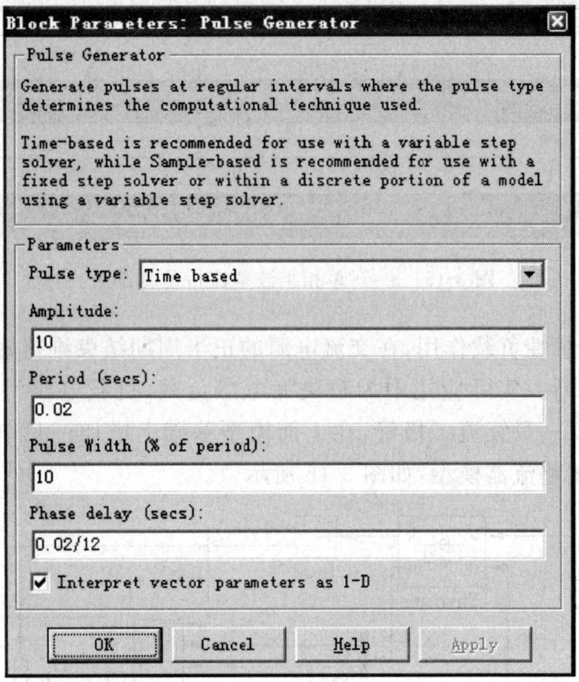

图 3-14　脉冲发生器模型设置

由于交流电压源的频率已设置为 50Hz,则 Pulse Generator 模块中的脉冲周期为 0.02s,脉冲宽度设置为脉宽的 10%,脉冲高度为 10,脉冲移相角通过相位角延迟对话框进行设置。例如移相角为 0°、60°、90°的工作情况,它们分别对应相位延迟时间为 0s、0.02/6s、0.02/2s。

打开晶闸管模块对话框,按如下参数进行设置:Ron=0.001Ω,Lon=0H,Vf=0.8V,

Rs＝20Ω,Cs＝4e－6F。串联 RLC 元件模块和接地模块到 Thyristor 模型中,打开参数对话框,其中 R＝1Ω,L＝0.01H,其他参数为默认值。

（2）单相半波整流器仿真与输出。

打开仿真参数窗口,选择 ode23tb 算法,将相对误差设置为 1e-3,开始仿真时间设置为 0,停止仿真时间设置为 0.1。运行仿真模型得到仿真结果如图 3-15 所示。在示波器的仿真图形中,5 条曲线分别为负载电流 I_{load}、负载电压 V_{load}、触发脉冲 Pulse、晶闸管电流 I_{ak} 及晶闸管电压 V_{ak}。

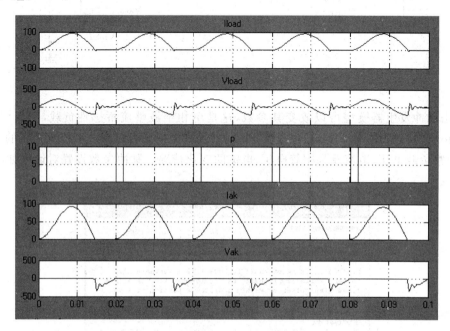

图 3-15　$\alpha=0°$ 单相半波整流桥仿真结果

上例中的负载为感性负载作用,在交流电源的正半周期结束维持短时间电流,从而造成晶闸管不可能立刻关断。实际应用中为解决大电感负载,负载电压为负值,提高平均电压值,在负载两端反并联一只续流二极管,在上面模型基础上增加一只电力二极管和 T 连接器,构建新的单相半波整流器模型,如图 3-16 所示。

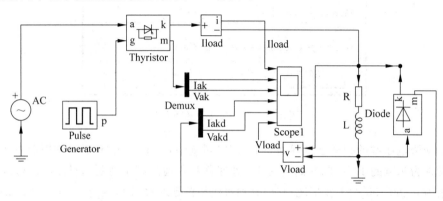

图 3-16　带续流二极管的单相半波整流器模型

在脉冲触发角 a＝0 情况下，运行仿真模型得到系统输出如图 3-17 所示，分别为负载电流 I_{load}、晶闸管电流 I_{ak}、晶闸管电压 V_{ak}、二极管电流 I_{akd}、二极管电压 V_{akd} 以及负载电压 V_{load} 等。

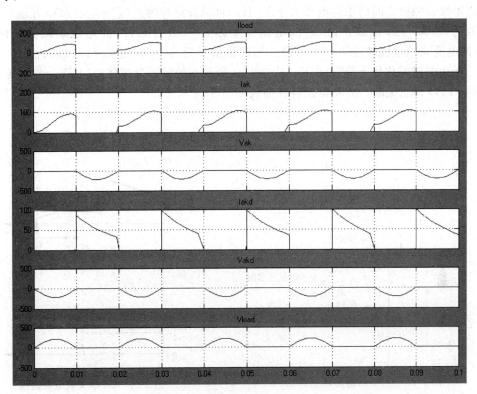

图 3-17　带续流二极管整流器输出

3.1.3　可关断晶闸管

1. 可关断晶闸管工作原理

可关断晶闸管(Gate Turn Off Thyristor，GTO)，是晶闸管的派生器件，它可以通过在门极施加负的电流脉冲使其关断，因而属于全控型器件。GTO 的结构和普通晶闸管相似，但 GTO 的电压、电流容量比 GTR 大得多。GTO 和普通晶闸管一样，具有 PNPN 4 层半导体，外部引出阳极、阴极和控制极。与普通晶闸管不同的是，GTO 是一个多元的功率集成器件，虽然外部同样引出 3 个极，但内部包含数 10 个以至数百个共阳极的小 GTO 元，它们的阴极和门极分别并联在一起。其符号如图 3-18 所示。GTO 属于大功率器件，目前容量可以达到 6000A/6000V，开关频率可达 1kHz 以上。

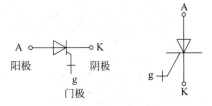

图 3-18　GTO 的电气图形符号

2. GTO 的静态伏安特性

可关断晶闸管的静态伏安特性如图 3-19 所示。

当阳极和阴极之间的正向电压大于 V_f 且门极触发脉冲为正（$g>0$），GTO 开通。当门极信号为 0，GTO 开始截止，但它的电流不立即为 0，因为 GTO 的电流衰减需要时间。GTO 的电流衰减过程被近似分成两段。当门极信号变为 0 时，电流 I_{ak} 从最大值 I_{max} 降到 $0.1I_{max}$ 所用的时间称作下降时间 T_f；从 $0.1I_{max}$ 降到 0 的时间为拖尾时间 T_t。当电流 I_{ak} 降为 0 时，GTO 彻底关断。关断电流特性曲线如图 3-20 所示。

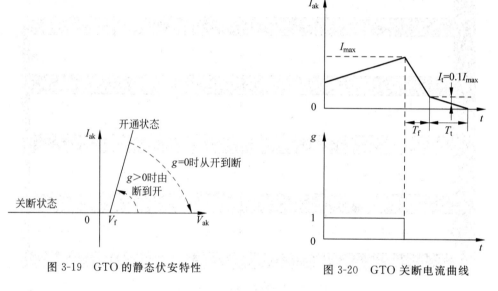

图 3-19 GTO 的静态伏安特性   图 3-20 GTO 关断电流曲线

3. 在 MATLAB 中实现仿真

可关断晶闸管 GTO 可被正的门极信号（$g>0$）触发导通。与普通晶闸管不一样的是，普通晶闸管导通后，只有等到阳极电流为 0 时才能关断；而 GTO 通过在门极施加等于 0 的门极信号就可将其关断。GTO 的仿真模型也由一个电阻 R_{on}、一个电感 L_{on}、一个直流电压源 V_f 和一个开关串联组成，该开关受一个逻辑信号控制，该逻辑信号又由 GTO 的电压 V_{ak}、电流 I_{ak} 和门极触发信号（g）决定，如图 3-21 所示。在 MATLAB 的 SimPowerSystems 工具箱中提供了封装的 GTO 的仿真模型，如图 3-22 所示。GTO 的模块还包括一个 Rs、Cs 串联缓冲电路，它通常与 GTO 并联，其端子与晶闸管相同。

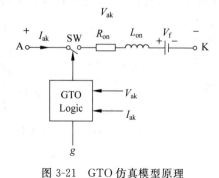

图 3-21 GTO 仿真模型原理

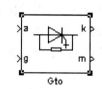

图 3-22 GTO 仿真模型

4. 可关断晶闸管元件的参数设置

可关断晶闸管元件模块的输入与输出与晶闸管类似。双击该图标打开 Block Parameters: Gto 对话框可设置 GTO 的参数,如图 3-23 所示。设置的各参数如下。

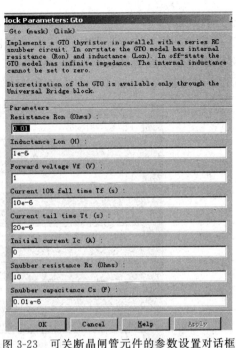

- Resistance Ron(Ohms):可关断晶闸管元件内电阻 Ron,单位为 Ω。
- Inductance Lon(H):可关断晶闸管元件内电感 Lon,单位为 H,电感不能设置为 0。
- Forward voltage Vf(V):可关断晶闸管元件的正向管压降 Vf,单位为 V。
- Current 10% fall time Tf(s):电流下降到 10%的时间,单位为 s。
- Current tail time Tt(s):电流拖尾时间 Tt,单位为 s。

图 3-23　可关断晶闸管元件的参数设置对话框

- Initial current Ic(A):初始电流 Ic,单位为 A,与晶闸管元件初始电流的设置相同,通常将 Ic 设为 0。
- Snubber resistance Rs(Ohms):缓冲电阻 Rs,为消除缓冲电路,可将 Rs 参数设置为 inf。
- Snubber capacitance Cs(F):缓冲电容 Cs,单位为 F,为消除缓冲电路,可将缓冲电容设置为 0;为得到纯电阻,可将电容参数设置为 inf。

仿真含有可关断晶闸管的电路时,必须使用刚性积分算法。

5. 可关断晶闸管元件的建模和仿真应用实例

以可关断晶闸管元件组成的单相半波整流器仿真为例说明其应用,建模过程可以参照上节建立的晶闸管组成的单相半波整流器,不同之处是将其中普通晶闸管元件替换成可关断晶闸管模型,建立的仿真模型如图 3-24 所示。

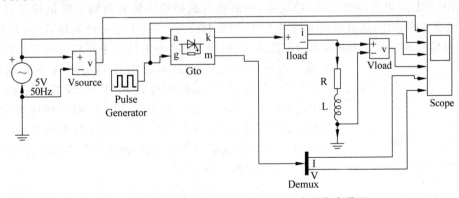

图 3-24　可关断晶闸管元件组成的单相半波仿真模型

仿真模型参数设置:交流电压源幅值 5V,频率为 50Hz,LRC 分支参数 R=1Ω,L=0.01H,C=inf,仿真算法选择 ode23tb 算法,将相对误差设置为 1e-3,仿真开始时间为 0,停止时间设置为0.1。

　　GTO单相半波整流器的仿真结果如图3-25所示。将晶闸管的单相半波仿真波形与GTO的单相半波仿真波形相比较可得知二者的差别在于,晶闸管导通后,只有等到阳极电流为0时才能关断;而GTO可在任何时刻,通过施加等于0的门极信号就可将其关断。

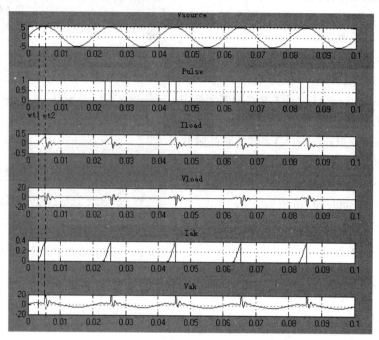

图 3-25　α＝30°GTO单相半波整流器仿真结果

3.1.4　绝缘栅双极型晶体管

1. 绝缘栅双极型晶体管工作原理

　　绝缘栅双极型晶体管 IGBT(Insulated Gate Bipolar Transistor)综合了GTR(电力晶体管)和MOSFET(电力场效应管)的优点,因而具有低导通压降和高输入阻抗的综合优点。IGBT也是3端器件,具有栅极 g、集电极 C 和发射极 E。IGBT 是一种场控器件,其开通和关断是由栅极和发射极间的电压 UGE 决定的,当 UGE 为正且大于开启电压 U_{th} 时,IGBT 导通。当栅极与发射极之间施加反向电压或不加电压时,IGBT 关断。由 PNP 晶体管与 N 沟道 MOSFET 组合而成的 IGBT 称作 N 沟道 IGBT,记为 N-IGBT,对应的还有 P 沟道 IGBT,记为 P-IGBT。N-IGBT 和 P-IGBT 统称作 IGBT。由于实际应用中以 N 沟道 IGBT 为多,因此以 N-IGBT 为例进行介绍,电气符号如图 3-26 所示。

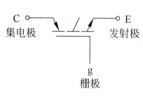

图 3-26　IGBT 的电气符号

2. IGBT 的伏安特性

　　IGBT 的静态伏安特性如图 3-27 所示。关断电流曲线如图 3-28 所示。当基极电压为正且大于 V_f,同时门极施加正信号时($g>0$), IGBT 开通;当基极电压为正,但门极信号为"0"时

$(g=0)$，IGBT 关断；当基极电压为负时，IGBT 处于关断状态。绝缘栅双极型晶体管元件的关断特性可近似分成两段，当门极信号变为 $0(g=0)$ 时，集电极电流 I_{ak} 从最大值 I_{max} 下降到 $0.1I_{max}$ 所用的时间，称作下降时间 T_f；从 $0.1I_{max}$ 下降到 0 的时间称作拖尾时间 T_t。

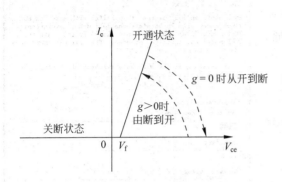

图 3-27　IGBT 静态伏安特性

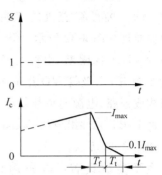

图 3-28　IGBT 关断电流曲线

3. 在 MATLAB 中实现仿真

IGBT 模块是一个受门极信号控制的半导体器件，它由一个电阻 R_{on}、一个电感 L_{on}、一个直流电压源 V_f 与一个由逻辑信号（$g>0$ 或 $g=0$）控制的开关串联电路组成。IGBT 元件的仿真模型如图 3-29 所示。

由 IGBT 模型可知，它有两个输入和两个输出，第一个输入 C 和输出 E 对应于绝缘栅双极型晶体管的集电极 C 和发射极 E；第二个输入 g 为加在门极上的逻辑控制信号 g，第二个输出 m 用于测量输出向量[Iak,Vak]，模型如图 3-30 所示。

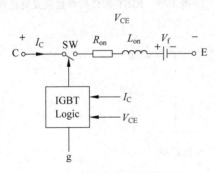

图 3-29　IGBT 模型仿真原理

图 3-30　晶闸管元件的仿真模型

双击该图标打开 Block Parameters：IGBT 对话框，如图 3-31 所示。

4. IGBT 的参数设置

设置的参数包括绝缘栅双极型晶体管的内电阻 Ron、电感 Lon、正向管压降 Vf、电流下降到 10% 的时间 Tf、电流拖尾时间 Tt、初始电流 Ic、缓冲电阻 Rs 和缓冲电容 Cs 等，它们的含义和设置方法与可关断晶闸管元件相同。仿真含有 IGBT 元件的电路时，也必须使用刚性积分算法，通常可使用 ode23tb 或 ode15s，以获得较快的仿真速度。

5. IGBT构成的升压变换器建模与仿真实例

Boost变换器(升压变换器)是将输入电压提升的一种直流-直流的变换装置。升压变换器原理如图3-32所示。开关管S导通，二极管VD反向阻断，电源与负载隔离；开关管S断开，二极管VD正向导通，电源与负载构成通路，电源向负载供电。

由IGBT元件组成的Boost变换器仿真模型如图3-33所示。

主要参数设置：电压源模块$V_{dc}=$ 100V；并联RLC分支元件参数R＝50Ω，C＝3e-6F；脉冲发生器模块周期参数设置为1e-4s；仿真算法选择ode23tb算法，将相对误差设置为1e-3，开始仿真时间为0，停止时间设置为0.0015，仿真结果如图3-34所示。其中，I_l为电感电流，I_d为二极管电流，V为负载电压，I_c为IGBT电流。从电压波形图可见：原来直流电压为100V，经过Boost直流变换后，电压升高到约200V。波形为有少许波纹的直流电压。

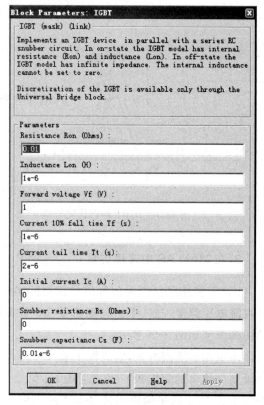

图3-31　IGBT元件的参数设置对话框

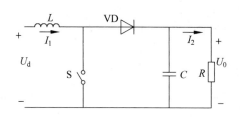

图3-32　升压变换器原理

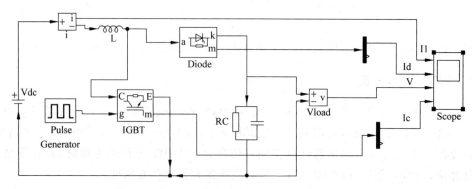

图3-33　IGBT元件组成的Boost变换器仿真模型

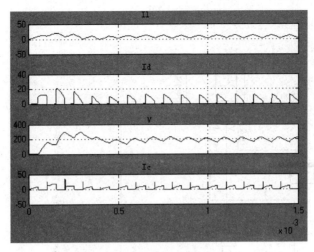

图 3-34　Boost 变换器仿真结果

在 MATLAB 的 SimPowerSystems 工具箱中还提供了其他电力电子模块。例如，Ideal Switch(理想的开关管)、Mosfet(场效应晶体管)以及 Universal Bridge(电力电子模块)等。

3.2　晶闸管三相桥式整流器及其仿真

3.2.1　晶闸管三相桥式整流器构成

晶闸管三相桥式整流器是交流-直流交换的一种典型变换器，应用较为广泛。三相全控桥式整流电路是由三相半波可控整流电路演变而来的，可看做是三相半波共阴极接法(VT1、VT3、VT5)和三相半波共阳极接法(VT4、VT6、VT2)的串联组合，电路结构如图 3-35 所示。

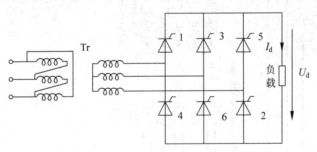

图 3-35　三相桥式全控整流电路

其完成功能是将三相交流电源通过三相可控的整流桥臂转换成为平均值可以控制改变的直流电源，而平均值的大小改变是通过脉冲触发器控制三组晶闸管的导通角大小来实现的。同时电路的输出情况与负载的性能有关，一般负载可能为电阻性负载、电感性负载以及带反电动势感性负载等。

3.2.2　晶闸管三相桥式整流器的仿真模型

根据晶闸管三相桥式整流器电路结构，在模型窗口中建立主电路仿真模型，加入同步装置和脉冲触发器等建立三相桥式整流器的仿真模型，如图 3-36 所示。

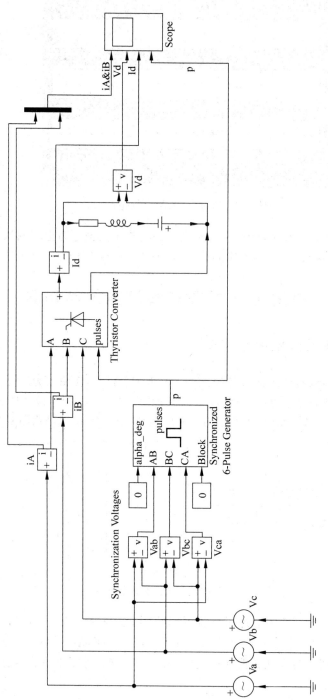

图 3-36　晶闸管三相桥式整流器的仿真模型

1. 整流桥模型

整流桥是交流-直流变换的核心单元,在 MATLAB 的 SimPowerSystems 工具箱中定制了 Universal Bridge(通用桥臂模块),如图 3-37 所示。该模块有 4 个输入端子和两个输出端子,其功能如下。

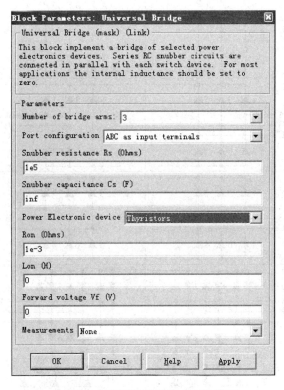

- A、B、C 端子:分别为三相交流电源的相电压输入端子。
- pulses 端子:为触发脉冲输入端子,如果功率器件选择为电力二极管,无此端子。
- +、-端子:分别为整流器的输出和输入端子,在建模时需 图 3-37 通用桥臂模块要构成回路。

下面以晶闸管桥臂为例介绍通用桥臂模块设置,通用桥臂模块将复制至模型窗口中,双击模块图标打开 Block Parameters:Universal Bridge 对话框,如图 3-38 所示。

图 3-38 晶闸管桥臂模块的参数设置

各参数如下。

- Number of bridge arms:桥臂数量,可以选择 1、2、3 相桥臂,构成不同形式的整流器。
- Port configuration:端口形式,可以将 A、B、C 作为输入,+、-为输出;也可设为 +、-作为输入,A、B、C 为输出。整流器为前者模式。
- Snubber resistance Rs(Ohms):缓冲电阻 Rs,为消除缓冲电路,可将 Rs 参数设置为 inf。
- Snubber capacitance Cs(F):缓冲电容 Cs,单位 F,为消除缓冲电路,可将缓冲电容设置为 0;为得到纯电阻,可将电容参数设置为 inf。

- Resistance Ron(Ohms)：晶闸管的内电阻 Ron，单位为 Ω。
- Inductance Lon(H)：晶闸管的内电感 Lon，单位为 H，电感不能设置为 0。
- Forward voltage Vf(V)：晶闸管元件的正向管压降 Vf，单位为 V。
- Measurements：测量可以选择 5 种形式，即 None(无)、Device voltages(装置电压)、Device currents(装置电流)、UAB UBC UCA UDC(三相线电压与输出平均电压)或 All voltages and currents(所有电压电流)，选择之后需要通过 Multimeter(万用表模块)显示。

选择不同的功率器件参数设置和桥臂模块将会有所不同，如表 3-1 所示。

表 3-1 功率器件参数设置和桥臂模块列表

功率器件	端口形式		需要设置的参数
	A、B、C 为输入	A、B、C 为输出	
Ideal Switch（理想开关管）			Rs、Cs、Ron
Diode(电力二极管)			Rs、Cs、Ron、Lon、Vf
Thyristor(晶闸管)			Rs、Cs、Ron、Lon、Vf
GTO（可关断晶闸管）			Rs、Cs、Ron、Vf、Vfd、Tf、Tt
IGBT（绝缘栅双极型晶体管）			Rs、Cs、Ron、Vf、Vfd、Tf、Tt
MOSFET（场效应晶体管）			Rs、Cs、Ron

2. 同步脉冲触发器

同步脉冲触发器模块用于触发三相全控整流桥的6个晶闸管,同步6脉冲触发器可以给出双脉冲,双脉冲间隔为60°,触发器输出的1～6号脉冲依次送给三相全控整流桥对应编号的6个晶闸管。如果三相整流桥模块使用 SimPowerSystems 工具箱中电力电子库的 Universal Bridge(通用整流桥模块),则同步6脉冲触发器的输出端直接与三相整流桥的脉冲输入端相连接,如图3-39所示。

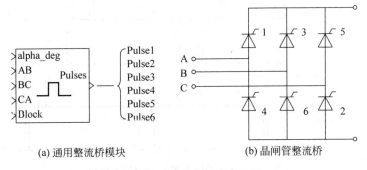

(a) 通用整流桥模块   (b) 晶闸管整流桥

图 3-39 晶闸管整流桥及模型

同步脉冲触发器包括同步电源和6脉冲触发器两个部分。6脉冲触发器模型构建是通过 Extras Control blocks(附加控制模块)中 Control blocks(控制模块)库中的 Synchronized 6-Pulse Generator(6脉冲同步触发器)来实现,6脉冲同步触发器模块如图3-40所示。

6脉冲同步触发器有5个输入和一个输出端子,各部分功能如下。

- alpha_deg:此端子为脉冲触发角控制信号输入。
- AB,BC,CA:三相电源的三相线电压输入,即 V_{ab}、V_{bc} 和 V_{ca}。
- Block:触发器控制端,输入为0时开放触发器,输入大于0时封锁触发器。
- Pulses:6脉冲输出信号。
- alpha_deg:脉冲触发相位角。

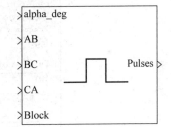

图 3-40 6脉冲同步触发器模块

alpha_deg 为30°时,双6脉冲同步触发器的输入输出信号如图3-41所示,读者可以分析了解其工作过程。

将6脉冲同步触发器的模块拖曳到模型窗口,双击该模块,打开 Block Parameters: Synchronized 6-Pulse Generator 对话框,如图3-42所示。

参数如下。

- Frequency of synchronization voltages(Hz):同步电压频率(赫兹)。
- Pulse width(degrees):触发脉冲宽度(角度)。
- Double pulsing:双脉冲触发选择。

同步电源是将三相电压源的相电压转换成线电压,从而实现6脉冲触发器所需的三相线电压同步。三相线电压具体实现是通过 Measurements 库中的 Voltage Measurement(电压测量)模块,电压测量模块可以将电路中两个节点的电压值,并提供其他电路或者用于输出。6脉冲同步触发器具体的电气连接如图3-43所示。

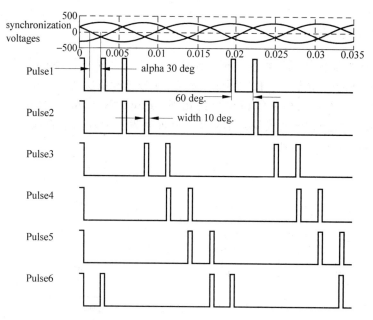

图 3-41　6 脉冲同步触发器的输入输出

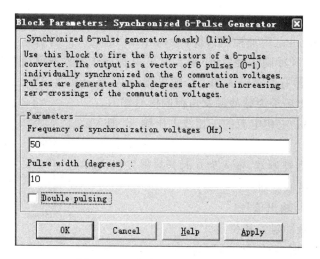

图 3-42　6 脉冲触发器参数设置

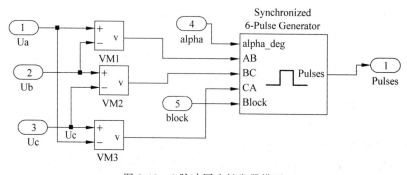

图 3-43　6 脉冲同步触发器模型

3. 其他模块

主回路负载的选择,这里为了模拟直流电动机模型,选择电阻、电感与直流反电动势构成,电阻、电感模型选择 RLC 串联分支实现。直流反电动势通过直流电源实现,因为电流反向的原因需要将其设为负值实现反电动势功能。三相交流电源通过三个频率 50Hz、幅值220V、相位滞后 120°交流电压源实现。再加入相应的测量模块和输出模块,完成电气连线,得到晶闸管三相桥式整流器的仿真模型,如图 3-36 所示。

4. 仿真设置与仿真结果

仿真算法选择 ode23s 算法,仿真时间为 0～0.05s,其他参数为默认值。在负载选择 R＝1Ω,L＝1mH,反电动势 V＝－5V 时进行仿真。当移相控制角为 0°时整流器输入的 iA&iB、负载电压 Vd、负载电流 Id、同步脉冲触发器输出 p 等,如图 3-44 所示。仿真波形验证了波形分析正确性。可以参照电力电子与变流技术等资料,改变负载模拟直流电机不同运行状态。

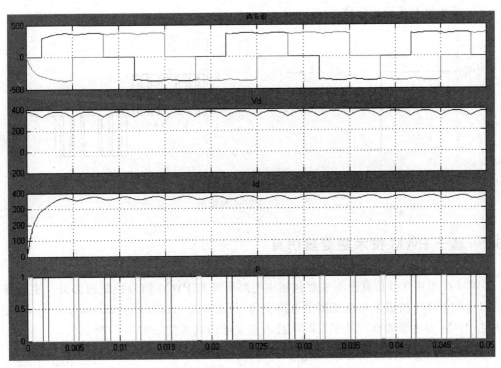

图 3-44 晶闸管三相桥式整流器变量输出

3.3 基于 PWM 技术逆变器及其仿真

3.3.1 PWM 技术逆变器原理

逆变器实现直流-交流的电源变换过程,而 PWM(脉宽调制)技术即对脉冲宽度进行调制的技术,通过一系列的脉冲宽度进行调制,来产生所需的交流正弦波,为交流设备供电。

基于 PWM 技术,逆变器就是通过 PWM 调制技术将直流电压变换成交流电源的装置。下面以单相逆变器为例介绍 PWM 的原理。

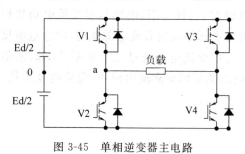

图 3-45　单相逆变器主电路

单相桥式逆变器主电路结构如图 3-45 所示,其功率器件选择全控型 IGBT,工作过程为通过改变 V1、V4 和 V2、V3 的交替导通时间实现调频控制,通过改变半个周期内的 V1、V4 和 V2、V3 的通断时间比实现电压幅值的控制。如果使开关元件在每半个周期内反复通断多次,并按照正弦波的变化趋势去控制开关器件的通断,这样在逆变器的输出端就可以得到近乎于正弦波的变频变幅电压输出。图 3-46(a)为 180°导通型的方波电压信号,图 3-46(b)为脉宽调制型输出电压信号。而脉冲宽度和调制周期是通过控制信号实现的,所以控制电路是实现 PWM 技术逆变器的关键环节,被称作 PWM 调制器,通常采用三角波调制的方法,而控制电压可以是矩形方波或正弦波。

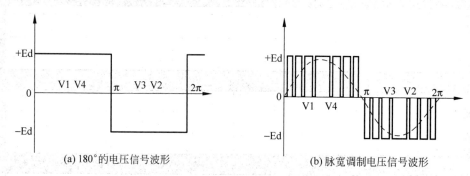

(a) 180°的电压信号波形　　　　　　(b) 脉宽调制电压信号波形

图 3-46　PWM 的输出

3.3.2　基于 PWM 技术逆变器仿真

PWM 技术逆变器仿真模型主要包括主电路模型和 PWM 信号控制两部分。主电路模型可以参照 IGBT 构成单相逆变器主电路实现,控制模型可以使用 SimPowerSystems 工具箱中的 PWM 发生器实现。基于 PWM 技术逆变器仿真模型如图 3-47 所示。

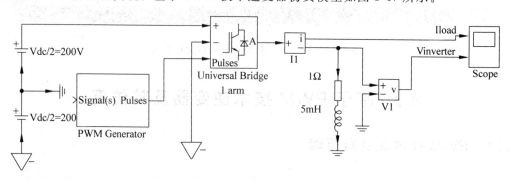

图 3-47　基于 PWM 技术逆变器仿真模型

1. PWM 发生器

PWM是建立基于PWM技术逆变器的控制核心部分。MATLAB 在 SimPowerSystems 工具箱的 Extras 库中 Control Blocks 子库下的 PWM Generator(PWM 发生器),模型如图 3-48 所示。

PWM 发生器有一个输入端子和一个输出端子,其功能如下。

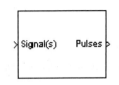

- Signal(s):当选择为调制信号内部产生模式时,无需连接此端子;当选择为调制信号外部产生模式时,此端子需要连接用户定义的调制信号。

图 3-48 PWM 发生器模型

- Pulses:根据选择主电路桥臂形式,定制产生 2、4、6、12 路 PWM 脉冲。

将 PWM 发生器复制到模型窗口中,双击 PWM 模块图标,打开 Block Parameters: PWM Generator 对话框,设置各参数的值,如图 3-49 所示。

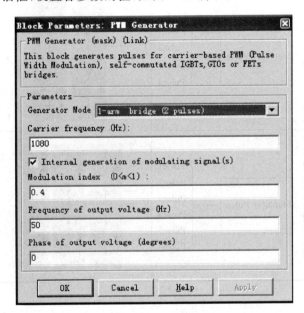

图 3-49 PWM 发生器参数设置对话框

各参数定义如下。

- Generator Mode:根据仿真系统的主电路构成可以分别选择为 1-arm bridge(2 pulses)、2-arm bridge(4 pulses)、3-arm bridge(6 pulses)、double 3-arm bridge(6 pulses)详细的对应关系如表 3-2 所示。
- Carrier frequency (Hz):载波频率,就是我们前面提到的调制三角波频率,单位赫兹。
- Internal generation of modulating signal (s):调制信号内、外产生方式选择信号。
- Modulation index(0<m<1):调制索引值 m,在调制信号内产生方式下可选,其范围在 0~1 之间。大小决定输出信号的复制。
- Frequency of output voltage (Hz):在调制信号内产生方式下可选,是输出电压的频率设定,单位赫兹。

- Phase of output voltage（degrees）：在调制信号内产生方式下可选，是输出电压初始相位值设定。

表 3-2　PWM 发生器设置相关一览表

PWM 产生器模式	产生脉冲形式	主电路形式	功率器件
1-arm bridge(2 pulses)	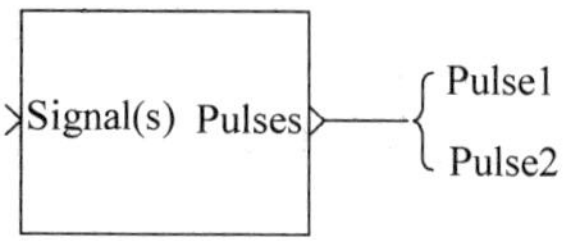 Signal(s) Pulses → Pulse1, Pulse2	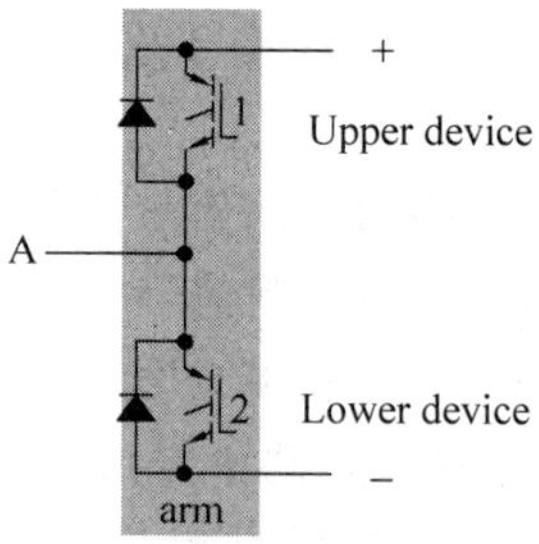 （主电路图：+，Upper device 1，A，Lower device 2，arm，−）	
2-arm bridge(4 pulses)	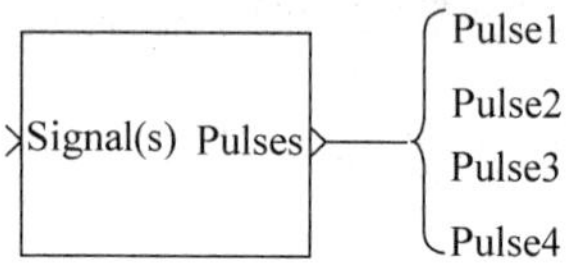 Signal(s) Pulses → Pulse1, Pulse2, Pulse3, Pulse4	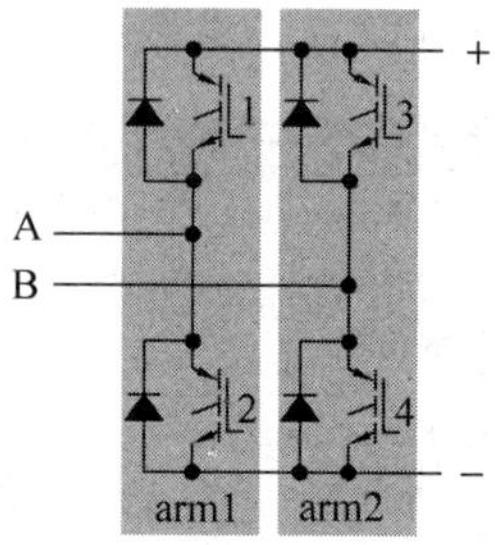 （主电路图：+，1，3，A，B，2，4，arm1，arm2，−）	FET、GTO 或 IGBT
3-arm bridge(6 pulses)	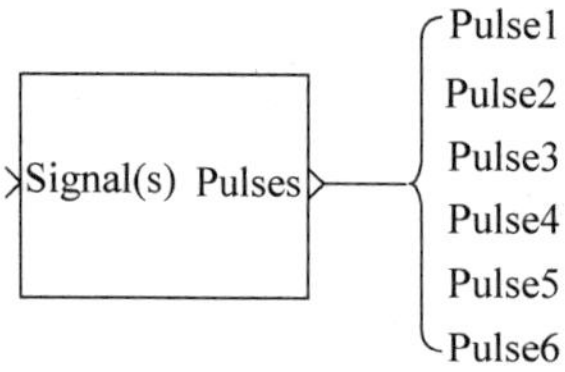 Signal(s) Pulses → Pulse1, Pulse2, Pulse3, Pulse4, Pulse5, Pulse6	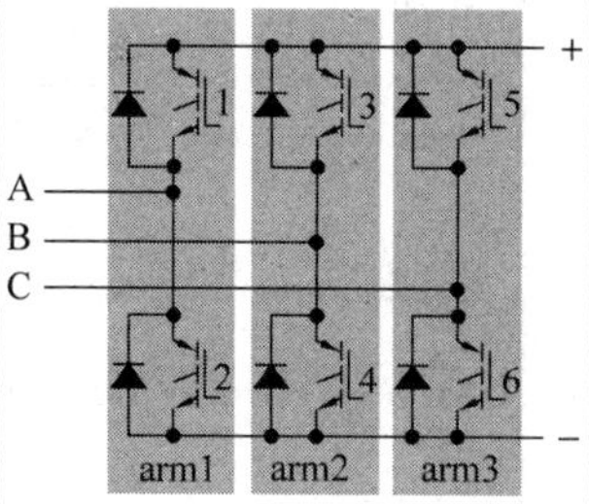 （主电路图：+，1，3，5，A，B，C，2，4，6，arm1，arm2，arm3，−）	

2. 逆变器模型

逆变器模型采用通用桥臂构成，其详细设定在前节已经介绍，其参数设置如图 3-50 所示。

3. 电源模型

由于逆变器模型为双极性方式，输入典型选择正负两相直流电压源，实现过程将两个直流电压源串联，中间接地，两个电源都设定为 20V。

4. 其他模型

在模型窗口中增加输入与输出型中性接地模块各一只；逆变器负载选择 LRC 串联分支，参数为 R＝1Ω，L＝2mH，C＝inf（无穷大），以及输入、输出接地模块和相关的测量和输出模块。

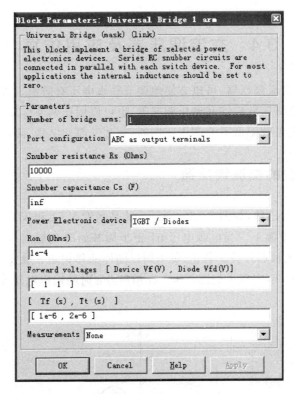

图 3-50　逆变器设置

5. 仿真设置与结果输出

根据模型图进行电气连线完成模型的建立,仿真算法选择 ode15s 算法,仿真时间为 0~0.05s,其他参数为默认值。运行仿真模型,输出负载电流和负载电压输出曲线如图 3-51 所示。

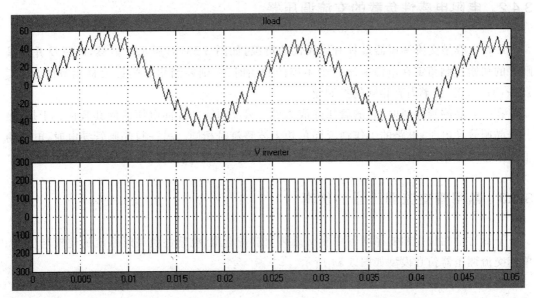

图 3-51　负载电流和负载电压输出曲线

3.4　交流调压器及应用仿真

用晶闸管组成的交流调压器,可以方便地调节输出电压有效值。可用于电炉温度控制、灯光调节,异步电动机降压软启动和调压调速等,也可以用作调节变压器一次侧电压。用晶闸管一次侧调压,省去了效率低下的调压变压器,有利于简化结构、降低成本和提高可靠性。

3.4.1　电阻性负载的交流调压器

晶闸管单相交流调压器,如图 3-52(a)所示,其晶闸管 VT1 和 VT2 反并联连接,与负载电阻 R 串联接到交流电源上。当电源电压 u1 正半周开始时刻触发 VT1,负半周开始时刻触发 VT2,形同一个无触点开关。若正、负半周以同样的移相角 α 触发 VT1 和 VT2,则负载电压有效值随 α 角而改变,实现了交流调压。移相角为 α 时的输出电压 u_0 波形,如图 3-52(b)所示。

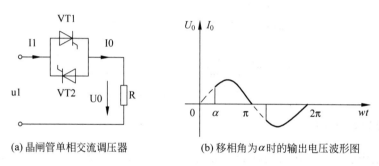

(a) 晶闸管单相交流调压器　　　　　(b) 移相角为 α 时的输出电压波形图

图 3-52　晶闸管单相交流调压器及波形图

3.4.2　电阻电感性负载的交流调压器

R-L 负载是交流调压器最具有代表性的负载,如图 3-53(a)所示。显然,两只反并联晶闸管的初始控制角定在电源电压每个半周的起始时刻,则控制角 α 的最大移相范围是 $0 \leqslant \alpha \leqslant \pi$,而且,正、负半周有相同的控制角 α。

在一只晶闸管导通时,它的管压降成为另一只晶闸管的反向电压而使其截止。于是,在一只晶闸管导电时,电路的工作情况同单相半波整流时相同。另一只晶闸管导电时,电路的工作情况完全相同,只是相位与上述反相,即相位差180°输出波形,如图 3-53(b)所示。

3.4.3　晶闸管交流调压器的仿真

下面讨论相位控制的晶闸管单相交流调压器带电阻、电感性负载时系统的建模与仿真。单相交流调压器仿真模型如图 3-54 所示。

各部分参数设置如下。

- 交流峰值电压为 100V、初相位为 0、频率为 50Hz。

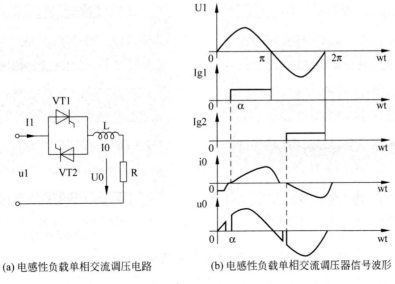

(a) 电感性负载单相交流调压电路　　　(b) 电感性负载单相交流调压器信号波形

图 3-53　晶闸管单相交流调压电路电感性负载及波形

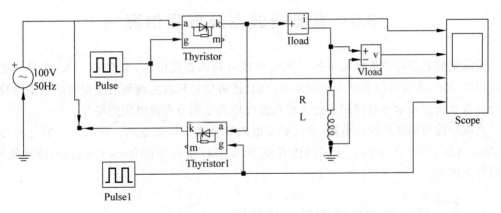

图 3-54　晶闸管单相交流调压器电路的仿真模型

- 晶闸管参数设置：Ron＝0.001Ω,Lon＝0H,Vf＝0,Rs＝20Ω,Cs＝4e-6F,RC 缓冲电路 Lon＝0.01H。
- 负载 RLC 分支,电阻性负载时,R＝2Ω,L＝0H,C ＝inf。
- 脉冲发生器：Pulse 和 Pulse1 模块中的脉冲周期为 0.02s,脉冲宽度设置为脉宽的 10％,脉冲高度为 12,脉冲移相角通过"相位角延迟"对话框设置。

3.4.4　晶闸管单相交流调压电路的仿真结果

仿真算法选择为 ode23tb 算法,仿真时间设置为 0～0.03s,开始仿真。当移相控制角等于 60°和 120°带电阻负载和电感负载时,负载上的电流、电压波形以及触发脉冲波形,如图 3-55所示。仿真结果与理论分析结果较吻合。

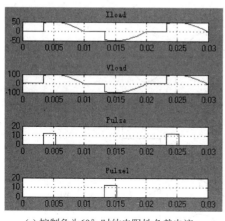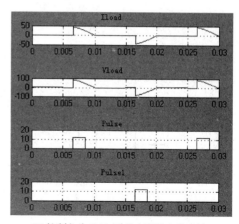

(a) 控制角为60°时的电阻性负载电流、　　　　　　　(b) 控制角为120°时的电阻性负载电流、
　　　　电压和脉冲波形　　　　　　　　　　　　　　　　　电压和脉冲波形

图 3-55　电阻性负载电流、电压和脉冲波形

3.5　直流斩波器及应用仿真

直流斩波就是将直流电压变换成固定的或可调的直流电压,也称 DC/DC 变换。使用直流斩波技术,不仅可以实现调压的功能,而且还可以达到改善网侧谐波和提高功率因数的目的。直流斩波技术主要应用于已具有直流电源需要调节直流电压的场合。

直流斩波包括降压斩波电路、升压斩波电路和升降压斩波电路。在 3.1.4 节已经分析了 Boost Chopper(升压斩波)电路的仿真模型,本节将重点分析 Buck Chopper(降压斩波)电路仿真模型。

3.5.1　降压斩波电路的模型及工作原理

降压斩波电路,其输出电压平均值总是小于输入电压 U_d,其原理电路如图 3-56 所示。其中 U_d 为固定电压的直流电源,V 为全控型器件 IGBT,L、R 为负载,VD 是续流二极管。全控型器件 IGBT 的栅极驱动电压为周期方波,采用脉冲宽度调制控制方式,即工作周期 T 不变,IGBT 开断时间可调。具体工作过程如下。

(1) $t=0$ 时刻,驱动 V 导通,电源 U_d 向负载供电,忽略 V 的导通压降,负载电压 $U_0 = U_d$。负载电流按指数规律上升。

(2) $t=t_1$ 时刻,撤去 V 的驱动使其关断,因感性负载电流不能跃变,负载电流通过续流二极管 VD 续流,忽略 VD 导通压降,负载电压 $U_0 = 0$。负载电流按指数规律下降。为使负载电流连续且脉动小,一般需串联较大的电感 L,L 也称作平波电感。

(3) $t=t_2$ 时刻,再次驱动 V 导通,重复上述工作过程。当电路进入稳态工作状态时,负载电流在一个周期内的起始值和终了值相等,即 $I(0)=I(t_2)$,图 3-56 中的电流波形为稳态工作过程的电流波形。

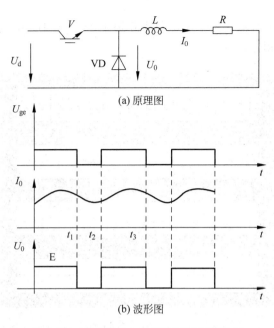

(a) 原理图

(b) 波形图

图 3-56　降压斩波电路的原理图及波形图

3.5.2　降压式变换器的建模和仿真

根据降压斩波器电路原理图,如图 3-56(a)所示,建立降压式变换器仿真模型,如图 3-57所示。

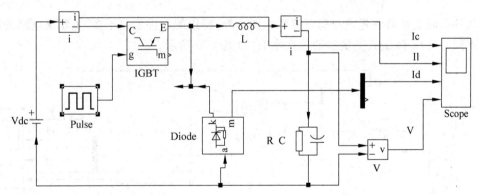

图 3-57　IGBT 元件组成的降压变换器仿真模型

主要参数设置如下。

- 输入直流电压源 Vdc＝100V。
- 负载并联 LRC,参数设置为 R＝50Ω,C＝3e-6F。
- 平波电感串联 LRC,参数设置为 148e-5H。
- 斩波器选择通用桥臂,功率器件选择 IGBT。
- 脉冲发生器模块,周期参数设置为 1e-4。
- 选择 ode23tb 算法,将相对误差设置为 1e-3,开始仿真时间设置为 0.0194s,停止时间设置为 20.8e-3。

仿真结果如图 3-58 所示。图中所示曲线分别是 Ic 为 IGBT 电流，Il 为电感电流，Id 为二极管电流，V 为负载电压。

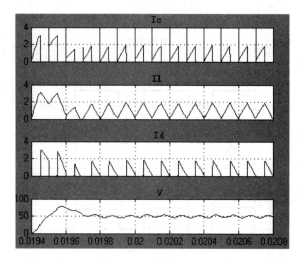

图 3-58　降压变换器中 IGBT 电流、电感电流、二极管和负载电压波形

- 负载电压：原来直流电压为 100V，经过降压变换器直流变换后，电压降低到约 50V，实现了降压变换。波形为有少许波纹的直流电压。

3.5.3　升压-降压式变换器的仿真模型和仿真结果

几种直流变换器的建模与仿真方法大同小异，所用的元件也差不多，主要是电路的结构略有不同。升压-降压式变换器的仿真模型，如图 3-59 所示。

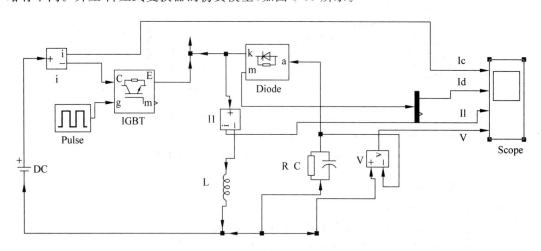

图 3-59　升压-降压式变换器的仿真模型

升压-降压式变换器的仿真结果，如图 3-60 所示。Ic 为 IGBT 的电流，Id 为二极管的电流，Il 为电感电流，V 为负载电压。

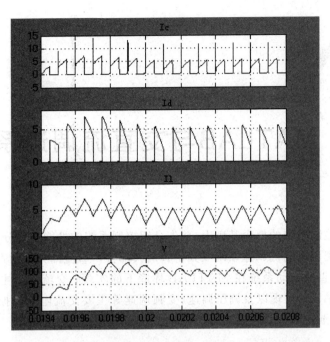

图 3-60　升压-降压式变换器中 IGBT 电流、电感电流、二极管和负载电压波形

　　利用升压-降压式变换器,既可实现升压,也可实现降压,图 3-60 中的电压波形是升压工作状态的波形。波形为有少许波纹的直流电压。

第 **4** 章

MATLAB与交直流调速系统仿真

本章在自动控制系统的概念基础上,首先介绍控制系统的性能指标分析,然后分为直流电机调速系统和交流电动机调速系统及其仿真两大部分。直流部分包括直流电动机原理及其机械特性,典型直流拖动系统在 MATLAB 环境下的实现;交流部分主要讲解交流电动机模型与 MATLAB 的实现以及调压调速、变频调速等主要交流电动机控制系统仿真。内容由浅入深,循序渐进,尽力涵盖自动控制系统课程主要内容。

4.1　控制系统及控制技术指标与要求

4.1.1　自动控制和自动控制系统介绍

自动控制是指在无人直接参与的情况下,利用控制装置使被控对象,如机器设备、生产过程中的速度、温度、压力等物理量自动的按照预定规律运行或变化的处理过程。将这种对被控制对象的工作状态进行自动控制的系统称作自动控制系统。例如,电机转速控制系统,温度控制系统等。根据是否把系统输出信号进行反馈并参与控制而将自动控制系统又分为开环控制系统和闭环控制系统。

4.1.2　控制系统的技术指标与要求

建立自动控制系统的主要目的是为了满足生产过程的需要,即通过自动控制系统的控制作用调节控制过程使其技术指标满足生产实际需要。控制系统的技术指标不但用来评价系统的技术性能,而且是设计系统的主要依据。控制系统的技术指标通常分为静态指标和动态指标两大类。

1. 静态指标

静态指标代表调速系统在稳定运行中的各种性能,主要指调速范围和静差率。

(1) 调速范围。

生产机械要求电动机在额定负载时提供的最高转速 $n_{\max}$ 与最低转速 $n_{\min}$ 之比称作调速范围,表示为:

$$D = n_{\max} : n_{\min} \tag{4-1}$$

对于非弱磁的调速系统,电动机最高转速 $n_{\max}$ 就是额定转速 n_{nom}。对于少数负载很轻的机械,如精密机床,也可以用实际负载的最高转速和最低转速求调速范围。

(2)静差率。

调速系统的静差率是指电动机稳定运行时,负载由零增加到额定值时,对应的静态转速降与理想空载转速之比称作静差率 S,即

$$S = \frac{n_0 - n_{\mathrm{nom}}}{n_0} = \frac{\Delta n_{\mathrm{nom}}}{n_0} \tag{4-2}$$

或用分数表示

$$S = \frac{\Delta n_{\mathrm{nom}}}{n_0} \times 100\% \tag{4-3}$$

静差率实质上描述调速系统的转速随负载变化的程度,它和机械特性的硬度有关,特性越硬,静差率越小,转速的稳速性能就越好。

但是静差率和机械特性硬度又是有区别的。一般调速系统在不同转速下的机械特性是互相平行的,如图 4-1 中的 a 和 b 机械特性曲线硬度相同,额定转速降 $\Delta n_{\mathrm{noma}} = \Delta n_{\mathrm{nomb}}$,但它们的静差率却不同。根据式(4-3)定义,由于 $n_{\mathrm{oa}} > n_{\mathrm{ob}}$,所以 $S_{\mathrm{a}} < S_{\mathrm{b}}$。这就是说对同样硬度的特性,理想空载转速越低时,静差率就越大。转速的相对稳速性能也就越差,因此,对一个系统提出静差率指标时一般指系统的最大静差率,也就是对应于最低转速时静差率。静差率可以表示为:

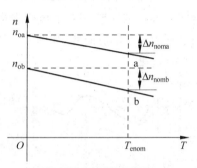

图 4-1 直流电动机机械特性

$$S = \frac{\Delta n_{\mathrm{nom}}}{n_{0\min}} \tag{4-4}$$

显然静差率的大小直接影响调速范围。在考虑系统的静差指标时应同时考虑调速范围和静差率。

2. 动态指标

调速系统的动态指标是指系统在给定信号和扰动信号下系统的动态过程品质。系统对给定信号的响应能力也称作跟随指标,对各种干扰信号的抵制能力称作抗扰动指标。

(1)跟随指标。

调速系统对给定信号的跟随性能一般用在阶段给定信号下系统响应的最大超调量 $\delta(\%)$、调节时间 t_s 和振荡次数 N 3 个指标来衡量,如图 4-2 所示。

(2)最大超调量 $\delta(\%)$。

最大超调量 $\delta(\%)$ 指输出响应与给定值的最大偏差量 $\Delta n_{\max}(t)$ 与给定值 $n_{\mathrm{ref}}(t)$ 之比,即

$$\delta = \frac{\Delta n_{\max}}{n_{\mathrm{ref}}} \times 100\%$$

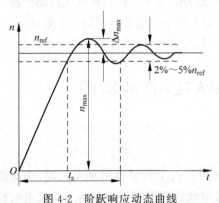

图 4-2 阶跃响应动态曲线

或

$$\delta = \frac{n_{\max} - n_{\mathrm{ref}}}{n_{\mathrm{ref}}} \times 100\% \tag{4-5}$$

不同的调速系统对最大超调量的要求不同,例如,一般调速系统允许最大超调量δ为$10\% \sim 35\%$,而卷取机张力控制系统则不允许有超调量。

(3) 调节时间t_{s}。

调节时间是指输出响应曲线与稳态值之差达到允许范围内(一般取稳态值的$\pm 2\%$或$\pm 5\%$)所需要的时间,而且以后不再超出这个范围。

(4) 振荡次数N。

振荡次数是指在调整时间内,被调量在稳态值上下摆动的次数。振荡次数反映了系统的稳定性,一般调速系统允许振荡$2 \sim 3$次,有的系统则不允许出现振荡。

3. 抗扰动指标

将抗扰动量作用时的动态响应性能称作"抗扰"性能,一般用最大动态速降$\Delta n_{\max}$、恢复时间t_{f}和振荡次数N 3个指标来衡量。任何系统都难于避免扰动量的影响。调速系统起动过程的动态响应曲线,如图4-3所示,与其对应的抗扰性能指标定义如下。

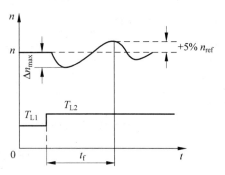

图4-3 起动过程的动态响应曲线

(1) 动态速降$\Delta n_{\max}$。

动态速降是指扰动引起的最大转速偏差$\Delta n_{\max}$,动态速降反映了系统抗扰动的能力。

(2) 恢复时间t_{f}。

恢复时间t_{f}是指由扰动作用瞬间到输出量恢复到允许范围内(一般取稳态值的$\pm 2\%$或$\pm 5\%$)所经历的时间。

(3) 振荡次数N。

振荡次数N为在恢复时间内被调量在稳态值上下摆动的次数,代表系统的稳定性和抗扰能力的强弱。

在上述的指标中,最大超调量(或动态速降)和振荡次数反映了系统的稳定性,调整时间(或恢复时间)反映了系统的快速性;系统的过渡过程结束后,被调量偏离给定量的差值反映了系统的准确性(额定负载扰动而引起的偏差量的相对值就是静差率S)。

从以上讨论的有关调速系统的静、动态期望指标可以看出,对于生产机械电气传动控制总的来说,要求调速范围宽,系统动态响应要快,输出响应误差要小。但是对于同一个系统而言,这些指标往往是相互矛盾的,不能片面地追求单一指标,要统筹兼顾,或者侧重某一指标。

4.2 直流电动机模型与 MATLAB 的实现

4.2.1 直流电动机介绍

直流电动机是一种将直流电能转换成机械能的装置。由于其带有机械换向器,比交流电动机结构复杂,生产运行成本较高,并有逐步被交流电动机所取缔。但是由于直流电动机具有启动转矩大,调速范围宽等优势,在轧钢机、电力机车的等方面有一定的应用。同时由于直流电动机原理简单,理论基础厚重,对电机的初学者具有很大的吸引力。

4.2.2　直流电动机数学模型

在直流电机调速系统中通常是以他激式直流电动机为控制对象,下面以他激式直流电动机为例分析直流电动机数学模型,其等效控制电路,如图 4-4 所示。系统的输入量 x_r 为电机电枢,电压 u_d,控制系统的输出量 x_c 为电机的转速 n。根据电压定律,可以得到电枢回路的微分方程式:

$$e_d + i_d R_d + L_d \frac{\mathrm{d}i_d}{\mathrm{d}t} = u_d \qquad (4\text{-}6)$$

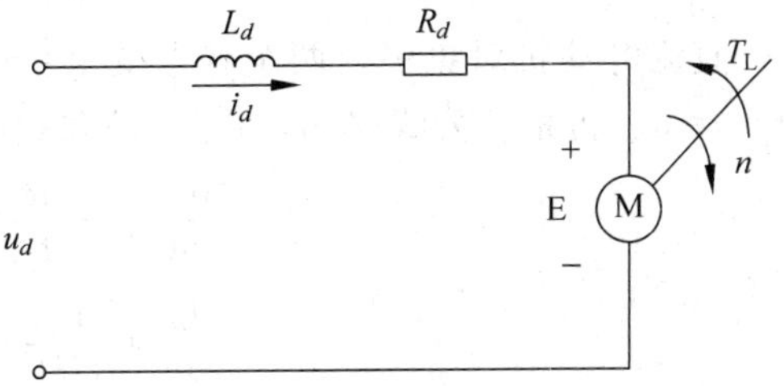

图 4-4　直流电机等效控制电路

其中,e_d—电动机电枢反电动势,单位为 V;

$\quad R_d$—电动机电枢回路电阻,单位为 Ω;

$\quad L_d$—电动机电枢回路电感,单位为 H;

$\quad i_d$—电动机电枢回路电流,单位为 A。

由于电机产生的反电动势为

$$e_d = C_e n \qquad (4\text{-}7)$$

其中,C_e—电动机电势常数,单位为 V/r·min^{-1}。

因此由式(4-6)和式(4-7)可以得到电机的动方程式:

$$C_e n + i_d R_d + L_d \frac{\mathrm{d}i_d}{\mathrm{d}t} = u_d \qquad (4\text{-}8)$$

电动机的第二个方程为机械运动方程,在无负载的理想机械运动方程的微分形式为,

$$M = \frac{GD^2}{375} \frac{\mathrm{d}n}{\mathrm{d}t} \qquad (4\text{-}9)$$

其中,M 为电动机的转矩,单位为 N·m;

$\quad GD^2$ 为电动机的飞轮惯量,单位为 kg·m^2;

$\quad t$ 为时间,单位为 s。

电磁转矩为

$$M = C_m i_d \qquad (4\text{-}10)$$

其中,C_m 为电动机的转矩常数,单位为 N·m/A

消去中间变量 M, i_d 整理可以得到直流他激式电动机的微分方程形式的数学模型,即

$$\frac{L_d}{R_d} \frac{GD^2}{375} \frac{R_d}{C_m C_e} \frac{\mathrm{d}^2 n}{\mathrm{d}t^2} + \frac{GD^2}{375} \frac{R_d}{C_m C_e} \frac{\mathrm{d}n}{\mathrm{d}t} + n = \frac{u_d}{C_e} \qquad (4\text{-}11)$$

进一步可以得到

$$T_d T_m \frac{\mathrm{d}^2 n}{\mathrm{d}t^2} + T_m \frac{\mathrm{d}n}{\mathrm{d}t} + n = \frac{u_d}{C_e} \qquad (4\text{-}12)$$

其中,$T_d = \dfrac{L_d}{R_d}$ 是电动机的电磁时间常数,单位为 s;

$\quad T_m = \dfrac{GD^2}{375} \dfrac{R_d}{C_m C_e}$ 是电动机的机电时间常数,单位为 s。

在微分方程式(4-11)基础上,在进一步可以得到差分方程形式,但是直流电机是模拟形式的受控对象,通常只得到其微分方程形式的数学模型。

将式(4-11)在零初始条件进行拉斯变换可以得到直流他激式电动的传递函数形式的数学模型,即:

$$W(s) = \frac{X_c}{X_r} = \frac{1/C_e}{T_d T_m s^2 + T_m s + 1} \tag{4-13}$$

根据状态空间表达式形式:

$$\dot{x} = Ax + bu$$
$$y = Cx \tag{4-14}$$

直流电动机对象引入两个状态变量:$x_1 = i_d$,$x_2 = n$,仍然选取输入量:$u = u_d$,输出量为:$y = n$。再根据公式(4-6)、式(4-7)和式(4-8),经过整理消去中间变量,可以表示成为:

$$\frac{\mathrm{d}i_d}{\mathrm{d}t} = -\frac{R_d}{L_d}i_d - \frac{C_e}{L_d}i + \frac{1}{L_d}u$$
$$\frac{\mathrm{d}n}{\mathrm{d}t} = \frac{C_M}{GD^2}i \tag{4-15}$$

再将 $x_1 = i_d$,$x_2 = n$ 代入上式可以得到状态空间表达式(4-16):

$$\begin{bmatrix} \dot{x}_1 \\ \dot{x}_2 \end{bmatrix} = \begin{bmatrix} -\dfrac{R_d}{L_d} & -\dfrac{C_e}{L_d} \\ \dfrac{C_M}{GD^2} & 0 \end{bmatrix} \begin{bmatrix} x_1 \\ x_2 \end{bmatrix} + \begin{bmatrix} \dfrac{1}{L_d} \\ 0 \end{bmatrix} u \tag{4-16}$$

$$y = x_2 = \begin{bmatrix} 0 & 1 \end{bmatrix} \begin{bmatrix} x_1 \\ x_2 \end{bmatrix}$$

4.2.3　直流电动机模型在 MATLAB 中仿真实现

直流电动机数学模型形式主要有 3 种表现形式,包括动态微分方程式或者差分方程式,即公式(4-12)、传递函数或者脉冲传递函数,即公式(4-13)、状态空间表达式,即公式(4-16)等。在 MATLAB 仿真环境实现角度来讲,数学模型的动态微分方程式或者差分方程式,特别是动态微分方程式在 MATLAB 的 Simulink 环境实现比较困难,因此主要以传递函数和状态空间表达式形式在 Simulink 环境下的实现和建立直流电动机数学模型。另外MATLAB 5.3 以上版本推出了电力系统工具箱——SimPowerSystems,可以实现基于电气原理图的直流电动机数学模型实现和交直流调速控制系统的仿真。

1. 直流电动机参数计算

直流电动机固有参数是以某电动机铭牌标示的电动机数据计算而获得的,这些数据是建立电动机模型的基础。下面以某电动机为对象计算电动机的参数,而进一步建立电动机模型。

已知某直流电动机调速系统(在本章中简称系统Ⅰ),控制系统主回路与直流电动机的主要参数如下。

- 电动机:$P_{\text{nom}} = 150\text{kW}$;$n_{\text{nom}} = 1000\text{r/min}$;$I_{\text{nom}} = 700\text{A}$;$R_a = 0.05\Omega$。

- 主回路：$R_d = 0.08\Omega$；$L_d = 2\text{mH}$；全控桥式整流 $m = 6$。
- 负载及电动机转动惯量：$GD^2 = 125\text{kg} \cdot \text{m}^2$。

计算得到此直流电动机的相关参数如下。

- 电势常数：$C_e = \dfrac{U_{\text{nom}} - I_{\text{nom}} R_a}{n_{\text{nom}}} = \dfrac{220 - 700 \times 0.05}{1000} = 0.185 \text{V}/(\text{r} \cdot \text{mim}^{-1})$。

- 转矩常数：$C_M = \dfrac{C_e}{1.03} = \dfrac{0.185}{1.03} = 0.18 \text{kg} \cdot \text{mA}$。

- 电磁时间常数：$T_d = \dfrac{L_d}{R_d} = \dfrac{2 \times 10^{-3}}{0.08} = 0.025\text{s}$。

- 机电时间常数：$T_m = \dfrac{GD^2}{375} \dfrac{R_d}{C_m C_e} = \dfrac{125 \times 0.08}{375 \times 0.18 \times 0.182} = 0.8\text{s}$。

下面以上述直流电动机为例，进行直流电动机模型建立和并对此模型仿真。

2. 直流电动机数学模型的传递函数形式实现

直流电动机数学模型的传递函数表达形式为公式(4-12)，再根据系统 Ⅰ 的计算参数，

$$W(s) = \frac{X_c}{X_r} = \frac{1/C_e}{T_d T_m s^2 + T_m s + 1} = \frac{1/0.185}{0.025 \times 0.8 s^2 + 0.8s + 1} = \frac{5.41}{0.02 s^2 + 0.8s + 1}$$

进而可以得到标准形式：

$$W(s) = \frac{5.41}{0.02 s^2 + 0.8s + 1} = \frac{270.5}{s^2 + 40s + 50}$$

其实现过程是在 MATLAB 的 Simulink 工具箱的 continuous 库中的 Transfer Fcn 模块完成，Transfer Fcn 模块参数设置，如图 4-5 所示。可以很轻松在模型窗口环境下的完成基于传递函数的直流电动机的模型建立。

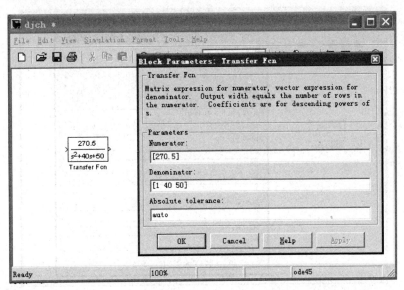

图 4-5　直流电动机传递函数设置图

3. 直流电动机数学模型的状态空间表达式实现

直流电动机数学模型的状态空间表达式实现是以建立直流电动机的状态空间表示为基础的,根据公式(4-16)和系统Ⅰ中电动机的计算参数,就可以得到电动机的状态方程:

$$\begin{bmatrix} \dot{x}_1 \\ \dot{x}_2 \end{bmatrix} = \begin{bmatrix} -\dfrac{0.08}{2 \times 10^{-3}} & -\dfrac{0.185}{2 \times 10^{-3}} \\ \dfrac{0.18}{125} & 0 \end{bmatrix} \begin{bmatrix} x_1 \\ x_2 \end{bmatrix} + \begin{bmatrix} \dfrac{1}{2 \times 10^{-3}} \\ 0 \end{bmatrix} u$$

即,

$$\begin{bmatrix} \dot{x}_1 \\ \dot{x}_2 \end{bmatrix} = \begin{bmatrix} -40 & -92.5 \\ 0.00144 & 0 \end{bmatrix} \begin{bmatrix} x_1 \\ x_2 \end{bmatrix} + \begin{bmatrix} 500 \\ 0 \end{bmatrix} u$$

同样可以得到输出方程

$$y = \begin{bmatrix} 0 & 1 \end{bmatrix} \begin{bmatrix} x_1 \\ x_2 \end{bmatrix}$$

因此系统直流电动机1的状态空间表达式为:

$$\begin{bmatrix} \dot{x}_1 \\ \dot{x}_2 \end{bmatrix} = \begin{bmatrix} -40 & -92.5 \\ 0.00144 & 0 \end{bmatrix} \begin{bmatrix} x_1 \\ x_2 \end{bmatrix} + \begin{bmatrix} 500 \\ 0 \end{bmatrix} u$$

$$y = \begin{bmatrix} 0 & 1 \end{bmatrix} \begin{bmatrix} x_1 \\ x_2 \end{bmatrix}$$

其中,输入量: $u = u_d$,输出量为: $y = n$,状态变量: $x_1 = i_d$, $x_2 = n$ 。

根据电动机状态空间表达式参数,在 MATLAB 的 Simulink 工具箱的 continuous 库中的 State-Space 模块完成模型建立,State-Space 模块参数设置如图 4-6 所示。

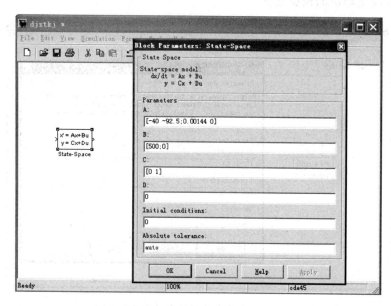

图 4-6　直流电动机状态空间模型设置图

4. 基于电气原理图的直流电动机数学模型实现

前两种电动机的模型建立都是基于数学模型来实现的,在进行建立仿真模型之前需要通过机理推导或系统辨识等方式得到纯粹的数学方程形式数学模型。这类方式可以方便的设置或修改控制对象以及控制系统其他环节的参数,具有很好的灵活性,但同时增加了仿真过程的不确定性和复杂性,对仿真是不利的。在 MATLAB 5.3 版推出之前,基本上采用先建立系统的数学模型,然后在 Simulink 的模型窗口环境下完成系统建模和仿真。在 MATLAB 推出电力电子工具箱——SimPowerSystems 工具箱,可以完成基于电气原理图的控制系统仿真。这种仿真所具有最大的优势就是将控制对象或控制系统其他环节的建立数学模型复杂过程留给了 MATLAB 语言的软件工程师完成,而进行系统仿真的电气工程师只需将定制好的模型进行简单的集成,就可以完成一个复杂的电机模型或控制系统的建模与仿真。

电动机模型位于 SimPowerSystems 工具箱下 machines 库中的 DC machines 和 DiscreteDC machines 分别是直流电动机和离散直流电动机模型,如图 4-7 所示。模型的端子功能如下。

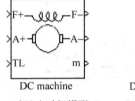

DC machine　Discrete DC_machine

(a) 直流电动机模型　(b) 离散直流电动机模型

图 4-7　SimPowerSystems 中直流电动机模型

- F+和 F-：此端子为直流电动机励磁电路控制端子,分别连接励磁电源的正极与负极。

- A+和 A-：电动机电枢回路控制端。

- TL：电动机的负载转矩信号输入端。

m：电动机信号的测试端,包括转速 $w(\text{rad/s})$,电枢电流 $I_a(\text{A})$,励磁电流 $I_f(\text{A})$,电磁转矩 $T_e(\text{N.m})$。

将直流电动机模块拖曳到模型窗口,双击图标,打开 Block Parameters：DC machine 对话框,如图 4-8 所示。参数定义如下。

- Armature resistance and inductance [Ra (ohms)La(H)]：电枢电阻(Ω)和电感(H)。

- Field resistance and inductance [Rf (ohms) Lf(H)]：励磁回路电阻(Ω)和电感(H)。

- Field-armature mutual inductance Laf (H)：电枢与励磁回路互感(H)。

- Total inertia J (kg. m^2)：电机转动惯量(kg. m^2)。

- Viscous friction coefficient Bm (N. m. s)：粘滞摩擦系数(N. m. s)。

- Coulomb friction torque Tf (N. m)：静摩擦转矩(N. m)。

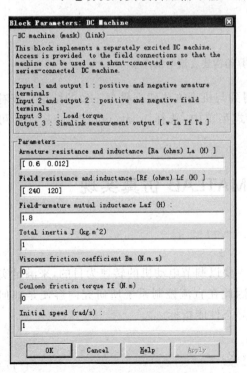

图 4-8　直流电动机参数设置界面

- Initial speed（rad/s）：初始速度。

在上述参数基础之上，根据仿真研究直流电动机的铭牌数据，可以很容易建立对象的数学模型。

最后查看和修改 SimPowerSystems 工具箱所构建直流电机模型。直流电机模型，如图 4-9 所示。

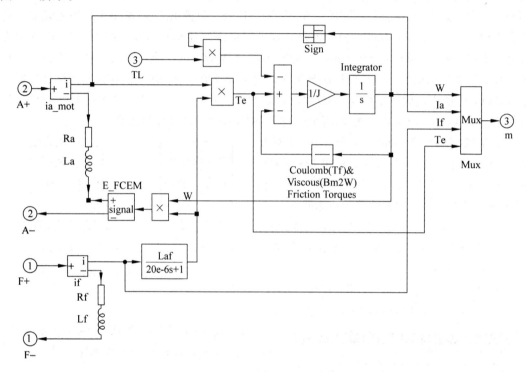

图 4-9   SimPowerSystems 工具箱构建直流电机模型

有了前面电机模型介绍，经过分析，很容易得到与机理方法建立模型一致的结论。查看此模型方法是通过选择电机模型，在右键弹出式菜单中，选择 Look under mask 项即可实现。

4.3   直流调速系统与 MATLAB 仿真实现

4.3.1   直流调速系统控制方案

直流调速系统是以直流电动机为控制对象，主要以调节电动机的转速为目的，来满足实际生产过程的需要，而组成的控制装置的总称。因此在直流控制系统所研究内容便是如何控制和调节电机转速，得到理想的系统的动态和静态性能指标。

根据公式（4-6）电动机的转速表达式：

$$n = \frac{u_d - i_d R_d}{C_e} \tag{4-17}$$

由式（4-17）可以看出，调节直流电动机的转速有如下 3 种方法。

（1）调节电枢电压调速。

（2）改变电动机励磁调速。

（3）改变电枢回路电阻调速。

改变电动机励磁调速方案一般是在基速以上实现调速，它的调速范围较窄，在实际应用较少；改变电枢回路电阻调速方案采用逐段增加或切除串入电机回路中的电阻来实现的，导致部分电能无谓消耗在电阻的发热，而且不能实现无级调速。为了说明后两种调速方案的实现，在这里以改变电枢回路电阻调速来说明在 MATLAB 中仿真实现。

1. 使用模块

（1）DC-Motor（直流电动机）。

直流电动机模块选自 SimPowerSystems 工具箱中的 machine 库里的 DC machine 模块。其相关参数设置如图 4-10 所示。

（2）直流电压源（E、E$_f$）。

模块选自 SimPowerSystems 工具箱中的 Electrical Sources 库里的 DC voltage source 模块。直流电压 E 为直流电机的电枢回路电压，直流电压 Ef 直流电机的励磁电压，Amplitude（两者参数）设置为 240。

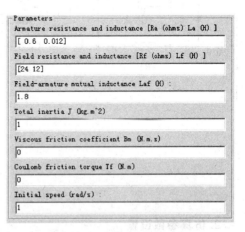

图 4-10　直流电动机参数设置

（3）Breaker（断路器）。

断路器选自 SimPowerSystems 工具箱中的 Elements 库里的 Breaker 模块，这里使用两只断路器，分别对电枢回路的串联电阻进行两级切除，从而实现改变电枢回路电阻调速过程。两只断路器的参数设置，如图 4-11 所示。

（4）调速电阻（R）。

调速电阻选自 SimPowerSystems 工具箱中的 Elements 库里的 series RLC branch 模块，为了说明原理，两只调速电阻都选择 20Ω，参数设置如图 4-12 所示。

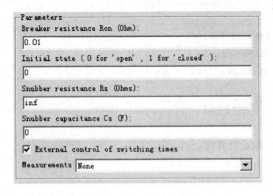

图 4-11　断路器参数设置

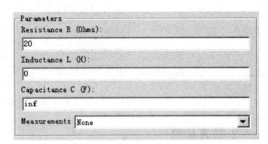

图 4-12　调速电阻参数设置

（5）Step（断路器控制）信号。

断路器通断控制采用阶跃信号与模块的控制端连接实现，直流电动机的加速点分别设置在 5s 和 10s 时刻,因此将阶跃信号的跳变点时间分别为 5s 和 10s。

（6）其他模块。

其他模块包括比例模块、输入型接地点、输出型接地点,两只 T 型连接器、信号分离器以及相关的示波器。

合理的调整各个模块的位置,再完成各个模块的信号连接,如图 4-13 所示。

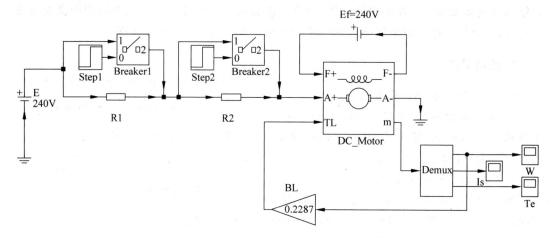

图 4-13   串电阻调速模型

2. 仿真参数设置

当完成模块信号线的连接之后,先试运行一次,看是否运行成功,在运行失败和要改变运行参数或改变仿真算法的情况下,要对运行环境的参数进行设置,对本系统的仿真参数设置如图 4-14 所示,各项参数具体定义在第 2 章已经详细介绍。

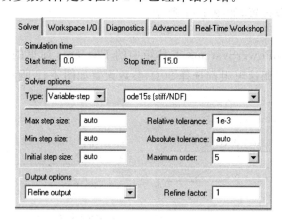

图 4-14   仿真参数设置界面

3. 仿真结果

设置或修改仿真参数后,下面可以进行仿真运行,单击运行按钮,激活对应的示波器查看系统运行参数。电动机的转速 $w(\text{rad/s})$ 如图 4-15 所示。可以看出在电机稳定运行之后在 5s 和 10s 时刻切除电阻 1 和电阻 2 实现的电机转速的调节。当然也可以借助此方法实现直流电动机的串电阻启动。电枢电流 I_a(A)和电磁转矩 T_e(N.m)分别如图 4-16 和图 4-17 所示。

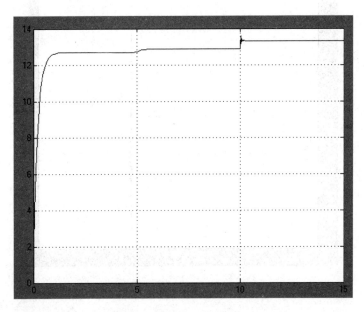

图 4-15　电动机的转速波形图

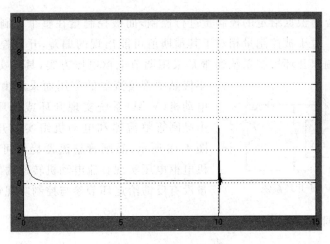

图 4-16　电枢电流波形图

　　调节电枢电压调速方法优点很多,在实际工程中应用最多。

4.3.2　开环直流调速控制系统与仿真

　　电机控制系统根据系统的结构形式的不同将其分成开环直流调速控制系统和闭环直流调速控制系统,下面就电机控制系统的两种形式分别介绍,并进行仿真,同时为控制系统的学习和研究打下必要的基础。

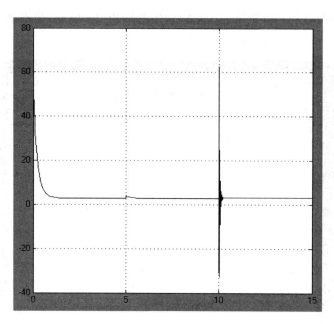

图 4-17   电磁转矩波形图

1. 开环直流调速控制系统组成

开环控制系统是根据给定的控制量进行控制,而被控制量在整个控制过程中对控制量不产生任何影响。对于被控制量相对于其预期值可能出现的偏差,开环控制系统不具备修正能力。而直流调速开环控制系统通常是采用调节电枢电压方案,具体实现在 20 世纪 60

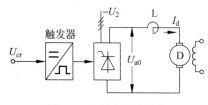

图 4-18   V-M 开环系统

年代晶闸管整流器的应用而采用由晶闸管整流器和电动机(V-M)系统实现开环或闭环控制调速系统。由晶闸管整流器和电动机组实现开环系统结构,如图 4-18 所示,晶闸管整流器提供可以调节直流电动机电枢电压实现直流电动机转速输出,而系统的输出量没有反馈给定环节参与控制实现转速的开环控制。

2. 开环直流调速控制系统仿真

(1) 基于数学模型的开环直流调速系统仿真。

① 开环直流调速控制系统数学模型。

开环直流调速控制系统主要包括给定信号、晶闸管触发装置及整流环节、平波电抗器和直流电动机等 4 个主要环节。这里所说的基于数学模型的系统仿真主要是指基于传递函数的 MATLAB 下的 Simulink 下的实现,再通过机理法可以建立开环直流调速控制系统动态结构图,如图 4-19 所示。

然后,根据系统 I 直接给出各个环节的传递函数及参数。可以得到系统 I 开环控制的动态结构图,如图 4-20 所示。

② 开环直流调速系统仿真实现。

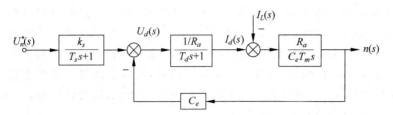

图 4-19　开环直流调速控制系统动态结构图

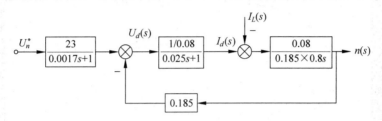

图 4-20　系统 I 的开环系统动态结构图

根据系统 I 的开环系统动态结构图及其参数值,在 MATLAB 的 Simulink 环境可以轻松的建立系统的仿真结构,如图 4-21 所示。电动机的转速输出动态曲线,如图 4-22 所示。

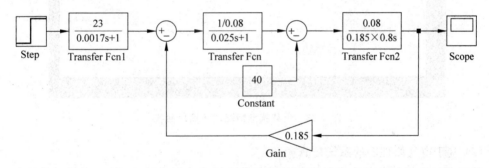

图 4-21　系统 I 仿真模型

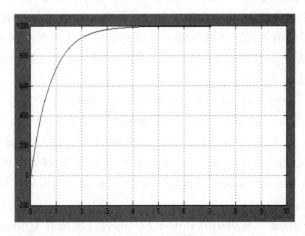

图 4-22　电动机转速输出曲线

通过改变给定信号的大小,来实现对电机输出转速的控制与调节的目的。在仿真系统中的实现过程就是改变系统给定的阶跃信号的大小。但是开环控制系统的最大的缺点是:无法实现的电网电压波动以及电机负载变化等扰动信号对转速影响。为了说明此问题,在上面的仿真系统在 4s 时刻将负载叠加一个阶跃信号,实现电动机的负载变化,最终的转速输出曲线如图 4-23 所示。可以看出由于负载的增加,使电动机的转速降低,而在系统稳定之后转速并没有恢复到原系统输出值。

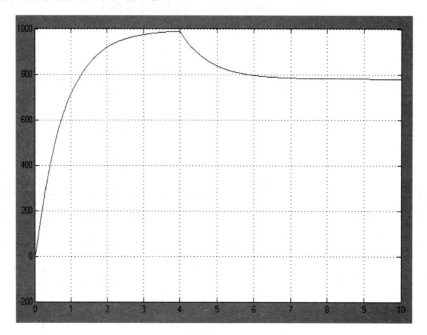

图 4-23　负载扰动情况转速输出曲线

（2）基于电气原理图的系统仿真。

基于电气原理图实现系统的仿真实现主要过程是依据系统原理图,根据具体实现的不同功能,将整个系统划分成若干子模块,通过 MATLAB 中 SimPowerSystems 工具箱电气元件以及其他工具箱中的模块,组合实现子模块的仿真与建模,最终再依据电气原理图的电气连接实现各个子模块的连接即实现了整个系统的建模。开环直流调速控制系统原理图,如图 4-7 所示,下面以此为例讲解如何实现基于电气原理图实现系统的仿真过程。

① 三相对称交流电源模型。

从 SimPowerSystems 工具箱中 Electrical Sources（电源）库中选择 AC Voltage Source（交流电压源）模块,参数设置如图 4-24 所示,即相电压峰值 220V,频率 50Hz。初始相位 0°。并将模块标签改为 A,表示为三相对称交流电源 A 相。通过复制得到两个电压源模块,更改二者参数初始相位为 120°和 240°,即为 B、C 相电源,同样将模块标签改为 B、C。在 connectors 库中选择 Bus bar 和输出型接地模块,进行相应连接得到三相对称交流电源。

② 晶闸管整流器模型。

从 SimPowerSystems 工具箱中的 Power Electronics 库选取 Universal Bridge 模块,并将模块标签改为 SCR,然后双击模块图标,打开 Block Parameters:Universal Bridge 对话框进行参数设置,如图 4-25 所示。此参数设置一般要参考实际选取变流装置。

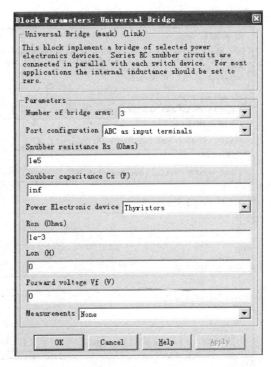

图 4-24　A 相电压源设置界面　　　　图 4-25　晶闸管整流器模型参数设置界面

③ 直流电动机模型。

直流电动机模型选取在先前已经介绍过,参数设置如图 4-8 所示。

④ 主回路平波电抗器模型。

为了负载电流连续等原因,实际应用中在主电路中需要加入平波电抗器,建模过程是从 Elements 模型库中,选取 series RLC branch 模型。在 MATLAB 工具箱中没有纯电阻、纯电容以及纯电抗器,而 Elements 模型库有 series RLC branch(串联支路)和 parallel RLC branch(并串联支路)元件,通过对两者的参数进行设置,可以实现纯电阻、纯电容以及纯电抗电气元件。各参数设置分别见表 4-1 和表 4-2 所示。

表 4-1　串联支路参数

名　称	参　数			符　号
	Resistance R(ohms)	Inductance L(H)	Capacitance C(F)	
纯电阻	R	0	Inf	>—\/\/\—>
纯电容	0	0	C	>—| |—>
纯电抗	0	L	Inf	>—⁀⁀⁀—>

表 4-2　并联支路参数

名　称	参　数			符　号
	Resistance R(ohms)	Inductance L(H)	Capacitance C(F)	
纯电阻	R	Inf	0	>—\/\/\—>
纯电容	Inf	Inf	C	>—| |—>
纯电抗	Inf	L	0	>—⁀⁀⁀—>

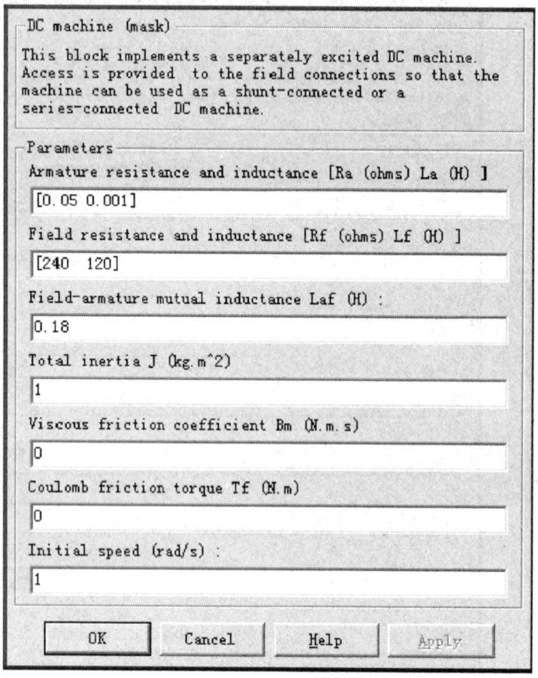

DC machine (mask)
This block implements a separately excited DC machine. Access is provided to the field connections so that the machine can be used as a shunt-connected or a series-connected DC machine.
Parameters
Armature resistance and inductance [Ra (ohms) La (H)]
[0.05 0.001]
Field resistance and inductance [Rf (ohms) Lf (H)]
[240 120]
Field-armature mutual inductance Laf (H) :
0.18
Total inertia J (kg.m^2)
1
Viscous friction coefficient Bm (N.m.s)
0
Coulomb friction torque Tf (N.m)
0
Initial speed (rad/s) :
1
OK
Cancel
Help
Apply

图 4-26　电机参数设置

⑤ 同步脉冲触发器模型。

同步脉冲触发器模型在第 3 章中已经详细的介绍。为了使得仿真模型简洁，对各个功能模块进行子系统封装，但是此过程在要封装的子系统与其他模块电气连接之后进行的。同时为了方便电气连接可以更改子系统的端口号，MATLAB 会自动的按照端口号大小顺序从上之下进行排列。将 6 脉冲同步触发器模型进行了子系统封装，并将子系统标签改为脉冲触发器。这里取得是线电压同步信号，因此在阻性负载时脉冲触发移相范围是50°～180°，而且 50°对应的是最大整流输出，180°对应最小整流输出。

⑥ 直流电动机模块。

关于直流电动机输入输出的连接以及参数设置在前面章节已经做了详细的说明，本系统的电机参数设置如图 4-26 所示。

⑦ 其他模块。

构造开环直流电机控制系统，需要使用的模块还有：L connector(L 型连接器)、3 个 Constant(常数模块)以及用来观测电机变量的 4 个 To Workspace(输出到工作空间模块)，并设置输出变量名分别为 w 、Ia 、If 、Te，w 参数设置，如图 4-27 所示。采用此方式输出可以看到系统变量主要变化过程。

Block Parameters: To Workspace1
To Workspace
Write input to specified array or structure in MATLAB's main workspace. Data is not available until the simulation is stopped or paused.
Parameters
Variable name:
w
Limit data points to last:
inf
Decimation:
1
Sample time (-1 for inherited):
-1
Save format:
Array
OK
Cancel
Help
Apply

图 4-27　w 参数设置界面

将各个功能单元依据电气原理图，进行相应的电气连接，最后得到开环直流电动机控制系统的仿真模型，如图 4-28 所示。

在完成了系统仿真模型的建立之后，便是对系统调试过程，同时也是对系统进行参数修改完善过程。首先在 MATLAB 的模型窗口打开 Simulation(仿真)菜单，进行 Simulation Parameters(仿真参数)设置，经过试运行将仿真参数设置完成，如图 4-29 所示。

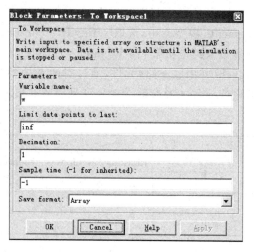

在 MATLAB 模型窗口中打开 Simulation→Start 项，系统开始运行，到达设定的仿真时间而终止，并输出仿真结果。这里选取的是工作空间输出，以变量形式存在。为了直观的考察系统仿真结果则以曲线形式输出。

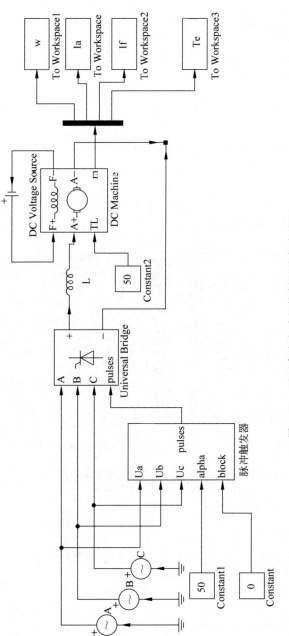

图 4-28　开环直流电动机控制系统仿真模型

图 4-29　仿真参数设置

　　具体的操作过程在第 2 章中有详细的阐述,直流电机转速 w 输出、电枢电流 Ia 输出以及电磁转矩 Te 输出曲线如图 4-30 所示。

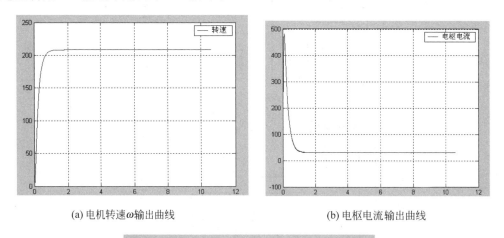

(a) 电机转速ω输出曲线　　　　　　　　　　(b) 电枢电流输出曲线

(c) 电磁转矩输出曲线

图 4-30　系统输出曲线

（3）仿真结果分析。

根据前面列举的两种直流电机开环控制的建模与仿真，其转速曲线与电流曲线等内容，看出仿真结果和实际的电机运行结果相似，说明系统的建模与仿真是比较成功的。但是上面只是为了说明仿真与建模的过程，在实际电机控制系统中直流电机多数都以闭环形式出现，下面讨论直流电动机的闭环控制系统的建模与仿真。

4.3.3　直流调速双闭环控制系统仿真

1. 双闭环系统控制系统

（1）闭环直流调速控制系统介绍。

闭环控制系统是既有参考输入控制输出量的前向或称顺向控制作用，又有输出量引回到输入端的反向控制作用，形成一个闭环控制形式。通常把输出量引回到输入端与参考输入量进行比较的过程称作反馈，所以闭环控制系统又称反馈控制系统。如果反馈信号与参考输入信号符号相反，称作负反馈；符号相同称作正反馈，自动控制系统中多采用负反馈。如图 4-31 所示是直流调速负反馈控制系统。

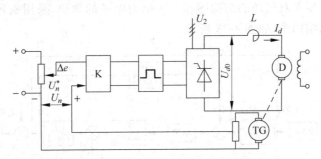

图 4-31　直流调速负反馈控制系统原理图

在直流闭环控制系统中根据引入反馈信号的类型与结构形式的不同，在实际应用中看见遇到的系统有转速单闭环负反馈控制系统，电压负反馈控制系统，电压负反馈带电流补偿控制系统，以及双闭环控制系统，甚至多环控制系统。其中，最为常用的是转速单闭环负反馈控制系统和电流、转速双闭环直流调速控制系统，而转速单闭环负反馈控制系统包含在双闭环直流调速控制系统之中，因此下面主要讲解双闭环直流调速控制系统的仿真与建模。

（2）电流、转速双闭环直流调速控制系统。

电流、转速双闭环直流调速控制系统由电流调节器和转速调节器串级联接而形成电流负反馈内环和转速负反馈外环而构成，如图 4-32 所示。

转速调节器的输出作为电流调节器的输入，由电流调节器的输出去控制晶闸管整流器的触发器。通过设置转速调节器的输出限幅以及配合调节转速反馈通道的增益，可以得到电机启动、制动等过程中的电枢回路的最大电流值，使得电动机快速启动与制动。同时通过双环结构可以很好的抑制电网电压波动和负载变化等扰动量的电机转速输出的影响，因此电流、转速双闭环直流调速控制系统具有良好的动态与静态特性。电流、转速双闭环直流调速控制系统设计除了对主电路与控制电路设计之外更为重要的环节就是电流调节器和转速

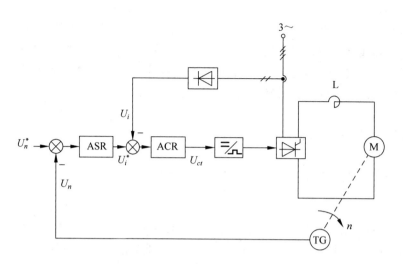

图 4-32　双闭环直流调速控制系统原理

调节器的设计一般电流与转速调节器由比例积分(PI)调节器构成,因而便是两者比例积分参数整定的问题。参考双闭环的结构图和一些电力电子的知识,采用机理分析法可以得到双闭环系统的动态结构图,如图 4-33 所示。

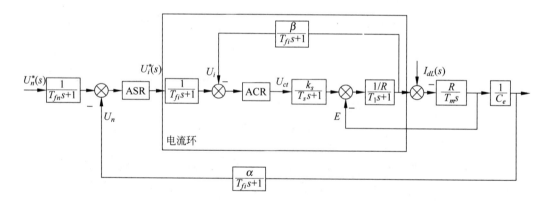

图 4-33　双闭环直流调速控制系统动态结构图

2. 双闭环直流调速系统工程设计举例

双闭环直流调速系统工程设计步骤:首先根据工艺对电流的要求,设计内环-电流环,确定电流调节器的类型与参数,并确定电流调节器的组成电路与电路元件;然后将电流环等效成一个小惯性环节,作为外环-转速环的一部分,再根据工艺对转速的要求采用同样方法设计转速环和转速调节器。

已知直流调速系统 Ⅰ,实际生产工艺要求如下。

- 系统无静差。
- 电流超调量为 $\sigma_i < 5\%$。
- 在额定负载下,启动至额定转速的超调量 $\sigma_{nnom} < 5\%$。

（1）系统参数计算。

固有参数包括如下内容。

电势常数：$C_e = \dfrac{U_{nom} - I_{nom}R_a}{n_{nom}} = \dfrac{220 - 700 \times 0.05}{1000} = 0.185 \text{V}/(\text{r} \cdot \text{mim}^{-1})$

转矩常数：$C_M = \dfrac{C_e}{1.03} = \dfrac{0.185}{1.03} = 0.18 \text{kg} \cdot \text{mA}$

电磁时间常数：$T_d = \dfrac{L_d}{R_d} = \dfrac{2 \times 10^{-3}}{0.08} = 0.025 \text{s}$

机电时间常数：$T_m = \dfrac{GD^2}{375} \dfrac{R_d}{C_m C_e} = \dfrac{125 \times 0.08}{375 \times 0.18 \times 0.182} = 0.8 \text{s}$

晶闸管整流装置滞后时间常数：$T_s = \dfrac{1}{2mf} = \dfrac{1}{2 \times 6 \times 50} = 0.0017 \text{s}$

预置参数包括如下内容。

选取转速输出限幅值：$U_{km} = 10\text{V}$，通过计算得到

晶闸管装置放大系数：$K_s = \dfrac{U_{d0}}{U_{km}} = \dfrac{1.05 * U_{nom}}{U_{km}} = \dfrac{1.05 * 220}{10} = 23$

启动电流：$I_{dm} = 1.5 I_{nom} = 1.5 \times 700 = 1050 \text{A}$

选取转速调节器输出限幅值：$U_{im} = 10\text{V}$，可以得到

电流反馈系数：$\beta = \dfrac{U_{im}}{I_{dm}} = \dfrac{10}{1050} = 0.0095 \text{V/A}$

选取电流反馈滤波时间常数：$T_{fi} = 0.002$

选取转速最大给定值：$U_{nm}^* = 10\text{V}$

可以得到转速反馈系数：$\alpha = \dfrac{U_{nm}^*}{n_{nom}} = \dfrac{10}{1000} = 0.01 \text{V}/(\text{r} \cdot \text{min}^{-1})$

再取转速反馈滤波时间常数：$T_{fn} = 0.01 \text{s}$

根据双闭环直流调速控制系统动态结构图可以得到系统Ⅰ的双闭环动态结构图，如图 4-34 所示。

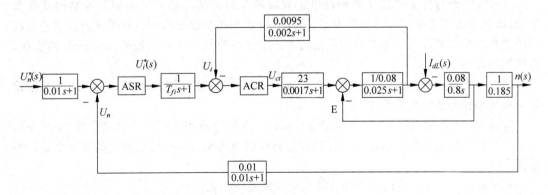

图 4-34　系统Ⅰ动态结构图

（2）系统设计。

① 电流调节器设计。

电流环主要作用是限制电流，因此一般将电流环校正为典型 I 系统，而电流调节器采用 PI 调节器。

$$W_{ACR} = K_i \frac{\tau_i s + 1}{\tau_i s}$$

根据典型 I 系统设计可以得到如下结果。

$$\tau_i = T_l = 0.025s$$

$$T_{\Sigma i} = T_s + T_{fi} = 0.0017 + 0.002 = 0.0037s$$

$$K_i = \frac{T_l R_\Sigma}{2\beta K_s T_{\Sigma i}} = \frac{0.025 \times 0.08}{2 \times 0.0095 \times 23 \times 0.0037} = 1.24$$

② 转速调节器设计。

转速的超调与动态速降均可由抗扰指标衡量，而抗扰指标以典型 II 系统为佳，因此转速调节器采用 PI 调节器，按典型 II 系统设计，取 $h=5$。

设，转速调节器为：

$$W_{ASR} = K_n \frac{\tau_n s + 1}{\tau_n s}$$

根据典型 II 系统设计可以得到如下结果。

$$T_{\Sigma n} = 2T_{\Sigma i} + T_{fn} = 2 \times 0.0037 + 0.01 = 0.0174s$$

$$\tau_n = 5T_{\Sigma n} = 5 \times 0.0174 = 0.087s$$

$$K_n = \frac{h+1}{2h} \cdot \frac{\beta C_e T_m}{\alpha R_\Sigma T_{\Sigma n}} = \frac{6 \times 0.0095 \times 0.185 \times 0.8}{2 \times 5 \times 0.01 \times 0.08 \times 0.0174} = 60.6$$

3. 双闭环直流调速控制系统仿真

（1）基于数学模型的双闭环直流调速控制系统仿真。

通过工程设计的方法建立的转速电流双闭环控制系统并确定了控制器的结构及其参数，也就是说得到了双闭环的数学模型，因此可以实现基于数学模型的双闭环直流调速控制系统仿真。参照开环系统数学模型的仿真方法很容易建立双闭环系统的 Simulink 的实现，系统模型如图 4-35 所示。

仿真参数选择，ode23；开始时间 Start time 设为 0，停止时间 Stop time 设为 10，其他设置可以参考开环系统仿真设置。

完成建模和参数设置后，可以开始仿真运行。电枢电流和电机转速输出曲线，如图 4-36 所示。可以比较清楚的看到双闭环在启动过程的强迫建流、恒流升速、速度调节等主要几个阶段。

（2）基于电气原理图的双闭环直流调速控制系统仿真。

根据电流、转速双闭环直流调速控制系统原理图，在 MATLAB 的模型窗口下建立双闭环控制系统的仿真模型，如图 4-37 所示。为了能够比较建模两种方式的仿真效果，模型主

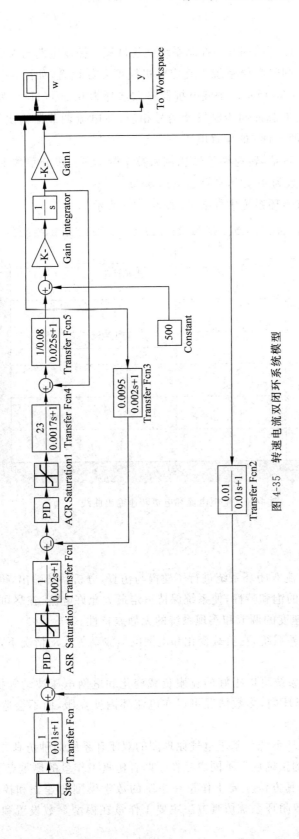

图 4-35　转速电流双闭环系统模型

电路的建立可以参照基于原理图的开环控制系统创建过程。控制电路与参照基于数学模型的双闭环控制电路一致。同时参照系统Ⅰ确定电机模型参数设置，如图4-26所示，晶闸管整流器的参数设置，如图4-38所示。平波电抗器参数选择为0.001(H)。为了实现使得电流调节器(ACR)输出值与6脉冲同步触发器信号相应，在电流调节器输出加入[130 50]的非线性限幅模块，同时加-180的偏置电压。

主要的仿真参数设定包括，转速调节器比例系数常数为60，积分系数11.5；电流调节器比例系数1.24，积分系数为40。仿真算法选择ode15s。

基于电气原理图的双闭环系统仿真结果，如图4-39所示。

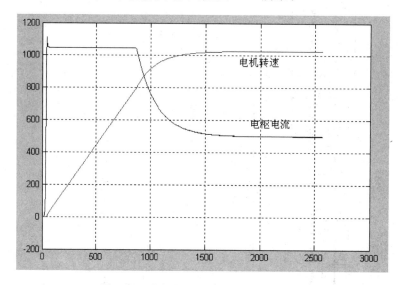

图4-36　电枢电流和电机转速输出曲线

4. 仿真结果分析

从两种方法对转速电流双闭环系统进行了建模与仿真，分析系统输出，得到如下结论。

（1）利用转速调节器的饱和特性，使系统保持恒定最大允许电流，在尽可能短的时间内建立转速，在退饱和实现速度的调节和实现系统的无静差特性。

（2）由于构成了无静差系统，在负载变化和电网电压波动等扰动情况下，保持系统的恒定输出。

（3）转速电流双闭环系统可以很好的克服负载变化和电网电压波动等扰动影响，特别是电网电压扰动点在电流环内，多数情况可以在电流环内就克服，而不会造成电机转速的波动。

基于数学模型的双闭环系统与基于电气原理图的双闭环系统两种仿真方法得到相近的结果，同时说明仿真结果的正确性。不同之处在于两者仿真工作量的侧重点不同，基于数学模型的双闭环系统模型仿真方法主要工作量在系统的数学模型的建立和控制器的设计方面，而基于电气原理图的双闭环系统仿真方法主要工作量在模型参数设置和控制器的设计以及系统的调试方面。

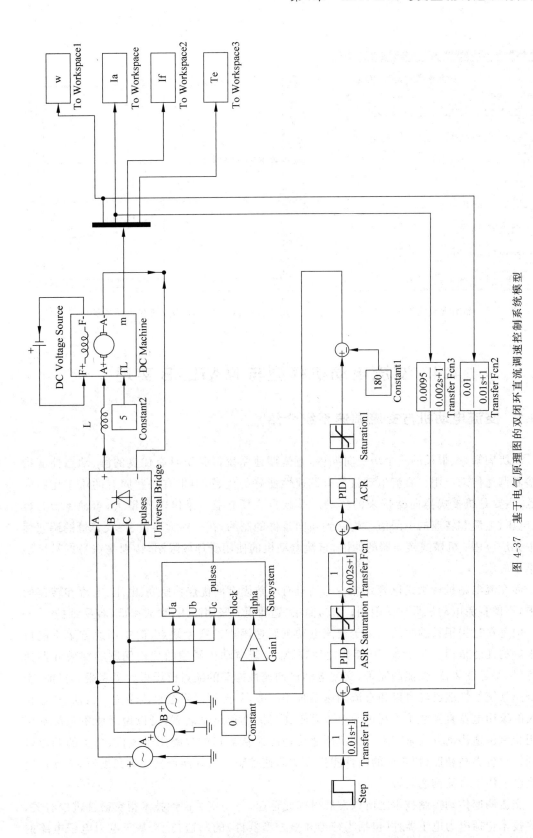

图 4-37 基于电气原理图的双闭环直流调速控制系统模型

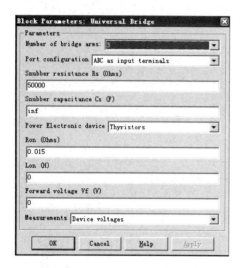

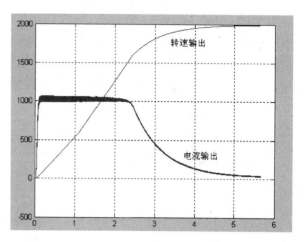

图 4-38   晶闸管整流器参数设置   图 4-39   基于电气原理图的双闭环系统仿真结果

4.4   交流电动机模型与 MATLAB 实现

4.4.1   交流电动机与交流调速系统介绍

众所周知,在很长的一个历史时期内,直流调速系统以其所具有优良的静、动态性能指标垄断调速传动应用。直流电动机虽有调速性能好的优越,但也有一些固有的难于克服的缺点,主要是机械式换向器带来的弊端。其缺点主要包括:维修工作量大,事故率高;容量、电压、电流和转速的上限值。均受到换向条件的制约,在一些大容量、特大容量的调速领域中无法应用;机械式换向器的原因,直流电动机的使用受环境限制,特别是在易燃易爆场合难于应用。

而交流电动机特别是鼠笼式异步电动机有一些固有的优点:容量、电压、电流和转速的上限,不像直流电动机那样受限制;结构简单、造价低;坚固耐用,事故率低,容易维护。

但是在过去很长的时间里由于交流电动机调速困难的致命缺点,简单调速方案不能得到很好的性能指标。20 世纪 70 年代之后,随着交流电动机调速的理论问题的突破和调速装置(主要是变频器)性能的完善,交流电动机调速性能差的缺点已经得到了克服。目前,交流调速系统的性能已经可以和直流调速系统相匹敌,甚至可以超过直流系统。目前,从数百瓦级的家用电器直到数千千瓦级乃至数万千瓦级的调速传动装置,可以说无所不包的都可以用交流调速传动方式来实现。交流调速传动已经从最初的只能用于风机、泵类的调速过渡到针对各类高精度、快响应的高性能指标的调速控制。从性能价格比的角度看,交流调速装置已经优于直流调速装置。

交流调速传动控制技术之所以发展得如此迅速,与一些关键性技术得突破性进展有关,这些技术包括电力电子器件(包括半控型和全控型器件)的制造技术、基于电力电子电路的电力变换技术、交流电动机的矢量变换控制技术、直接转矩控制技术、PWM(Pulse Width

Modulation)技术以及以微型计算机和大规模集成电路为基础的全数字化控制技术等。控制相比,加、减速更为平滑,且容易使系统稳定。但是转差频率控制并未能实施对电机瞬时转矩的闭环控制,而且动态电流相位的延时会影响系统的实际动态响应。

目前,交流调速系统的主要应用方向可分为如下3大类。

(1) 以节能为目的的改恒速为可调速。

在原来大量的交流不调速领域(如风机、水泵、压缩机等)中,改直接启动为软启动;改恒速为可调速;在调速性能要求不高的场合,为降低成本采用开环调速。仅以泵的控制改造为例,节电高达20%以上。

(2) 以少维护省力为目的的取代直流调速系统。

在直接关系到生产和人身安全的重要场合,为减少直流电机的故障和节省维护时间,改用交流调速系统。如直流电梯改为交流电梯,有利于保证人身安全,增加正常运转运营时间;直流轧机改为交流轧机,可以大大节省检修时间,提高生产效率;电动汽车中采用交流驱动,可以减小体积和重量,提高可靠性。

(3) 直流调速难以实现的领域。

在直流机很难实现的大容量高速领域,交流调速系统可以大显身手。如电动机车、厚板轧机、高速电钻等。

从多方面来看,交流调速系统完全可以取代直流调速系统,并将为工农业生产以及节电节能等方面带来巨大的经济效益和社会效益。

4.4.2   交流电动机调速原理

从电机学可知,异步电动机的转速表达式为:

$$n = \frac{60 f_1}{n_p}(1 - s) \tag{4-18}$$

其中,f_1为电机的定子供电频率;n_p为电机极对数;s为转差率。

因此实现异步电动机输出速度的改变,主要通过3类方式来实现,即改变电机的极对数、变化转差率以及改变供电频率。目前常见到的具体实现调速方案有:变极调速、调压调速、串级调速以及变频调速等。其中变极调速方式属于有级调速,调速范围窄,应用场合有限;调压调速方式是以消耗转差功率为代价,不利于节能,一般应用在中、小型风机、泵类等功率调速系统中;串级调速是以消耗部分转差功率为代价较前者在节能方面略胜一筹,是一种结构简单,实现方便,较为经济方式,多用在绕线式异步电动机技术改造中;变频调速是最为理想的异步电动机调速方式,以其高效率和高性能等优势,目前应用最为广泛。

4.4.3   交流电动机模型在MATLAB中仿真的实现

交流电机和直流电机相比较,其数学模型要复杂得多,对交流电机的建模与仿真更为复杂,而交流电机的建模是研究设计交流调速系统的基础。为了简化交流电机的建模复杂工作,MATLAB推出的SimPowerSystems工具箱中定制封装了系列电机模型,当然包括在先前介绍的直流电机模型。SimPowerSystems工具箱中的交流电机模型位于Machines库

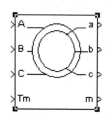

图 4-40　异步电动机模型

中,主要包括 Asynchronous Machine Pu Units(单位制的异步电动机)、Asynchronous Machine SI Units(国际单位制的异步电动机)、Permanent Magnet Synchronous Machine(永磁式同步电动机)、Simplified Synchronous Machine Pu Units(单位制的简化同步机)、Simplified Synchronous Machine SI Units(国际单位制的简化同步机)等。本章采用国际单位制的异步电动机。下面以国际单位制的异步电动机为例介绍。

国际单位制的异步电动机模型有 4 个输入端子和 4 个输出端子,如图 4-40 所示。

其电气连接和功能如下。

- A,B,C:交流电机的定子电压输入端子。

- T_m:电机负载输入端子,一般是加到电机轴上的机械负载。

- a,b,c:绕线式转子输出电压端子,一般短接,而在鼠笼式电机为此输出端子。

- m:电机信号输出端子,一般接电机测试信号分配器观测电机内部信号,或引出反馈信号。

国际单位制的异步电动机模型的参数设置,在确认异步电动机模型已经位于模型窗口中,双击电机模块,打开 Block Parameters: Asynchronous Machine SI Units 对话框,如图 4-41 所示。

相关参数如下。

- Rotor type:转子类型列表框,分别可以将电机设置为 Wound(绕线式)和 Squirrel-cage(鼠笼式)两种类型。

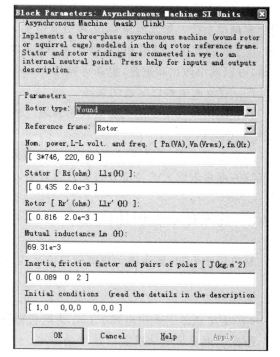

图 4-41　异步电动机模型参数设置

- Reference frame:参考坐标列表框,可以选择 Rotor(转子坐标系)、Stationary(静止坐标系)、Synchronous(同步旋转坐标系)。

- Nom. power,L-L volt. and freq.[Pn(VA),Vn(Vrms),fn(Hz)]:额定功率(VA),线电压(V),频率(赫兹)。

- Stator [Rs (ohm) Lls(H)]:定子电阻 Rs(ohm)和漏感 Lls(H)。

- Rotor [Rr'(ohm) Lls'(H)]:转子电阻 Rs(ohm)和漏感 Lls(H)。

- Mutual inductance Lm(H):互感 Lm(H)。

- Intia,friction factor and pairs of poles [J(kg.m^2)]:转动惯量[J(kg.m^2)],摩擦系数和极对数。

- Initial conditions[s() th(deg) isa isb isc(A)]:初始条件包括:初始转差 s,点角度phas,phbs,phcs(deg)和定子电流 i_{sa} i_{sb} i_{sc}(A)。

交流电机模型输出不能直接得到,在仿真过程一般要和 Machines Measurement Demux(电机测试信号分配器)配合使用,下面进一步介绍电机测试信号分配器功能和使用。电机测试信号分配器模块位于 Machines 库之中,如图 4-42 所示。

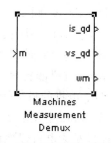

电机测试信号分配器有 1 个输入端子 m,此端子要和电机输出端子 m 相连接,输出端子最多由 21 路输出信号构成,而具体产生那些信号,需要在 Block Parameters:

图 4-42 电机测试信号分配器模块

Machines Measurement Demux 对话框中选择相应的复选框,如图 4-43 所示。首先要选择电机的类型,包括 Synchronous(同步机),Simplified Synchronous(简化同步机),Asynchronous(异步机),Permanent Magnet Synchronous(永磁同步机)等,当然选择不同的电机将会有不同的输出信号设置,这里仍然以异步机为例。

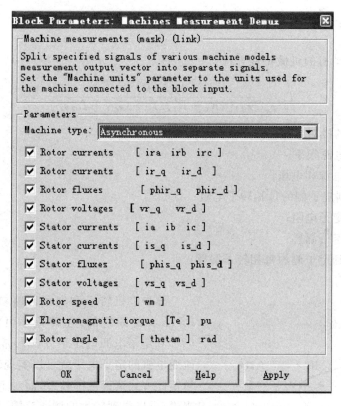

图 4-43 电机测试信号分配器的输出设置

电机测试信号分配器的输出信号构成如下。

- ira、irb、irc:转子电流。
- ir_q、ir_d:同步 d-q 坐标下的 q 轴下的转子电流和 d 轴下的转子电流。
- phir_qd:同步 d-q 坐标下的 q 轴下的转子磁通和 d 轴下的转子磁通。
- vr_q、vr_d:同步 d-q 坐标下的 q 轴下的转子电压和 d 轴下的转子电压。
- is_a、is_b、is_c:定子电流。

- is_q、is_d：同步 d-q 坐标下的 q 轴下的定子电流和 d 轴下的定子电流。
- phis_q、phis_d：同步 d-q 坐标下的 q 轴下的定子磁通和 d 轴下的定子磁通。
- vs_q、vs_d：同步 d-q 坐标下的 q 轴下的定子电压和 d 轴下的定子电压。
- wm：电机的转速。
- Te：电机的机械转矩。
- thetam：电机转子角位移。

上面只是为电机建模设置参数提供参考，而在具体实例建模和仿真过程中，还要根据具体的应用选择的电机类型以及电机的参数来设置具体的参数，而且是一个反复修正调整过程。

4.5   异步电机调压调速系统与 MATLAB 实现

4.5.1   异步电机调压调速原理

根据异步电动机的机械特性方程：

$$T_e = \frac{3p_n U_1^2 R_2'/s}{2\pi f_1\big[(R_1 + R_2'/s)^2 + (L_{11} + L_{12})^2\big]} \tag{4-19}$$

其中，p_n 为电机的极对数；

　　f_1 为定子电源频率；

　　U_1 为定子电源相电压；

　　R_2' 为折算到定子侧的每相转子电阻；

　　R_1 为每相定子电阻；

　　L_{11} 为每相定子漏感；

　　L_{12} 为折算到定子侧的每相转子漏感；

　　s 为转差率。

异步电机转子和定子回路参数（p_n、R_2'、R_1、L_{11}、L_{12}）是固定的，在转差率恒定时，电磁转矩（T_e）和定子电源电压平方（U_1^2）成正比，因此通过改变电机的定子电压就可以实现转速改变。在恒转矩此方式调速范围较窄，而对于风机、泵类负载来说，可以得到较大的调速范围，如图 4-44 所示。因此调压调速更适用在风机、泵类负载等系统。

异步电机调压调速是一种比较简单的交流电机的调速方法，实现调压调速的方法过去有在异步电动机的定子回路中串入饱和电抗器，或者在定子侧加入自耦变压器，分别如图 4-45（a）和（b）所示。现在则采用晶闸管调压调速，如图 4-45（c）所示。

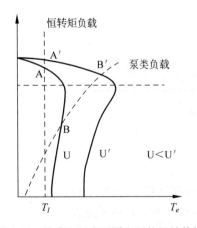

图 4-44   异步电机在不同电压的机械特性

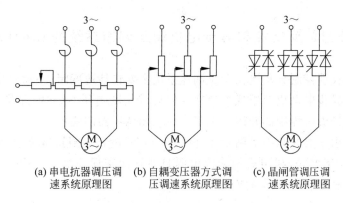

(a) 串电抗器调压调速系统原理图　(b) 自耦变压器方式调压调速系统原理图　(c) 晶闸管调压调速系统原理图

图 4-45　异步电动机调压调速原理图

采用晶闸管调压调速通常有相位控制方式和周波控制方式两种,相位控制方式是通过改变晶闸管的导通角,来实现调压器输出交流电压值;周波控制方式在控制角为零开始,使晶闸管连续导通或关断若干个工频周期,通过控制导通和关断占空比实现调压调速。

4.5.2　异步电机调压调速的闭环控制系统

交流异步电机调压调速方式与直流调速系统有相近的结构,也可以分成开环控制和闭环控制两种方式。开环控制具有结构简单等优点,但是存在抗扰性差,机械特性曲线较软,同时不能克服交流异步电机调压调速方式本身调速范围窄的缺点。通常交流异步电机调压调速采用闭环控制方式。基于转速负反馈控制异步电机调压调速系统结构,如图 4-46 所示。系统由转速调节器,晶闸管调压器,转速反馈环节和异步电动机等部分组成。其中转速调节器一般采用比例积分调节器(PI)实现。改变系统给定信号 U_n^* 的大小,实现改变异步电动机转速目的。而且在闭环以内由于某种原因引起电机转速的波动,系统可以通过负反馈自动调节电机转速,有效的克服扰动影响。

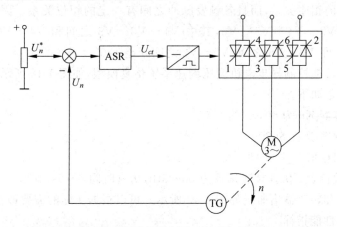

图 4-46　基于转速负反馈控制异步的电机调压调速系统

4.5.3　基于转速负反馈控制异步电机调压调速系统的 MATLAB 仿真实现

基于转速负反馈控制异步电机调压调速系统主要包括速度闭环、脉冲触发器、三相调压器以及被控交流异步电动机等组成。包括如何构成速度闭环、脉冲触发器等环节在前面直流控制系统中已经做了详细的介绍。本节介绍三相调压器的建模。

三相调压器由三对并联的晶闸管元件组成，Thyristor（晶闸管），位于 Power electronics库中，采用相位控制方式，利用三相交流电源自然环流实现关断。三相调压器仿真模型如图 4-47 所示，其中每个晶闸管参数设置为默认值。

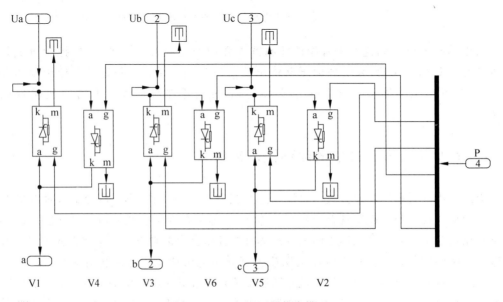

图 4-47　三相调压器仿真模型

三相调压器环节中最为重要部分是三组晶闸管触发顺序，要求触发脉冲与相应的三相交流电源有一致的相序关系，而且各触发脉冲之间有一定的相位关系。因此触发脉冲的顺序为 V1－V2－V3－V4－V5－V6，其中 V1－V3－V5 之间和 V4－V6－V2 之间互差120°，V1－V4 之间、V3－V6 之间、V5－V2 之间互差180°。

基于转速负反馈控制异步电机调压调速系统仿真模型，如图 4-48 所示。

其中主要参数如下。

- 转速调节器 Kp 为 40，Ki 为 200。
- 反馈参数 K 选择为 20。
- 限幅器限幅值：[150～30]。
- 仿真参数设置：仿真算法选择为 ode23tb，仿真时间 0～5s，其他为默认值。

系统的给定和转速输出曲线如图 4-49 所示。可以根据实际的需要改变转速调节器，从而进一步改善其性能指标。

注意：在进行交流电机仿真时，必须在交流电机的输入端测量输入三相交流电的其中两相线电压，否则出错，系统不能正常运行。

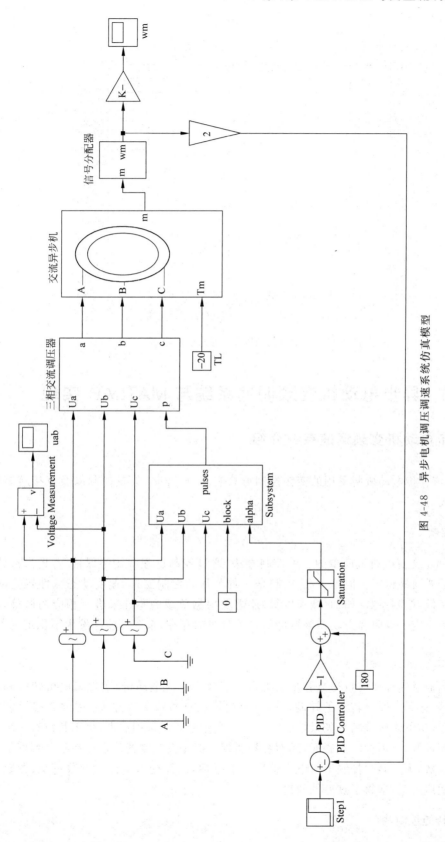

图 4-48　异步电机调压调速系统仿真模型

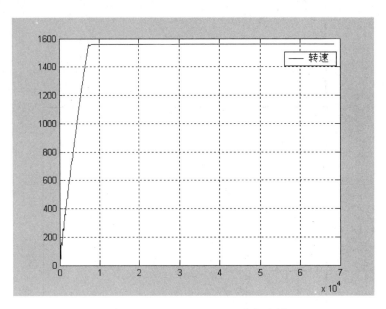

图 4-49　异步电机调压调速系统仿真模型

4.6　异步电动机变频调速系统与 MATLAB 实现

4.6.1　异步电动机变频调速系统介绍

目前,交流异步电动机所采用的变频控制方式有 V/F 控制、矢量控制以及直接转矩控制等实现方式。

1. V/F 控制

V/F 控制是交流电机最简单的一种控制方法,通过控制过程中始终保持 V/F 为常数,从而保证转子磁通的恒定。但是 V/F 控制是一种开环的控制方式,速度动态特性较差,电机转矩利用率低,控制参数(如加/减速度等)还需要根据负载的不同来进行相应的调整,特别是低速时由于定子电阻和逆变器等器件的开关延时的存在,系统可能会发生不稳定现象。

2. 矢量控制

矢量控制通过坐标变换将交流异步电机模型等效为直流电动机,实现了电机转矩和电机磁通的解耦,达到对瞬时转矩的控制。磁场定向控制有两种实现方法:磁通直接反馈型和磁通前馈型(也称作转差频率矢量控制)。目前,实用中较多采用后者,由于其没有实现直接磁通的闭环控制,无需检测出磁通,因而容易实现。但是其控制器的设计在某种程度上依赖于电机的参数,为了减少控制上对电机参数的敏感性,已经提出了许多参数辨识、参数补偿和参数自适应方案,取得了良好的效果。

3. 直接转矩控制

直接转矩控制(DTC)也是一种转矩闭环控制方法,其克服了坐标变换和解耦运算的复杂性,直接对转矩进行控制,通过转矩误差、磁通控制误差,按一定的原则选择逆变器开关状态,控制施加在定子端的三相电压,调节电机的转速和输出功率,达到控制电机转速的目的。由于DTC直接着眼于转矩控制,对转子参数变化表现为状态干扰而非参数干扰,在某种程度上而言,DTC方法比矢量控制方法具有较高的鲁棒性。但是DTC也存在不足之处,其最大的困难就在于低速性能不理想。

4.6.2　变频调速控制方式

在各种异步电机调速控制系统中,变频调速的性能最好。调速范围大,静态稳定性好,运行效率高。使用方便,可靠性高并且经济效益显著,得到广泛的应用与推广。

改变异步电动机的供电频率,可以改变同步转速,实现调速运行。

对异步电动机进行调速控制时,希望电动机的主磁通保持额定值不变。磁通太弱,铁心利用不充分,同样的转子电流下,电磁转矩小,电动机的负载能力下降;磁通太强,则处于过励磁状态,使励磁电流过大,这就限制了定子电流的负载分量,为使电动机不过热,负载能力也要下降。异步电动机的气隙磁通(主磁通)是定、转子合成磁动势产生的,下面说明怎样才能使气隙磁通保持恒定。

定子绕组的电动势是定子绕组切割旋转磁场磁力线的结果,本质上是定子绕组的有感应电动势。其三相异步电动机定子每相电动势的有效值为:

$$E_g = 4.44 f_1 N_1 R_{N1} \phi_m \tag{4-20}$$

式中:E_g——气隙磁通在定子每相中感应电动势的有效值,单位为 V;

f_1——定子频率(Hz);

N_1——定子每相绕组串联匝数;

R_{N1}——与绕组结构有关的常数;

ϕ_m——每极气隙磁通量(wb)。

由式(4-20)可知,ϕ_m 的值是由 E_g 和 f_1 共同决定的,对 E_g 和 f_1 进行适当的控制,就可以使气隙磁通 ϕ_m 保持额定值不变。

1. 基频以下变频调速控制基本方式

基频以下的恒磁通变频调速,这是考虑从基频(电机额定频率 f_{1N})向下调速的情况。为了保持电动机的负载能力,应保持气隙主磁通 ϕ_m 不变,这就要求降低供电频率的同时降低感应电动势,保持 $E_g/f_1 =$ 常数,即保持电动势与频率之比为常数进行控制。这种控制又称作恒磁通变频调速,属于恒转矩调速方式。

但是,E_g 难于直接检测和直接控制。当 E_g 和 f_1 的值较高时定子的漏阻抗压降相对比较小,如忽略不计,则可以近似地保持定子相电压 U_1 和频率 f_1 的比值为常数,即认为 $U_1 = E_g$,保持 $U_1/f_1 =$ 常数即可。这就是恒压频比控制方式,是近似的恒磁通控制。

当频率较低时 U_1 和 E_g 都变小,定子漏阻抗压降(主要是定子电阻压降)不能再忽略。这种情况下,可以人为地适当提高定子电压以补偿定子电阻压降的影响,使气隙磁通基本保持不变。如图 4-50 所示,其中 a 为 $U_1/f_1 = C$ 时的电压,频率关系,b 为有电压补偿时(近似 $E_g/f_n = C$)的电压,频率关系。实际装置中 U_1 与 f_1 的函数关系并不简单如图 4-50 所示。

通电变频器中 U_1 与 f_1 之间的函数关系有很多种,可以根据负载性质和运行状况加以选择。

2. 基频以下变频调速控制基本方式

基频以上的弱磁变频调速,这是考虑由基频开始向上调速的情况。频率由额定值 f_{1N} 向上增大,但电压 U_1 的限制不能再升高,只能保持 $U_1 = U_{1N}$ 不变。必然会使主磁通随着 f_1 的上升而减小,相当于直流电动机弱磁调速的情况,属于近似的恒功率调速方式。

把基频以下和基频以上两种情况合起来,可得到异步电动机变频调速控制特性,如图 4-51 所示。

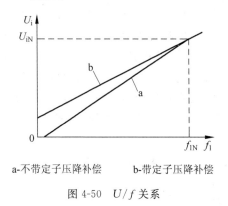

a-不带定子压降补偿   b-带定子压降补偿

图 4-50 U/f 关系

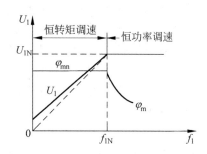

图 4-51   异步电动机变频调速控制特性

如果电动机在不同转速下都具有额定电流,则电机都能在温升允许条件下长期运行,这时转矩基本上随磁通变化,按照电力拖动原理,在基频以下,属于"恒转矩调速"的性质,而在基频以上,基本属于"恒功率调速"。

4.6.3   矢量控制变频调速系统

最早出现的 V/F 变频控制是交流电机最简单的一种控制方法,通过控制过程中始终保持 V/F 为常数,来保证转子磁通的恒定。然而 V/F 控制是一种开环的控制方式,速度动态特性较差,电机转矩利用率低,控制参数(如加/减速度等)还需要根据负载的不同来进行相应的调整,特别是低速时由于定子电阻和逆变器等器件的开关延时的存在,系统可能会发生不稳定现象。V/F 控制方式的控制思想建立在异步电动机的静态数学模型上,因此动态性能指标不高。对于轧钢,造纸设备等对动态性能要求较高的应用,可以采用矢量控制变频器。下面对矢量控制变频技术作详细的介绍。

1. 矢量控制的概念与原理

异步电机是一个高阶、非线性、强耦合的多变量系统,其气隙磁通、转子电流和转子功率都是转差率的函数,非常难以直接控制。因此,在动态中精确的控制电机转矩较直流电机困难得多。

电机的相关变量和参数的定义如下。

- r_1、r_2:定、转子电阻;

- $L_{\sigma 1}$、$L_{\sigma 2}$：定、转子漏感；
- L_m：定、转子间的互感；
- L_1、L_2：定、转子自感，$L_1 = L_{\sigma 1} + L_m$；$L_2 = L_{\sigma 2} + L_m$；
- $T_2 = \dfrac{L_2}{r_2}$：转子时间常数；
- ω_r：电机转子的电气角速度；
- $\omega_r = \omega_1 - \omega_s$；
- $u_{\alpha 1}$、$u_{\beta 1}$：α、β 轴定子电压；
- $u_{\alpha 2}$、$u_{\beta 2}$：α、β 轴转子电压；
- $i_{\alpha 1}$、$i_{\beta 1}$：α、β 轴定子电流；
- $i_{\alpha 2}$、$i_{\beta 2}$：α、β 轴转子电流；
- u_{d1}、u_{q1}：d、q 轴定子电压；
- u_{d2}、u_{q2}：d、q 轴转子电压；
- i_{d1}、i_{q1}：d、q 轴定子电流；
- i_{d2}、i_{q2}：d、q 轴转子电流；
- i_{dm}、i_{qm}：d、q 轴励磁电流；
- $\Psi_{\alpha 1}$、$\Psi_{\beta 1}$：α、β 轴定子磁链；
- $\Psi_{\alpha 2}$、$\Psi_{\beta 2}$：α、β 轴转子磁链；
- Ψ_{d1}、Ψ_{q1}：d、q 轴定子磁链；
- Ψ_{d2}、Ψ_{q2}：d、q 轴转子磁链；
- Ψ_{dm}、Ψ_{qm}：d、q 轴主磁链；
- T_e：电磁转矩；
- T_l：负载转矩；
- N_p：电机极对数；
- J：机组转动惯量。

　　矢量控制中异步电机的物理模型，如图 4-52 所示。其中，定子三相绕组轴线 A、B、C 在空间是固定的，以 A 轴为参考坐标轴，转子绕组 a、b、c 随转子旋转，转子 a 轴和定子 A 轴之间的电角度 θ 为空间角位移变量。

　　异步电机定子通过三相电流 i_A、i_B、i_C 和两相垂直的电流 i_α、i_β 可产生等效的旋转磁场。因而三相电流 i_A、i_B、i_C 和两相电流 i_α、i_β 之间存在着确定的矢量变换关系。以产生同样的旋转磁场为准则，在三相定子坐标系下的定子电流 i_A、i_B、i_C 通过 3/2 相坐标变换可以等效成两相静止坐标系下的交流电流 i_α、i_β。再通过按转子磁场定向的旋转变换，可以等效成同步旋转坐标系下的直流电流 i_d、i_q。异步电机的几个坐标系的关系，如图 4-53 所示。

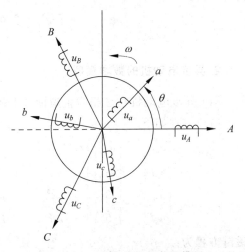

图 4-52　三相异步电机物理模型

这样就实现了定子电流励磁分量与转矩分量之间的解耦,从而达到对交流电机的磁通和转矩分别控制的目的。$d\text{-}q$ 绕组相当于直流电机的励磁绕组和电枢绕组,电机在同步旋转坐标系 d、q 上的物理模型,如图 4-54 所示。

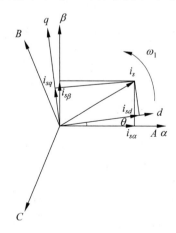

图 4-53　异步电机的坐标系

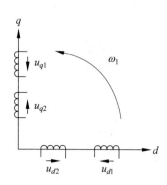

图 4-54　同步旋转坐标系上的异步电机物理模型

由于这些被控矢量在物理上不存在,还必须再经坐标变换,从旋转坐标系回到静止坐标系,把上述直流给定量变换成物理上存在的交流给定量,在定子坐标系对交流量进行控制,使其实际值等于给定值。

其中,从三相静止坐标系 A、B、C 系变换到两相静止坐标系 α、β 系的坐标变换矩阵(3/2变换)为:

$$\begin{bmatrix} i_\alpha \\ i_\beta \end{bmatrix} = \sqrt{\frac{2}{3}}\begin{bmatrix} 1 & -\dfrac{1}{2} & -\dfrac{1}{2} \\ 0 & \dfrac{\sqrt{3}}{2} & -\dfrac{\sqrt{3}}{2} \end{bmatrix}\begin{bmatrix} i_A \\ i_B \\ i_C \end{bmatrix} \tag{4-21}$$

从两相静止坐标系 α、β 系变换到两相旋转坐标系 d、q 系的变换矩阵(旋转变换)为公式(4-22):

$$\begin{bmatrix} i_d \\ i_q \end{bmatrix} = \begin{bmatrix} \cos\theta & \sin\theta \\ -\sin\theta & \cos\theta \end{bmatrix}\begin{bmatrix} i_\alpha \\ i_\beta \end{bmatrix} \tag{4-22}$$

2. 异步电动机的数学模型

(1) 异步电动机在二相静止坐标系上的数学模型。

电压方程如下。

$$\begin{bmatrix} u_{\alpha 1} \\ u_{\beta 1} \\ u_{\alpha 2} \\ u_{\beta 2} \end{bmatrix} = \begin{bmatrix} u_{\alpha 1} \\ u_{\beta 1} \\ 0 \\ 0 \end{bmatrix}\begin{bmatrix} r_1 + L_1 P & 0 & L_m P & 0 \\ 0 & r_1 + L_1 P & 0 & L_m P \\ L_m P & \omega_r L_m & r_2 + L_2 P & \omega_r L_2 \\ -\omega_r L_m & L_m P & -\omega_r L_2 & r_2 + L_2 P \end{bmatrix}\begin{bmatrix} i_{\alpha 1} \\ i_{\beta 1} \\ i_{\alpha 2} \\ i_{\beta 2} \end{bmatrix} \tag{4-23}$$

磁链方程为:

$$\begin{bmatrix} \Psi_{\alpha 1} \\ \Psi_{\beta 1} \\ \Psi_{\alpha 2} \\ \Psi_{\beta 2} \end{bmatrix} = \begin{bmatrix} L_1 & 0 & L_m & 0 \\ 0 & L_1 & 0 & L_m \\ L_m & 0 & L_2 & 0 \\ 0 & L_m & 0 & L_2 \end{bmatrix} \begin{bmatrix} i_{\alpha 1} \\ i_{\beta 1} \\ i_{\alpha 2} \\ i_{\beta 2} \end{bmatrix} \tag{4-24}$$

转矩方程：

$$T_e = N_p L_m (i_{\beta 1} i_{\alpha 2} - i_{\alpha 1} i_{\beta 2}) \tag{4-25}$$

（2）异步电动机在以同步速旋转，按转子磁场定向的 d、q 坐标系上的数学模型。此时，d 轴与转子磁场方向重合。转子磁通 d 轴分量为 Ψ_2，q 轴分量为零。

电压方程：

$$\begin{bmatrix} u_{d1} \\ u_{q1} \\ u_{d2} \\ u_{q2} \end{bmatrix} = \begin{bmatrix} u_{d1} \\ u_{q1} \\ 0 \\ 0 \end{bmatrix} = \begin{bmatrix} r_1 + pL_1 & -\omega_1 L_1 & pL_m & -\omega_1 L_m \\ \omega_1 L_1 & r_1 + pL_1 & \omega_1 L_m & pL_m \\ pL_m & 0 & r_2 + pL_2 & 0 \\ \omega_s L_m & 0 & \omega_s L_2 & r_2 \end{bmatrix} \begin{bmatrix} i_{d1} \\ i_{q1} \\ i_{d2} \\ i_{q2} \end{bmatrix} \tag{4-26}$$

磁链方程：

$$\begin{bmatrix} \Psi_{d1} \\ \Psi_{q1} \\ \Psi_{d2} \\ \Psi_{q2} \end{bmatrix} = \begin{bmatrix} \Psi_{d1} \\ \Psi_{q1} \\ \Psi_2 \\ 0 \end{bmatrix} = \begin{bmatrix} L_1 & 0 & L_m & 0 \\ 0 & L_1 & 0 & L_m \\ L_m & 0 & L_2 & 0 \\ 0 & L_m & 0 & L_2 \end{bmatrix} \begin{bmatrix} i_{d1} \\ i_{q1} \\ i_{d2} \\ i_{q2} \end{bmatrix} \tag{4-27}$$

转矩方程：

$$T_e = N_p L_m (i_{q1} i_{d2} - i_{d1} i_{q2}) \tag{4-28}$$

运动方程：

$$\frac{\mathrm{d}\omega}{\mathrm{d}t} = \frac{N_p}{J}(T_e - T_L) \tag{4-29}$$

3. 间接转子磁场定向的矢量控制系统

另外一个重要问题是转子磁场定向问题，电流矢量从静止坐标到旋转坐标变换时必须知道旋转坐标与静止坐标之间的转角。有直接转子磁场控制和间接法转子磁场定向控制直接转子磁场控制是通过直接利用霍尔传感器等测量或者由磁通观测器估计出来，这种方法在实际应用上不如间接法矢量控制广泛。间接法转子磁场定向控制又称作磁通前馈控制。其实质是利用电机电压、电流、转速的信息，通过电流模型法或者电压模型法计算出磁通的幅值和相位。在异步电机的转差频率矢量控制中，如果能保证转子磁通的大小恒定不变，则只要确定电机转子的角速度以及根据需要的转矩推算出转差角频率，就可以得出转子磁通的同步角速度，从而实现间接磁场定向控制。转差频率矢量控制不需要复杂的磁通检测，运算和控制简单，因而在基频以下的调速系统中得到较多的应用。

4.6.4　交流异步电动机变频矢量控制系统

交流异步电动机变频矢量控制系统，如图 4-55 所示，此系统为转差频率矢量控制方式，按转子磁场定向的异步电机矢量控制框图。首先将角速度指令 ω_r^* 和 ω_r 的偏差信号送至速度调节器,速度调节器的输出为转矩给定指令值 T_e^*;计算出转矩电流给定值 i_{q1}^*;由磁通给定值 Ψ_2^* 算出励磁电流给定值 i_{d1}^*;其中 ψ_2 和 ω_s 则由电机实际电流经过坐标变换得到,d、q 轴电流 i_d、i_q 通过电流模型法算出。给定电流值 i_{d1}^*、i_{q1}^* 经过坐标反变换得到定子三相电流指定值 i_A、i_B、i_C。在电流调节部分,由电流给定指令值和实时检测所得的三相电流实际值的偏差信号送至电流调节器,电流调节器的输出即为 IGBT 逆变器的控制信号,这样就得到了异步电机变频调速矢量控制系统。

4.6.5 矢量控制变频调速仿真

交流异步电动机变频矢量控制系统原理图,如图 4-55 所示。

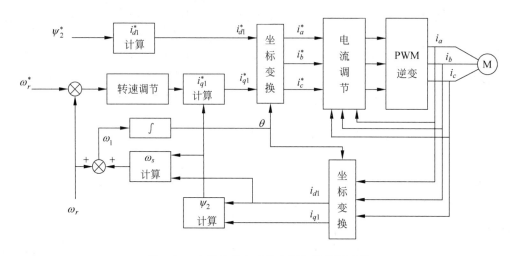

图 4-55   交流异步电动机变频矢量控制系统

使用 SimPowerSystems 工具箱,在 MATLAB 环境下建立异步电机矢量控制系统仿真模型,如图 4-56 所示。

系统速度调节器(ASR)的输出信号是转矩给定 T_e^*。在 i_{qs}^* Calculation 模块中,根据转矩给定 T_e^* 和转子磁通 Phir 来计算得出定子电流的转矩分量 i_{qs}^*,显然是给定值。DQ-ABC 模块完成从 d、q 坐标系到 ABC 三相定子坐标系的变换,在这个模块中,根据定子电流在 d、q 坐标系中的分量,经过旋转变换,得出电动机定子的三相绕组电流的给定值 I_{abc}^*。在 ACR(电流调节器)模块中采用是滞环控制原理来实现电流的调节,使得实际电流随跟定电流的变化。Teta Calculation 模块的作用是计算 θ 角,也就是 d 轴的位置。DQ-ABC 环节的作用是根据 θ 角,将实际的电动机定子电流 Iabc 变换得到 d、q 坐标系中的分量 Id 和 Iq。I_{ds}^* Calculation 模块的作用是根据定子电流的励磁分量 I_{ds} 计算转子磁通 Phir。

1. I_{qs}^* Calculation 子模块

此子模块的作用是计算定子电流在 d、q 坐标系下的 q 分量的给定值 I_{qs}^*。其内部构造如图 4-57 所示。

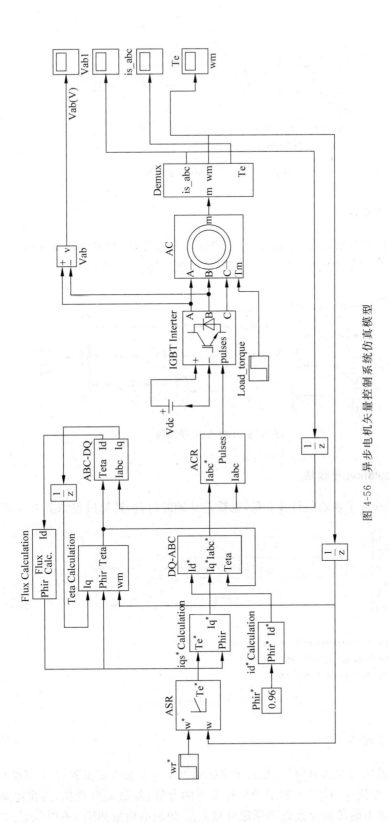

图 4-56 异步电机矢量控制系统仿真模型

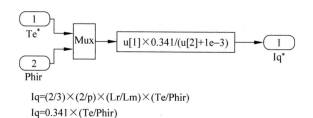

Iq=(2/3)×(2/p)×(Lr/Lm)×(Te/Phir)
Iq=0.341×(Te/Phir)

图 4-57　I_{qs}^* Calculation 子模块

2. DQ-ABC 子模块

DQ-ABC 子模块是根据定子电流在 d、q 坐标系下的分量,经过旋转变换得出电动机定子的三相绕组电流的给定值 I_{abc}(2/3 变换),变换过程如图 4-58 所示。

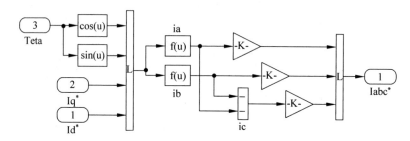

图 4-58　DQ-ABC 子模块

3. Teta Calculation 子模块

Teta Calculation 子模块是计算 θ 角,也就是 d 轴的位置,计算过程如图 4-59 所示。

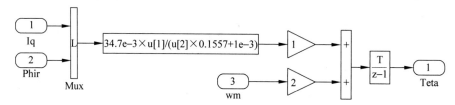

Teta=Electrical angle=integ(wr+wm)
wr=Rotor frequency(rad/s)=Lm×lq/(Tr×Phir)
wm=Rotor mechanical speed(rad/s)

图 4-59　Teta Calculation 子模块

4. ABC-DQ 子模块

ABC-DQ 子模块完成从 ABC 三相定子坐标系到 d、q 坐标系的变换(3/2 变换),在这个模块中,根据定子电流在 ABC 三相定子坐标系下的分量,经过旋转变换,得出电动机定子电流在 d、q 坐标系下的转矩分量 i_{qs} 和励磁分量 I_{ds}。模块的构造如图 4-60 所示。

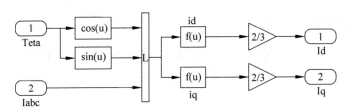

图 4-60 ABC-DQ 子模块

5. I_{ds}^{*} Calculation 子模块

此子模块的作用是根据转子磁通来计算定子电流的励磁分量 I_{ds}^{*},模型如图 4-61 所示。

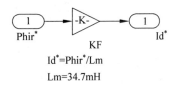

Id*=Phir*/Lm
Lm=34.7mH

图 4-61 I_{ds}^{*} Calculation 子模块

6. Current Regulator(电流调节器)子模块

在这个仿真模块中采用是滞环控制原理来实现电流的调节,使得实际电流随跟定电流的变化。滞环型 PWM 逆变器的工作原理,如图 4-62 所示。

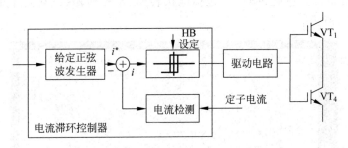

图 4-62 滞环电流跟踪型 PWM 逆变器原理图

当给定电流值与反馈电流值的瞬时值之差达到滞环宽度正边缘时,逆变器的开关管 VT1 导通,开关管 VT4 关断,电动机接通直流母线的正端,电流开始上升。反之,当给定电流值与反馈电流值的瞬时值之差达到滞环宽度负边缘时,逆变器的开关管 VT1 关断,开关管 VT4 导通,电动机接通直流母线的负端,电流开始下降。电流调节器子模块,如图 4-63 所示。其中,滞环宽度设为 20。

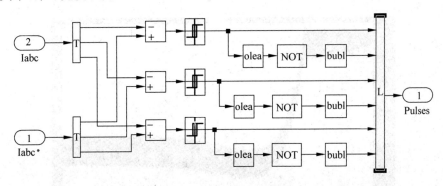

图 4-63 电流调节器子模块

7. ASR（速度调节器）子模块

ASR 子模块采用比例积分控制器完成，模型如图 4-64 所示。这里 Kp 设为 13。Ki 为 26 转矩限幅为 300。

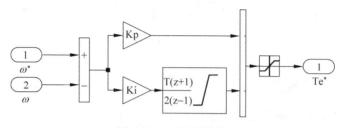

图 4-64　ASR 子模块

设置异步电机参数如下。线电压 380；额定频率 50Hz；定子内阻 0.087Ω；定子漏感 0.8mH；转子内阻 0.228Ω；转子漏感 0.8mH；定、转子漏感 34.7；极对数为 4。将逆变器直流电源 Vdc 设为 780V。仿真方法选择为 fixed-step（固定步长）。仿真时间设为 0～31.5s。运行此模型得到系统的输出，包括电机转速、电磁转矩、三相定子电流，如图 4-65、图 4-66 和图 4-67 所示。

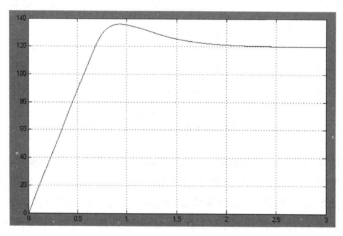

图 4-65　电机转速输出

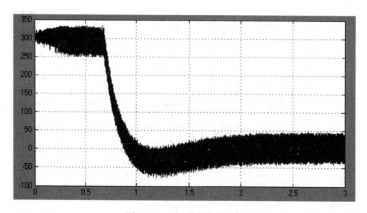

图 4-66　电磁转矩输出

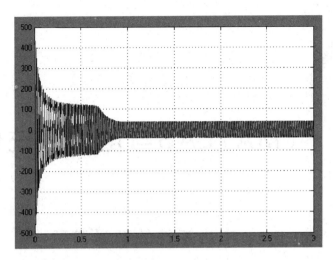

图 4-67　三相定子电流输出

　　可以看出在开始启动的瞬间,定子电流的峰值可达到450A,在恒转矩启动阶段,定子电流基本保持在约为150A。恒转矩启动阶段的大约时间为0.7s。在恒转矩段,转矩保持在极限值300N·m,这个极限值是在速度调节器参数表中设定的。速度约在0.9s时上升到最大值,在约1.9s时达到稳态值,稳态转子角速度为120rad/s。

第 5 章

MATLAB与电力系统仿真

5.1 电力系统的数学模型

电力系统一般由发电机、变压器、电力线路和电力负荷构成。电力系统的数学模型一般是由电力系统元件的数学模型组合构成。MATLAB为电力系统的建模提供了简洁的工具,通过电力系统的电路图绘制,可以自动生成数学模型。电路图模型具有良好的人机界面,便于进行简单的操作,省去了利用程序建立电力系统模型的繁琐步骤。利用这种方式构成的数学模型相对于控制系统中的微分方程模型、状态方程模型、传递函数模型有着更直观和实用的优点。另外,在电路图模型建立以后,在 MATLAB 软件中,提供了 power2sys 函数作为短路模型的结构分析函数,可以利用 power2sys 函数将电力系统的电路图模型向状态方程模型和传递函数模型进行转换。

5.1.1 电力系统元件库

1. 启动和退出电力系统元件库

启动电力系统元件库的方法有多种,下面介绍两种最简单的方法。

(1) 利用 Command Window(指令窗口)启动。在指令窗口中输入 powerlib 单击 Enter 键,则 MATLAB 软件中弹出 Library:powerlib 对话框(电力系统元件),如图 5-1 所示。

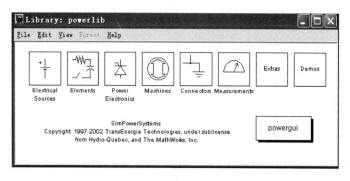

图 5-1　电力系统元件库对话框

（2）利用 Start(开始)导航区启动。单击 Start 按钮，选择→Simulink→SimPowerSystem→Block Library 选项，如图 5-2 所示即可打开 Library：powerlib 对话框。

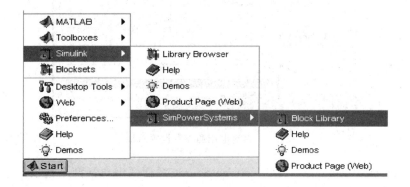

图 5-2　利用导航区启动

退出电力系统元件库以后，单击电力系统元件库对话框中的文档菜单，激活 Exit MATLAB(退出)命令即可；也可以单击电力系统元件库对话框右上角的叉号。

2. 电力系统元件库简介

在电力系统元件库对话框中包含了 10 类库元件，下面仅介绍与电力系统建模与仿真有关的一些元件。

1) Electrical Sources(电源元件)

电源元件库窗口，如图 5-3 所示。

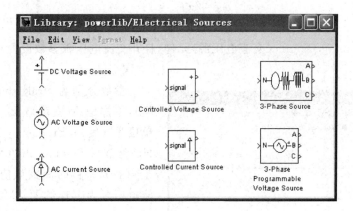

图 5-3　电源元件库对话框

电源元件库包括 7 类元件，下面对其中的常用元件进行介绍。

（1）DC Voltage Source(直流电压源元件)。

直流电压源元件在电力系统中可以用来实现一个直流的电压源，如操作电源等。MATLAB 软件提供的直流电源为理想的直流电压源。参数设置如下，双击 DC Voltage Source 元件图标则打开 Block Parameters：DC Voltage Source 对话框，如图 5-4 所示。

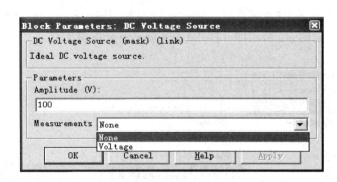

图 5-4　直流电压源参数设置对话框

在打开 Block Parameters：DC Voltage Source 对话框中包括两个选项区域，分别为选项 DC Voltage Source(直流电压源说明区域)和 Parameters(参数)区域。参数设置包含 Amplitude(幅值)选项和 Measurements(测量)选项。在 Amplitude 文本框中输入的是理想直流电压源的电压幅值，单位为 V；测量选项用来选择是否测量直流电压源相关量，2 个相关量分别是 None(不测量)选项和 Voltage(测量电压)选项。测量方法是从电路测量仪器元件库中选择 Multimeter(万用表)元件加载在相关的电路中，将万用表元件参数对话框中显示的 Available Measurements(可测量电气元件)中显示的相关量移至 Selected Measurements (被测量电气元件)即可。具体的测量方法在之后相关的实例中给出。

(2) AC Voltage Source(交流电压源元件)。

交流电压源可以用来实现理想的单相正弦交流电压。它可以描述为：

$$V = A\sin(\omega t + \varphi)$$
$$\omega = 2\pi f$$
$$\varphi = P\pi/180$$

双击 AC Voltage Source(交流电压源)元件，打开交流电压源参数设置对话框，如图 5-5 所示。

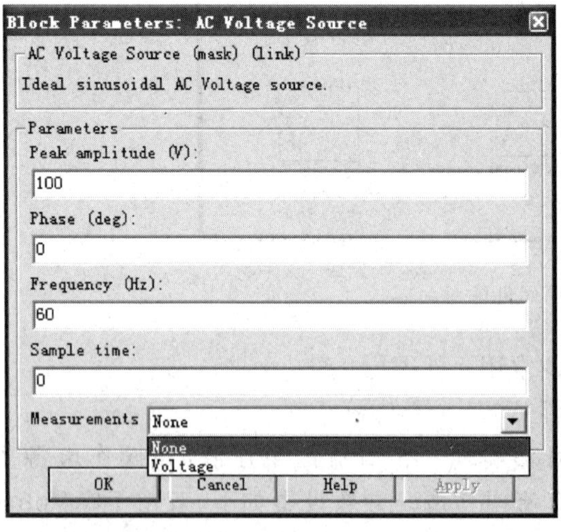

参数分别为 Peak amplitude(峰值振幅)，单位是 A(安培)；Phase(初始相位)，单位是°(度)；Frequency(频率)，单位是 Hz(赫兹)；Sample time(采样时间)，单位是 s(秒)，采样时间默认值是 0，表示该交流电压源为一连续源；Measurements(测量)选项用来选择是否测量交流电压源相关量的工具，测量方法同直流电压源。

(3) AC Current Source(交流电流源元件)。

MATLAB 软件提供的交流电流源为一理想电流源，它可以由如下方程描述。

图 5-5　交流电压源参数设置对话框

$$I = A\sin(\omega t + \varphi)$$
$$\omega = 2\pi f$$
$$\varphi = P\pi/180$$

当交流电流源频率为 0 时,表示为直流电源。参数设置对话框如图 5-6 所示。

图 5-6 交流电流源参数设置对话框

(4) Controlled Voltage Source(受控电压源元件)。

MATLAB 软件提供的受控电压源是由激励信号源控制的,激励源可以是交流激励源也可以是直流激励源。其参数设置对话框,如图 5-7 所示。

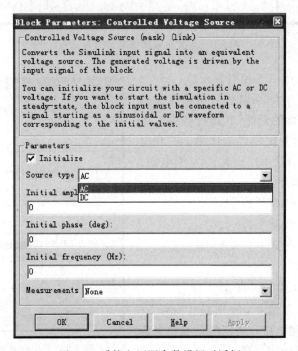

图 5-7 受控电压源参数设置对话框

从参数设置对话框中可以看到,受控电压源的设置参数包含 6 个选项,分别是 Source type(激励源类型)、Initial amplitude(初始化振幅)、Initial phase(初始化相位)、Initial frequency(初始化频率)和 Measurements(测量)。其中,激励源类型可以选择 AC(交流)或 DC(直流)。

(5) Controlled Current Source(受控电流源元件)。

受控电流源元件参数设置对话框,如图 5-8 所示。

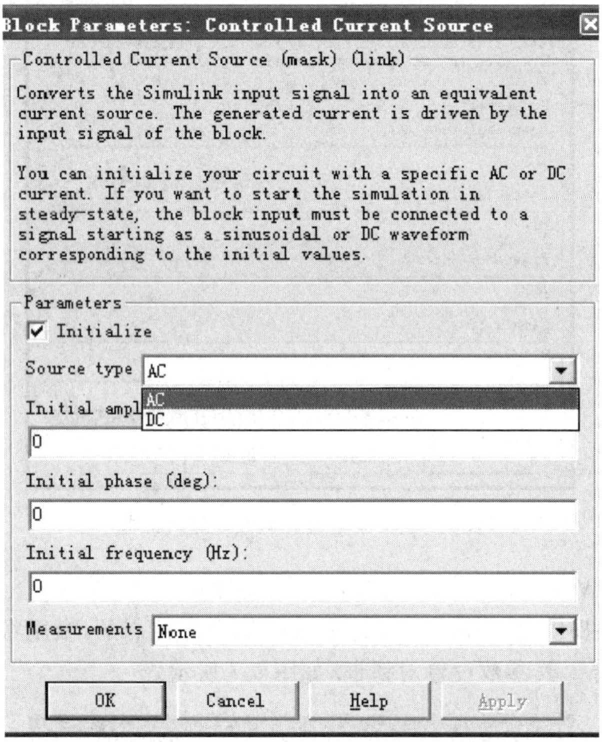

图 5-8 受控电流源参数设置对话框

(6) 3-Phase Source(三相电源元件)。

三相电源元件是电力系统设计中最常见的电路元件,也是最重要的元件,其运行特性对电力系统的运行状态起到决定性的作用。三相电源元件提供了带有串联 RL 支路的三相电源。它可以由如下方程描述。

$$U_A = A\sin(\omega t + \theta)$$
$$U_B = A\sin(\omega t + \theta + 120°)$$
$$U_C = A\sin(\omega t + \theta - 120°)$$
$$\omega = 2\pi f$$

其参数设置对话框,如图 5-9 所示。

参数中包含 7 个选项,分别是 Phase-to-phase rms voltage(相电压),表征的是三相电源 A 相、B 相和 C 相的相电压; Phase angle of phase

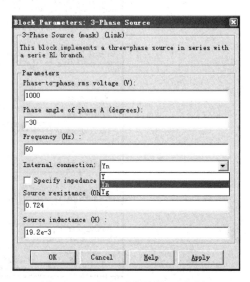

图 5-9 三相电源参数设置对话框

A(A 相相角),单位是 degrees(度);Frequency(频率);Internal connection(内部连接方式);Specify impedance using short-circuit level(短路阻抗值),用来设定在短路情况下的阻抗数值;Source resistance(三相电源电阻);Source resistance(三相电源电感)。其中,内部连接方式有 3 种,分别是:Y 型,表示中性点不接地;Yn 型,表示中性点经接地电阻或消弧线圈接地;Yg 型,表示中性点直接接地。

(7) 3-Phase Programmable Voltage Source(三相可编程电压源元件)。

三相可编程电压源是可以对其进行编程的三相电压源,它的幅值、相位、频率、谐波均可随时间进行变化,应用非常灵活。其主要作用是提供一个幅值、相位、频率、基频分量进行实时变性编程的三相电压源;此外,还可以提供两个谐波分量,作用于基频信号。三相可编程电压源的参数设置对话框,如图 5-10 所示。

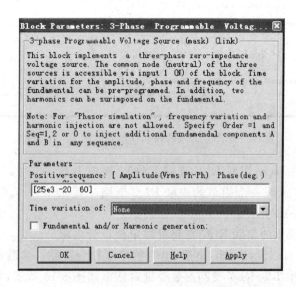

图 5-10　三相可编程电压源的参数设置对话框

参数选项组中包括 3 个选项,分别为:Positive-sequence(正序分量),用来设置正序分量的参数,Amplitude(幅值)、Phase(相位)、Freq(频率);Time variation of(时变性选项),用来选择进行时变编程的相关变量,包括 4 个选项,分别为 None(无变量)、Amplitude(幅值)、Phase(相位)、Frequency(频率);Fundamental and/or Harmonic generation(基频和谐波信号发生器)选项,用来设定作用于基频信号的两个高次谐波,包括 3 个选项,分别为谐波A、谐波 B、谐波时限(Timing)。

2) 线路元件

Elements(线路元件库)对话框,如图 5-11 所示。

线路元件库包括各种线性网络电路元件和非线性网络电路元件,线路元件共有 4 类,分别是:Branch(支路元件)、Lines(输配电线路元件)、Circuit Breakers(断路器元件)、Transformers(变压器元件)。

(1) Branch(支路元件)。

支路元件用来实现各种串并联支路或者负载元件,它包括 12 种元件。

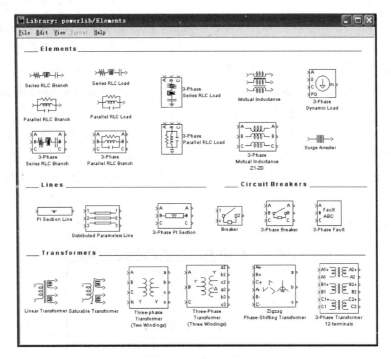

图 5-11　线路元件库对话框

- Series RLC Branch(串联 RLC 支路元件)：在电力系统设计中用来实现一个简单的串联 RLC 支路。其元件模型如图 5-12 所示。

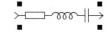

图 5-12　串联 RLC 支路元件

　　MATLAB 软件提供的串联 RLC 支路可以单独设计电阻 R、电感 L、电容 C,也可以设计电阻、电感、电容的串联组合支路。参数设计如下,双击串联 RLC 支路元件,则弹出串联 RLC 支路参数设置对话框如图 5-13 所示,它包括两个区域,一个为支路说明,另一个为参数设置。

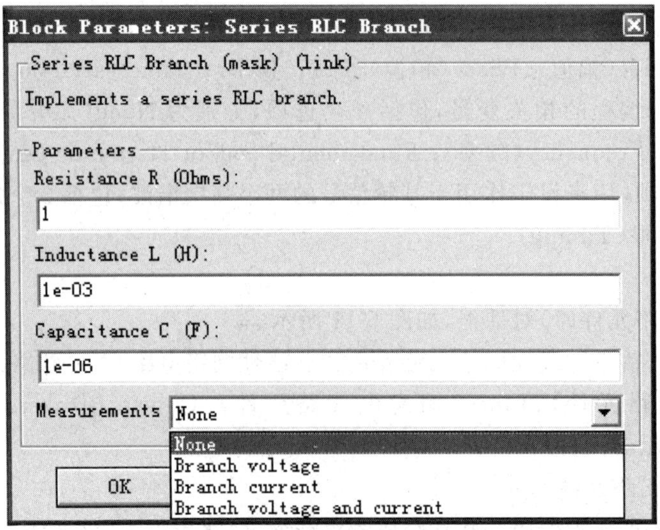

图 5-13　串联 RLC 支路参数设置对话框

参数中包括 4 个选项,分别是 Resistance R(电阻)、Inductance L(电感)、Capacitance C(电容)和 Measurements(测量)选项。以下各个元件的参数设置与此串联 RLC 支路元件的参数设置基本相同,不再赘述。

- Parallel RLC Branch(并联 RLC 支路元件):设计一个并联 RLC 支路。
- 3-Phase Series RLC Branch(三相串联 RLC 支路元件):设计一个三相串联 RLC 支路。
- 3-Phase Parallel RLC Branch(三相并联 RLC 支路元件):设计一个并联 RLC 支路。
- Series RLC Load(串联 RLC 负载元件):设计一个单相串联 RLC 负载。
- Parallel RLC Load(并联 RLC 负载元件):设计一个单相并联 RLC 负载。
- 3-Phase Series RLC Load(三相串联 RLC 负载元件):设计一个三相串联 RLC 负载。
- 3-Phase Parallel RLC Branch(三相并联 RLC 负载元件):设计一个三相并联 RLC 负载。
- Mutual Inductance(互感元件):设计一个单相互感元件。
- 3-Phase Mutual Inductance Z1-Z0(三相互感元件):设计一个三相互感元件。
- 3-Phase Dynamic Load(三相动力负载元件):设计一个三相动力负载,可以对有功及无功功率进行设置。
- Surge Arrester(电涌放电器元件):设计一个电涌放电器元件。

(2) Lines(输配电线路元件)。

在电力系统设计和分析中,输配电线路一般用各种类型的等值电路来进行简化以便于简化分析。输配电线路元件的作用就是构成各种线路的等值电路,在输配电线路元件中包括 3 种元件。

- PI Section Line(集中参数输电线路元件):在电力系统中,中等长度的线路一般采用 π 型等值电路,忽略它们的分布参数特性,该元件的作用就是用来设计一条单相中等长度的 π 型集中参数输电线路。其原件模型,如图 5-14 所示。

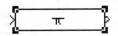

图 5-14　π 型集中参数输电线路模型

双击集中参数输电线路元件,则弹出参数设置对话框如图 5-15 所示,它包括两个区域,一个为支路说明,另一个为参数设置。

参数包括 7 个选项,分别是频率、单位长度电阻、单位长度电感、单位长度电容、线路长度、线路编号及测量选项。

- 3-Phase PI Section(三相集中参数输电线路元件):用来构成一个三相 π 型等值电路。
- Distributed Parameters Line(分布参数输电线路元件):在电力系统中,线路长度超过 300 公里的架空线路和超过 100 公里的电缆线路,就不能不考虑它们的分布参数特性,因此其等值电路应采用具有分布参数特性的输电等值电路,该元件的作用就是用来设计一条分布参数的输电线路。

(3) Circuit Breakers(断路器元件)。

在电力系统中,断路器的作用是通断高压电力线路,可靠地接通或切断有载电路和故障电路。断路器元件就是用来实现各种电路中的高压断路器。在断路器元件中包括如下 3 种元件。

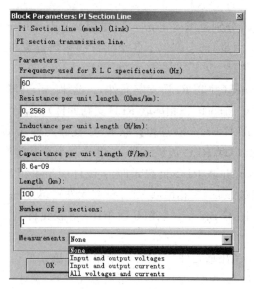

图 5-15   集中参数输电线路元件参数设置对话框

- Breaker(单相断路器元件)：设计一个单相的断路器,其元件模型如图 5-16 所示。

图 5-16   断路器元件模型

双击单相断路器元件,则弹出参数设置对话框,如图 5-17 所示。

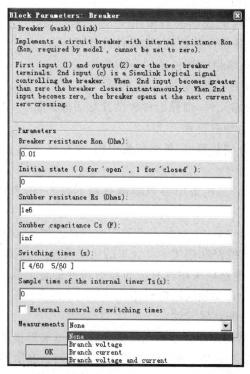

图 5-17   单相断路器元件参数设置对话框

其参数包括 8 个选项,分别为 Resistance(电阻)、Initial state(初始状态)、Snubber resistance(迟滞电阻)、Snubber capacitance(迟滞电容)、Switching times(转换时间)、Sample time of the internal timer(内部计时器采样时间)、External control of switching times(外部控制转换时间)、Measurements(测量)。

- 3-Phase Breaker(三相断路器元件):用来设计一个三相断路器。
- 3-Phase Fault(三相故障器元件):在电路系统设计和分析中,经常要模拟线路的各种故障情况,该元件的作用就是模拟设计一个三相故障点,也可以设置成单相或两相短路。

(4) Transformer(变压器元件)。

在电力系统中,电力变压器是最重要的电气设备,其作用是进行能量的传输并改变电压的等级。变压器的种类有很多种,变压器元件就是用来设计实现各种类型的变压器。在变压器元件中包括如下 6 种元件。

图 5-18　线性变压器元件模型

- Linear Transformer(线性变压器元件):用来设计一个三绕组线性变压器。其元件模型如图 5-18 所示。

双击集中线性变压器元件,则弹出参数设置对话框如图 5-19 所示。

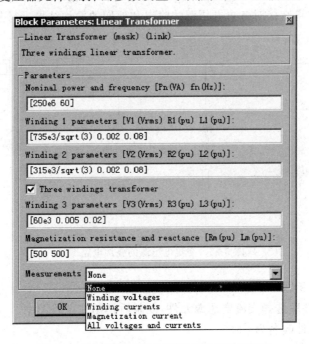

图 5-19　集中线性变压器元件参数设置对话框

其参数包括 5 个选项,分别为额定功率及频率、绕组 1 参数、绕组 2 参数、三绕组变压器选项、测量选项。

- Saturable Transformer(饱和变压器元件):设计一个饱和变压器。
- Three-Phase Transformer (Two Windings)(三相变压器元件(双绕组)):设计一个三相双绕组变压器。

- Three-Phase Transformer(Three Windings)(三相变压器元件(三绕组))：设计一个三相三绕组变压器。
- ZigzagPhase-Shifting Transformer(移相变压器元件)：设计一个移相变压器。
- Three-Phase Transformer 12-terminals(12端子的三相变压器元件)：设计一个12端子的三相变压器。

3) 其他元件

在电力系统元件库中还有其他元件：Power Electronics(电力电子元件)、Machines(电机元件)、Connectors(连接器元件)、Measurements(电路测量仪器)、Extras(附加元件)，这些元件都具有特定的功能，在这里就不再做详细介绍，在以后的示例中如用到，则进行进一步的说明。

3. 示例

下面以几个简单的例子来介绍如何使用这些电气元件。

【例 5-1】 交流电压源的叠加。设计两个单相交流电压源，叠加后作为线路的电源，分析线路首端电压的变化情况。

设计的交流电路，如图 5-20 所示，在此电路图中，交流电压源的幅值、频率、相位均不相同，可以通过仿真结果直接对各自电压源的输出和他们的叠加结果进行分析，这种分析方法简单、直接。

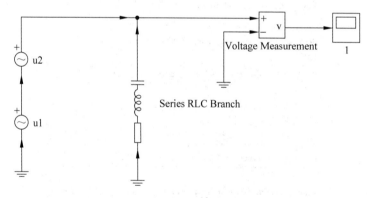

图 5-20   交流电压源的叠加电路图

1) 电路图设计步骤

(1) 从电源元件库选择交流电压源元件，复制后粘贴在电路图中。

① 将电压源元件改名为 u1。

② 双击 AC Voltage Source(交流电压源元件)，对交流电压源元件的参数进行如下设置，如图 5-21 所示。

- Peak amplitude(峰值振幅)：100。
- Phase(初始相位)：30。
- Frequency(频率)：60。
- Sample time(采样时间)：0。
- Measurements(测量选项)：选择不测量电气量。

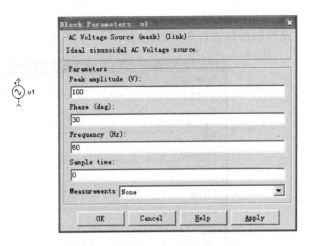

图 5-21　交流电压源 u1 参数对话框

交流电压源 u1 的表达式如下：

$$u1 = 100\sin\left(120\pi t + \frac{\pi}{6}\right)$$

③ 复制交流电压源元件并改名为 u2。

④ 双击交流电压源元件，对交流电压源元件的参数进行如下设置，如图 5-22 所示。

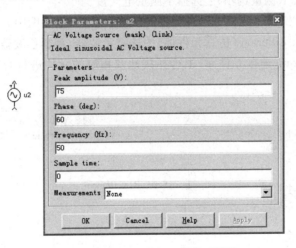

图 5-22　交流电压源 u2 参数对话框

- Peak amplitude(峰值振幅)：75。
- Phase(初始相位)：60。
- Frequency(频率)：50。
- Sample time(采样时间)：0。
- Measurements(测量选项)：选择不测量电气量。

交流电压源 u2 的表达式如下：

$$u2 = 75\sin\left(100\pi t + \frac{\pi}{3}\right)$$

（2）从线路元件库中选择串联 RLC 支路。

对串联 RLC 支路元件的参数进行如下设置，如图 5-23 所示。

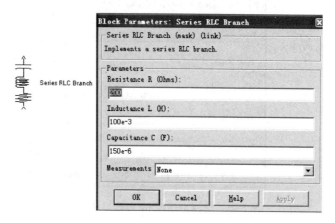

图 5-23　串联 RLC 支路参数对话框

- Resistance R（电阻）：200。
- Inductance L（电感）：100e-3。
- Capacitance C（电容）：150e-6。
- Measurements（测量选项）：选择不测量电气量。

（3）从电路测量仪器中选择电压计元件，复制后粘贴于电路图中。

（4）在 Simulink Liberary（仿真元件库）中选择示波器，复制示波器并改变其名称作 1。

（5）从 Connectors（连接元件库）中选择接地及相应的元件进行合理的放置，如图 5-24 所示。

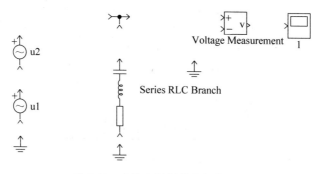

图 5-24　交流电压源的叠加布置图

对该电路图进行接线，就可以完成电路图的绘制。在接线时，如果提示颜色为红色，则表示在接线时出现了错误。

2）仿真参数设置

在电路图菜单选项中，选择 Simulation（仿真）菜单，Simulation Parameters（激活仿真参数）命令，即可弹出仿真参数对话框，如图 5-25 所示，根据相应选项对其进行设置。

- Start time（开始时间）：0。
- Stop time（停止时间）：0.4。

- Type（求解程序类型）选项：Variable-step（可变步长），ode45（Dormand-Prince）。
- Max step size（最大步长）：auto（自动）。
- Min step size（最小步长）：auto（自动）。
- Initial step size（初始步长）：auto（自动）。
- Relative tolerance（相对容差）：1e-3。
- Absolute tolerance（绝对容差）：1e-6。

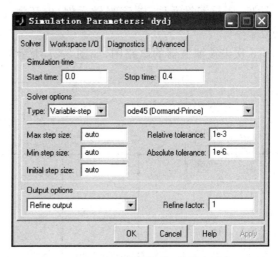

图 5-25　仿真参数对话框

3）仿真结果及分析

合理设置示波器参数后，激活仿真按钮，得到仿真结果，如图 5-26 所示。

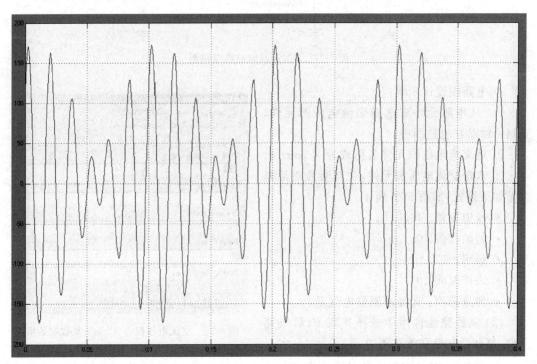

图 5-26　例 1 仿真结果

示波器 1 输出的电压波形为交流电压源 U1 和 U2 的叠加，横轴为时间轴，纵轴为电压幅值。从仿真结果可见，在交流电路中，多个交流电压源共同作用的结果等效于一个非线性电压源。

【例 5-2】　线性电路的稳态运行分析。

设计一个 5 次谐波滤波器。通过本例可以介绍交流电压源、交流电流源、并联 RLC 支路元件、阻抗测量元件、电流测量元件、电压测量元件、串联 RLC 支路元件、示波器的使用方法。

5 次谐波滤波器的电路图,如图 5-27 所示。

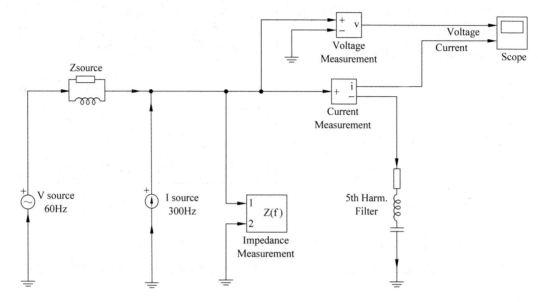

图 5-27   5 次谐波滤波器电路图

1)电路图设计步骤

(1)从电源元件库选择交流电压源元件,复制后粘贴在电路图中。

① 将交流电压源元件名称改为 V source。

② 双击交流电压源元件,在其参数对话框中做如下设置,如图 5-28 所示。

- 峰值振幅:100。
- 初始相位:0。
- 频率:60。
- 采样时间:0。
- 测量选项:选择不测量电气量。

(2)从线路元件库中选择并联 RLC 支路元件,复制后粘贴在电路图中。

图 5-28   交流电压源 V source 参数对话框

① 将并联 RLC 支路元件名称改为 Zsource。

② 双击并联 RLC 支路元件,在其参数对话框中做如下设置,如图 5-29 所示。

- 电阻:37.7。
- 电感:10e-03。
- 电容:0。
- 测量选项:选择不测量电气量。

(3)从电源元件库选择交流电流源元件,复制后粘贴在电路图中。

① 将交流电流源元件名称改为 I source。

② 双击交流电流源元件，在其参数对话框中做如下设置，如图 5-30 所示。

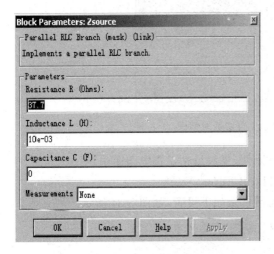

图 5-29　并联 RLC 支路参数对话框

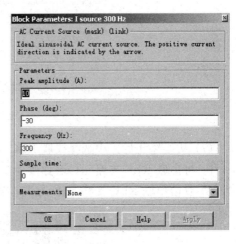

图 5-30　交流电流源参数对话框

- 峰值电流：10。
- 初始相位：−30。
- 频率：300。
- 采样时间：0。
- 测量选项：选择不测量电气量。

（4）从测量元件库选择 Impedance Measurement（阻抗测量元件）。

双击阻抗测量元件，在其参数对话框中设置其倍增因数为 1，如图 5-31 所示。

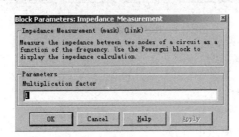

图 5-31　阻抗测量元件参数对话框

（5）从线测量元件库中选择电压测量元件，复制后粘贴在电路图中，如图 5-32 所示。

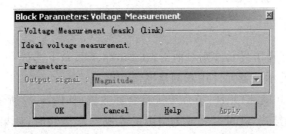

图 5-32　电压测量元件参数对话框

（6）从线测量元件库中选择电流测量元件，复制后粘贴在电路图中，如图 5-33 所示。

图 5-33　电流测量元件参数对话框

（7）从线路元件库中选择串联 RLC 支路元件，复制后粘贴在电路图中。

① 将串联 RLC 支路元件名称改为 5th Harm Filter。

② 双击串联 RLC 支路元件，在其参数对话框做如下设置，如图 5-34 所示。

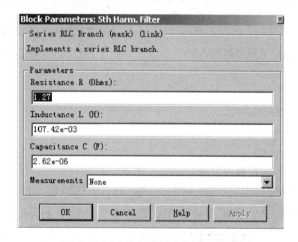

图 5-34　RLC 支路元件参数对话框

- 电阻：1.27。
- 电感：107.42e-03。
- 电容：2.62e-06。
- 测量选项：选择不测量电气量。

③ 将并联 RLC 支路元件名称改为 Zsource。

④ 双击并联 RLC 支路元件，其参数设置与步骤②相同。

（8）在指令窗口中输入如下命令。

```
>> Simulink
```

按 Enter 键后，打开仿真元件库对话框，在 Sinks 子目录下选择 Scope（示波器）元件，拖拉到电路图中，复制的示波器元件用来测量电流和电压。

（9）选择 Ground（接地）元件、节点等进行合理放置，如图 5-35 所示。

对该电路图进行接线，就可以完成电路图的绘制。在接线时，如果提示颜色为红色，则表示在接线时出现了错误。

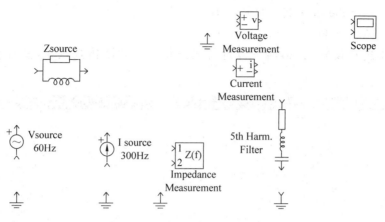

图 5-35 5 次谐波滤波器布置图

2) 仿真参数设置

当完成了电路图的设计之后,就可以对其进行仿真。

在电路图菜单选项中,选择 Simulation(仿真)菜单,激活仿真参数命令,即可弹出仿真参数对话框,如图 5-36 所示,根据相应选项对其进行设置。

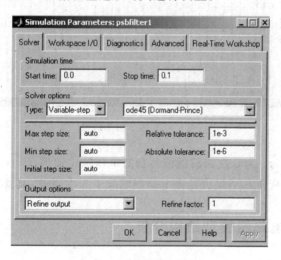

图 5-36 仿真参数对话框

根据对线性电路各元件参数的初步分析,对达到稳态的时间进行估算,仿真参数设置如下。

- Start time(开始时间):0。
- Stop time(停止时间):0.1。
- Type(求解程序类型):Variable-step(可变步长),ode45(Dormand-Prince)。
- Max step size(最大步长):auto(自动)。
- Min step size(最小步长):auto(自动)。
- Initial step size(初始步长):auto(自动)。
- Relative tolerance(相对容差):1e-3。

- Absolute tolerance(绝对容差)：1e-6。

3）仿真结果及分析

对电路图进行设置之后，就可以进行电路仿真。激活仿真按钮，查看仿真图形，如图 5-37 所示。

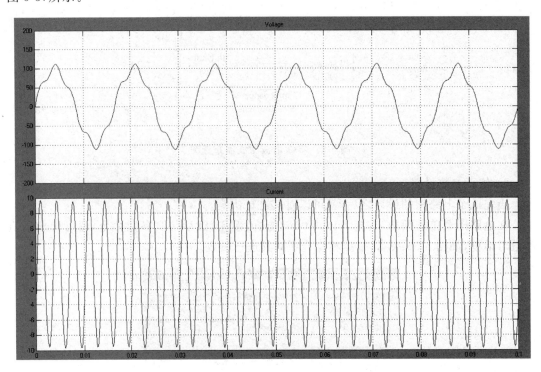

图 5-37　例 2 仿真结果

仿真结果的 Voltage 为 5 次谐波滤波器稳态电压输出波形，Current 为 5 次谐波滤波器稳态电流输出波形。从仿真结果可见该电路图滤除了 5 次谐波，此滤波器设计合理。

5.1.2　电力系统电路图模型结构分析

利用电力系统工具箱建立电路图模型操作简单，熟悉电路元件的人员可以很容易地掌握建立电力系统数学模型的方法，避免了利用程序建模的复杂步骤。根据 5.1.1 实例的建模方法可以很容易建立起电力系统的电路图模型。在 MATLAB 软件中，提供了一种对电路图进行分析的方法，这就是 power2sys 函数。利用该函数，可以对电路图的结构特征、状态方程等进行较为全面的分析。

power2sys 函数的表达式如下。

- psb = power2sys('sys','structure');　　　　　　%用来显示电路图的结构
- psb = power2sys('sys','sort');　　　　　　　　%用来显示电路图中元件和支路的信息
- psb = power2sys('sys','ss');　　　　　　　　　%将电路图模型转换为状态方程
  [A,B,C,D,x0,states,inputs,outputs,uss,xss,yss,freqyss,Hlin]= psb = power2sys('sys'),
  　　　　　　　　　　　　　　　　　　　%用来显示电力系统模型的结构信息

- psb = power2sys('circuit','net');　　　　　　　% 用来显示电力系统的网络结构

下面就利用简单的例子来说明这种电路图模型的建模及分析的方法。

【例 5-3】　如图 5-38 所示,这是一个复杂的电路图模型,应用前面介绍的方法分步建立其电路图模型。在已知此电路图模型后,可以利用指令对其的结构特征、状态方程等进行分析。

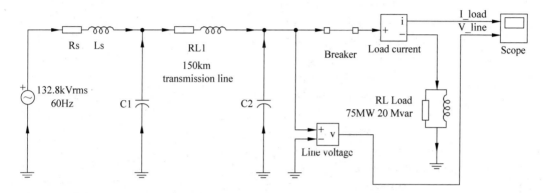

图 5-38　复杂的电路图模型

在 Command(指令)窗口中输入以下程序。

```
>> psb = power2sys('circuit','structure')      % 输出电力系统模型结构信息

psb =

                   circuit: 'circuit'
                    states: [5x24 char]
                    inputs: [2x19 char]
                   outputs: [3x14 char]
                         A: [5x5 double]
                         B: [5x2 double]
                         C: [3x5 double]
                         D: [3x2 double]
                        x0: [5x1 double]
                   Aswitch: [5x5 double]
                   Bswitch: [5x2 double]
                   Cswitch: [3x5 double]
                   Dswitch: [3x2 double]
                  x0switch: 621.4105
                       uss: [2x1 double]
                       xss: [5x1 double]
                       yss: [3x1 double]
                      Hlin: [3x2 double]
               frequencies: 60
                  LoadFlow: []
          OscillatoryModes: [3x39 char]
```

```
>> psb = power2sys('circuit','sort')        % 输出电力系统模型中元件和支路的相关信息

psb =

                    Circuit: 'circuit'
                 SampleTime: 0
                  RlcBranch: [5x7 double]
             RlcBranchNames: {5x1 cell}
               SourceBranch: [2x7 double]
          SourceBranchNames: {2x1 cell}
                 InputNames: [2x19 char]
                OutputNames: [3x14 char]
          OutputExpressions: {3x1 cell}
               OutputMatrix: {3x2 cell}
          MeasurementBlocks: {2x1 cell}
         LoadFlowParameters: []
                IdealSwitch: 0
                    Breaker: 1
                      Diode: 0
                  Thyristor: 0
          DetailedThyristor: 0
           UniversalBridges: 0
               GtoThyristor: 0
                     Mosfet: 0
                       IGBT: 0
         SimplifiedSyncMach: 0
            SynchronousMach: 0
           AsynchronousMach: 0
          PMSyncronousMach: 0
               SurgeArrestor: 0
        SaturableTransformer: 0
         DistributedParamLine: 0
       ImpedanceMeasurement: 0

>> psb = power2sys('circuit','ss')          % 将电力系统模型转换为状态方程模型

a =
```

	Uc_C1	Uc_C2	Il_RL1	Il_Rs Ls	Il_RL Load 7
Uc_C1	0	0	1.034e+006	−1.034e+006	0
Uc_C2	0	0	−1.034e+006	0	0
Il_RL1	−7.246	7.246	−37.68	0	0
Il_Rs Ls	14.25	0	0	−37.68	0
Il_RL Load 7	0	0	0	0	−100.5

```
b =
```

	I_Breaker	U_132.8 kVrm
Uc_C1	0	0
Uc_C2	1.034e + 006	0
Il_RL1	0	0
Il_Rs Ls	0	14.25
Il_RL Load 7	100.5	0

c =

	Uc_C1	Uc_C2	Il_RL1	Il_Rs Ls	Il_RL Load 7
U_Breaker	0	− 1	0	0	235.1
U_Line volta	0	− 1	0	0	0
I_Load curre	0	0	0	0	0

d =

	I_Breaker	U_132.8 kVrm
U_Breaker	− 235.1	0
U_Line volta	0	0
I_Load curre	1	0

Continuous-time model.
```
>> psb = power2sys('circuit','net')       %输出电力系统的网络结构

psb =

 1.0e + 006  *

          0         0     1.0341    − 1.0341         0
          0         0    − 1.0341         0          0
   − 0.0000    0.0000    − 0.0000         0          0
     0.0000         0         0    − 0.0000         0
          0         0         0          0    − 0.0001
```

通过以上的命令可以对电路图模型和相关的状态方程模型进行了解，以便对其进行进一步的分析。

5.1.3　Park变换

同步电机是电力系统中的重要元件，它实质上是由定子和转子两个部件组成。在研究同步机的数学模型时，假设定子三相绕组的结构完全相同，空间位置彼此相差120°，转子铁芯及绕组对极中心轴和极间轴完全对称。一般情况，在推导同步机的数学模型时应用的是用 abc 坐标系统表示的电压和磁链方程。abc 三轴就是定子三相绕组的中心轴线。定子三

相绕组中的电流分别表示如下。

$$i_a = I_m\cos(\omega_s t + \gamma_0) = I_m\cos\gamma$$
$$i_b = I_m\cos(\gamma - 120°)$$
$$i_c = I_m\cos(\gamma + 120°)$$

利用该坐标系统建立同步机的电压和磁链方程时非常容易理解,但是所建立的方程为变系数的微分方程,它们的求解非常的困难。为了克服这个困难,最简单有效的方法时将定子 abc 三相绕组的磁链和电压方程用一组新的变量替换,这样使方程更易于求解。变量变换又称作坐标变换,最常用的坐标变换,即 Park 变换。Park 变换是将 abc 坐标系统下的 i_a、i_b、i_c 表示成 $dq0$ 坐标系统下的 i_d、i_q、i_0。d 轴为转子中心线,称作纵轴或直轴;q 轴为转子极间轴,称作横轴或交轴,按转子旋转方向,q 轴比 d 轴超前 $90°$;0 坐标轴是抽象的。这样变换后电流的表示方式如下。

$$i = i_d + i_q$$
$$i_a = i_{ad} + i_{aq}$$
$$i_b = i_{bd} + i_{bq}$$
$$i_c = i_{cd} + i_{cq}$$

(1) abc 坐标系统变换为 $dq0$ 坐标系统的变换公式如下。

$$\begin{bmatrix} i_d \\ i_q \\ i_0 \end{bmatrix} = \frac{2}{3} \begin{bmatrix} \cos\theta & \cos\left(\theta - \frac{2\pi}{3}\right) & \cos\left(\theta + \frac{2\pi}{3}\right) \\ -\sin\theta & -\sin\left(\theta - \frac{2\pi}{3}\right) & -\sin\left(\theta + \frac{2\pi}{3}\right) \\ \frac{1}{2} & \frac{1}{2} & \frac{1}{2} \end{bmatrix} \begin{bmatrix} i_a \\ i_b \\ i_c \end{bmatrix}$$

在 MATLAB 中,使用 abc_to_dq0 Transformation(abc 坐标系统转换为 $dq0$ 坐标系统)元件可以实现这种变换。abc_to_dq0 Transformation 在 PowerLib(电力系统元件库)中的 Extras(附加元件)下的 Measurements(测量元件)中。其元件图形及对话框,如图 5-39 所示。

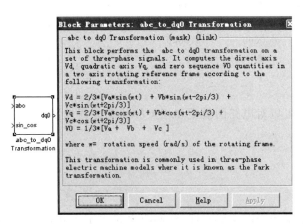

图 5-39　abc_to_dq0 变换元件

(2) $dq0$ 坐标系统变换为 abc 坐标系统的变换公式如下。

$$
\begin{bmatrix} i_a \\ i_b \\ i_c \end{bmatrix} = \frac{2}{3} \begin{bmatrix} \cos\theta & -\sin\theta & 1 \\ \cos\left(\theta - \dfrac{2\pi}{3}\right) & -\sin\left(\theta - \dfrac{2\pi}{3}\right) & 1 \\ \cos\left(\theta + \dfrac{2\pi}{3}\right) & -\sin\left(\theta + \dfrac{2\pi}{3}\right) & 1 \end{bmatrix} \begin{bmatrix} i_d \\ i_q \\ i_0 \end{bmatrix}
$$

在 MATLAB 中,使用 dq0_to_abc Transformation($dq0$ 坐标系统转换为 abc 坐标系统)软件可以实现这种变换。该元件也在 PowerLib(电力系统元件库)中的 Extras(附加元件)下的 Measurements(测量元件)中。其元件图形及对话框,如图 5-40 所示。

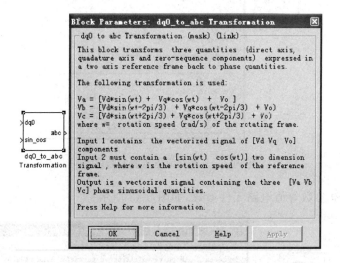

图 5-40　dq0_to_abc 变换元件

下面给出一个简单的示例来介绍坐标变换。

【例 5-4】　坐标变换。将给出的电路图用 park 变换从 abc 坐标系转换为 $dq0$ 坐标系。

(1) 电路图设计。

按照前面介绍的方法建立电路图模型,如图 5-41 所示。

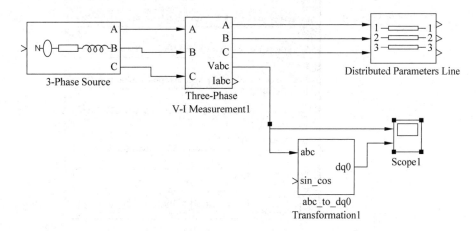

图 5-41　例 4 电路图模型

（2）仿真参数设置。

设置三相交流电压源的参数，如图 5-42 所示。

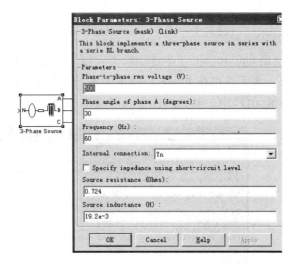

图 5-42　三相交流电压源参数设置

设置三相分布参数等值电路元件参数，如图 5-43 所示。

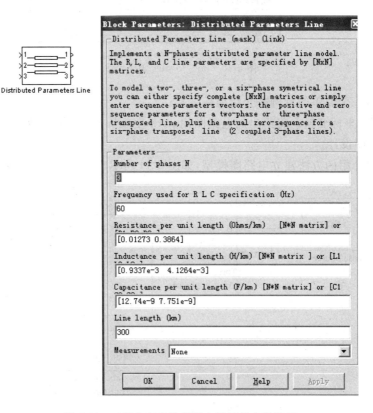

图 5-43　三相分布参数等值电路元件参数设置

设置仿真参数,如图 5-44 所示。

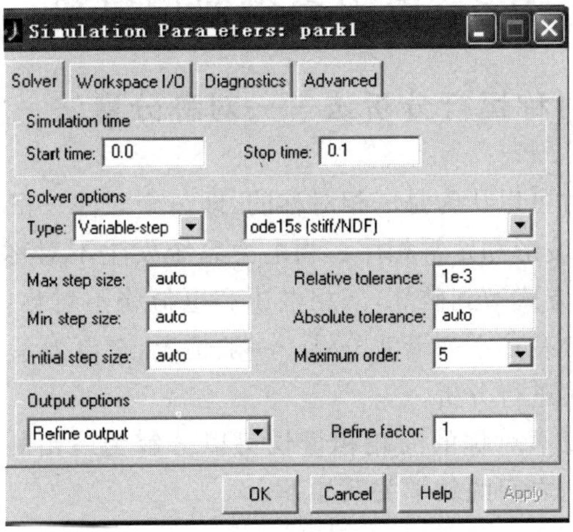

图 5-44　仿真参数对话框

（3）仿真结果及分析。

参数设置完成后,进行仿真,仿真结果,如图 5-45 所示。其中,上面的曲线为三相坐标系统下的电压波形,下面的曲线为 $dq0$ 坐标系统下的电压曲线。

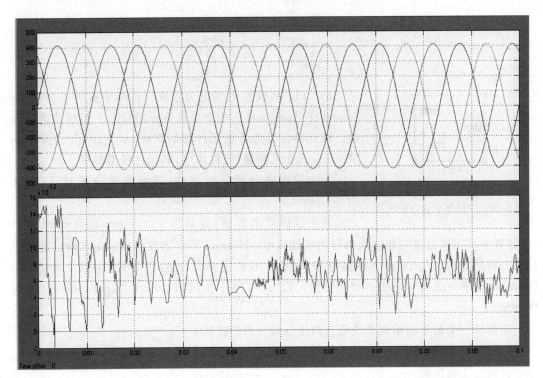

图 5-45　仿真结果

5.2 电力系统时域分析

5.2.1 电力系统不对称运行分析法——对称分量法

电力系统正常运行时可以认为是三相对称的,即每个元件三相阻抗相同,各处三相电压和电流对称,且具有正弦波形和正常相序。当电力系统发生不对称短路或个别地方一相或两相断开时,则对称运行方式遭到破坏,三相电压和电流将不对称,而且波形发生不同程度的畸变,即除基波外,还含有一系列谐波分量。一般情况,在电力系统分析中,对于不对称故障采用简单的对称分量法进行分析。

对称分量法是指任意不对称的三相相量均可以分解为三组相序不同的对称分量:正序、负序、零序分量。它们之间的数学关系如下:

$$\begin{bmatrix} \dot{F}_{a1} \\ \dot{F}_{a2} \\ \dot{F}_{a0} \end{bmatrix} = \frac{1}{3} \begin{bmatrix} 1 & e^{j120°} & e^{j240°} \\ 1 & e^{j240°} & e^{j120°} \\ 1 & 1 & 1 \end{bmatrix} \begin{bmatrix} \dot{F}_{a} \\ \dot{F}_{b} \\ \dot{F}_{c} \end{bmatrix}$$

已知正序、负序、零序分量时,可以用下式合成三相相量。

$$\begin{bmatrix} \dot{F}_{a} \\ \dot{F}_{b} \\ \dot{F}_{c} \end{bmatrix} = \begin{bmatrix} 1 & 1 & 1 \\ e^{j240°} & e^{j120°} & 1 \\ e^{j120°} & e^{j240°} & 1 \end{bmatrix} \begin{bmatrix} \dot{F}_{a1} \\ \dot{F}_{a2} \\ \dot{F}_{a0} \end{bmatrix}$$

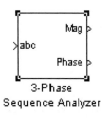

图 5-46 三相序分量分析元件

MATLAB 软件中的电力系统元件库中提供了 3-Phase Sequence Analyzer(三相序分量分析)元件,下面对其进行介绍。该元件在电力系统元件库的 Extras(附加)元件库中的 Measurements(测量)元件库中,其元件模型如图 5-46 所示。

双击三相序分量分析元件,得到参数设置对话框,如图 5-47 所示。

其中包括 3 个选项,分别为 Fundamental frequency f1(基频频率),用来设置三相输入信号的基频频率;Harmonic n(谐波次数),用来指定进行序分量分析的谐波;Sequence(序量选择)选项,用来选择显示的序分量,包括 4 个选项:Positive(正序分量)、Negative(负序分量)、Zero(零序分量)和 Positive Negative Zero(所有序分量)。

下面以一个简单的示例来说明三相序分量分析的方法。

【例 5-5】 三相序分量分析,设计给定的电路图模型,分析 A 相接地后,其正序、负序、零序分置的变化情况。

(1)电路图设计。

按照前面介绍的建立电路图模型的方法建立三相序分量分析电路图模型,如图 5-48 所示。

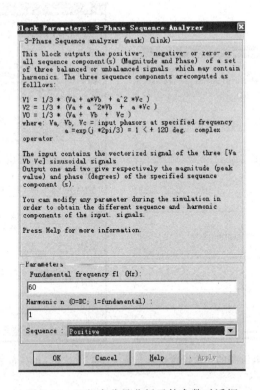

图 5-47　三相序分量分析元件参数对话框

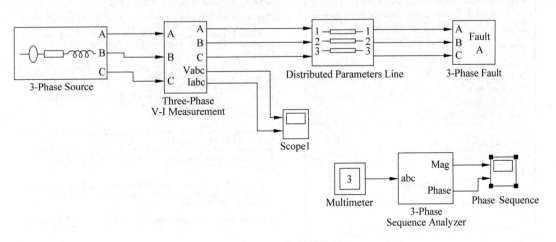

图 5-48　例 5 电路图模型

（2）仿真参数设置。

- 设置三相交流电压源的参数，如图 5-49 所示。
- 设置三相分布参数等值线路元件，参数如图 5-50 所示。
- 设置三相短路元件参数，如图 5-51 所示。
- 设置三相序分量分析元件参数，如图 5-52 所示。
- 设置仿真参数，如图 5-53 所示。

Block Parameters: 3-Phase Source

3-Phase Source (mask) (link)

This block implements a three-phase source in series with a serie RL branch.

Parameters

Phase-to-phase rms voltage (V):

85000

Phase angle of phase A (degrees):

0

Frequency (Hz):

50

Internal connection: Y

☐ Specify impedance using short-circuit level

Source resistance (Ohms):

0.724

Source inductance (H):

19.2e-3

OK   Cancel   Help   Apply

图 5-49　三相交流电压源的参数设置

Block Parameters: Distributed Parameters Line

Distributed Parameters Line (mask) (link)

Implements a N-phases distributed parameter line model. The R, L, and C line parameters are specified by [NxN] matrices.

To model a two-, three-, or a six-phase symetrical line you can either specify complete [NxN] matrices or simply enter sequence parameters vectors: the positive and zero sequence parameters for a two-phase or three-phase transposed line, plus the mutual zero-sequence for a six-phase transposed line (2 coupled 3-phase lines).

Parameters

Number of phases N

3

Frequency used for R L C specification (Hz)

50

Resistance per unit length (Ohms/km)　[N*N matrix] or

[0.01273 0.3864]

Inductance per unit length (H/km) [N*N matrix] or [L1

[0.9337e-3 4.1264e-3]

Capacitance per unit length (F/km) [N*N matrix] or [C1

[12.74e-9 7.751e-9]

Line length (km)

100

Measurements None

OK   Cancel   Help   Apply

图 5-50　三相分布等值线路元件的参数设置

Block Parameters: 3-Phase Fault

Three-Phase Fault (mask) (parameterized link)

Use this block to program a fault (short-circuit) between any phase and the ground. You can define the fault timing directly from the dialog box or apply an external logical signal. If you check the 'External control' box, the external control input will appear.

Parameters

☑ Phase A Fault

☐ Phase B Fault

☐ Phase C Fault

Fault resistances Ron (ohms):

0.001

☑ Ground Fault

Ground resistance Rg (ohms):

0.001

☐ External control of fault timing:

Transition status [1,0,1 ...]:

[1 0]

Transition times (s):

[0.03 0.06]

Sample time of the internal timer Ts (s):

0

Snubbers resistance Rp (ohms):

1e6

Snubbers Capacitance Cp (Farad)

inf

Measurements Fault voltages and currents

OK   Cancel   Help   Apply

图 5-51　三相短路元件的参数设置

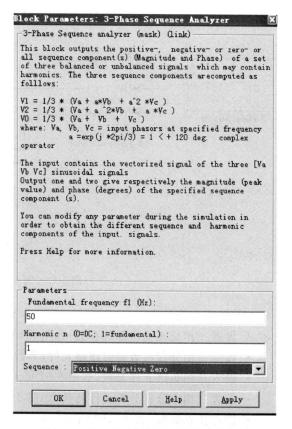

Block Parameters: 3-Phase Sequence Analyzer

3-Phase Sequence analyzer (mask) (link)

This block outputs the positive-, negative- or zero- or all sequence component(s) (Magnitude and Phase) of a set of three balanced or unbalanced signals which may contain harmonics. The three sequence components arecomputed as folllows:

V1 = 1/3 * (Va + a*Vb + a^2 *Vc)
V2 = 1/3 * (Va + a ^2*Vb + a *Vc)
V0 = 1/3 * (Va + Vb + Vc)
where: Va, Vb, Vc = input phasors at specified frequency
a =exp(j *2pi/3) = 1 < + 120 deg. complex operator

The input contains the vectorized signal of the three [Va Vb Vc] sinusoidal signals
Output one and two give respectively the magnitude (peak value) and phase (degrees) of the specified sequence component (s).

You can modify any parameter during the simulation in order to obtain the different sequence and harmonic components of the input. signals.

Press Help for more information.

Parameters

Fundamental frequency f1 (Hz):

50

Harmonic n (0=DC; 1=fundamental):

1

Sequence: Positive Negative Zero

OK   Cancel   Help   Apply

图 5-52　三相序分量分析元件的参数设置

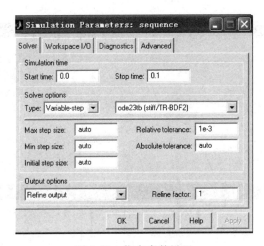

图 5-53 仿真参数设置

（3）仿真结果及分析。

• 仿真得到 A 相单相接地时的三相电压和电流曲线，如图 5-54 所示。

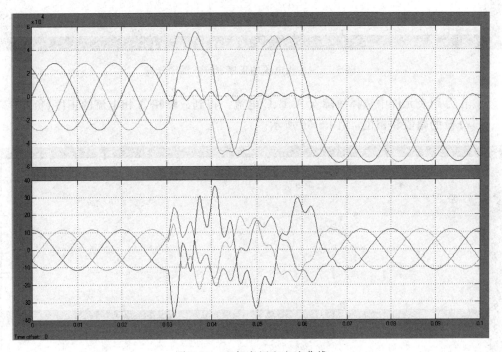

图 5-54 三相电压和电流曲线

在单相接地没有发生前，A、B、C 三相电压、电流均对称运行。在 0.03s 时，发生 A 相接地短路，此时三相电压、电流发生变化，A 相电压幅值迅速下降，其值大于零但小于相电压，B 相 C 相电压迅速上升，其值大于相电压但小于线电压；A 相电流幅值迅速上升，B 相 C 相电流也相对发生变化，但幅值小于 A 相电流的幅值。在 0.06s 时，故障解除，三相电压、电流又逐渐恢复为三相对称运行的状态。

• 在 Multimeter（万用表）元件中选择故障点 A、B、C 电压。得到故障相 A 相电压的正序、负序、零序分量的幅值和相位，如图 5-55 所示。

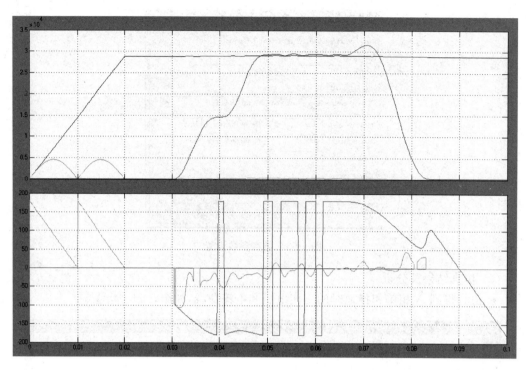

图 5-55　A 相电压的正序、负序、零序分量

- 在万用表元件中选择故障点 A、B、C 电流。得到故障相 A 相电流的正序、负序、零序分量的幅值和相位，如图 5-56 所示。

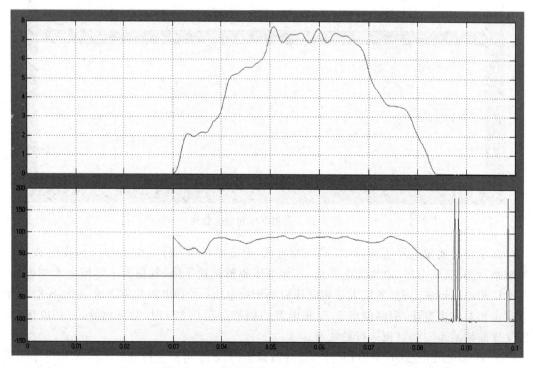

图 5-56　A 相电流的正序、负序、零序分量

在这种情况下,故障相 A 相电流的正序、负序、零序分量均相等。这和电力系统理论分析的结果相同,证明了此种仿真分析的方法是有效可靠的。

5.2.2　电力系统时域分析工具

MATLAB 软件提供了一个对电力系统和电路进行分析的 Powergui(用户界面)工具。元件的模型如图 5-57 所示。

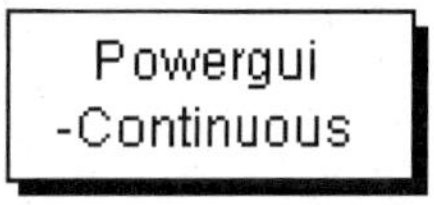

双击元件模型打开元件的选项及参数对话框,如图 5-58 所示。

Powergui
-Continuous

图 5-57　电力系统和电路进行
分析的用户界面工具

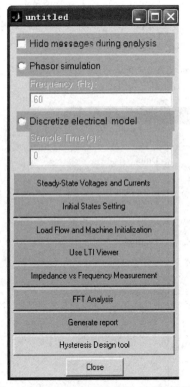

图 5-58　电力系统时域分析工具选项及
参数对话框

结合第 5.1 节的例 2 对电力系统时域分析工具进行简单的介绍。

【例 5-6】　电力系统时域分析工具简介。根据给出的电路图模型,利用电力系统时域分析工具来验证其功能。

按照本章例 2 建立的电路图并对各元件及仿真参数进行设置,然后选择电力系统时域分析工具进行粘贴,完成电路图模型,如图 5-59 所示。

在进行仿真之后,双击电力系统 Powergui(时域分析工具)元件,打开元件的选项及参数对话框,选择 Steady-State Voltages and Currents(稳态电压和电流选项),则出现稳态电压和电流对话框,如图 5-60 所示。其中参数包括 Units 选项(单位),分为 Peak values(峰值)和 RMS values(有效值)两个选项;Frequency(频率)选项包括了电力系统模型中的所有的电源频率,选择不同频率可以查看不同频率下的稳态电压和电流;Display(显示)选项包括 States(状态变量)复选框,Measurements(测量值)复选框,Sources(电源)复选框,Nonlinear elements(非线性量)复选框,选中相应的复选框,则显示相应的稳态电流和电压。

在此例中,显示的是频率为 60Hz 的所有变量的电压和电流峰值。

选择 Initial States Setting(初始状态设置)选项,则打开初始状态设置对话框,如图 5-61 所示。

其中初始的状态变量显示的是稳态的数值,可以通过 Set selected state(状态变量的选择设置)选项对其初始值进行设置。在此例中,将所有的状态变量初始值设置为 0,则得到滤波器的输出为零状态响应,如图 5-62 所示。

选择 Use LTI View(线性时变观察器)选项,则出现线性时变观察器对话框,如图 5-63 所示。其中 System inputs(系统输入量)在左侧显示,System outputs(系统输出量)在右侧显示。

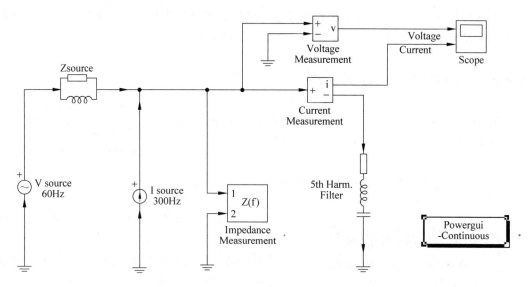

图 5-59   例 6 电路图模型

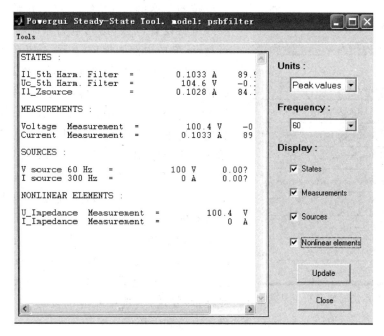

图 5-60   稳态电压和电流对话框

在此例中选择阻抗测量元件的电流作为系统输入量,选择阻抗测量元件的电压作为系统输出量,得到阶跃响应曲线,如图 5-64 所示。利用这种方法还可以对脉冲响应曲线进行仿真绘制,因此该功能选项具有非常实用的应用价值。

选择 Impedance vs Frequency Measurement(阻抗或频率测量)选项,则出现阻抗或频率测量选项对话框,如图 5-65 所示。在选择了需要显示的频率响应的元件后,则可以出现相应的变化曲线。在本例中,选择的是阻抗测量元件,则出现阻抗值与频率之间的关系曲线。

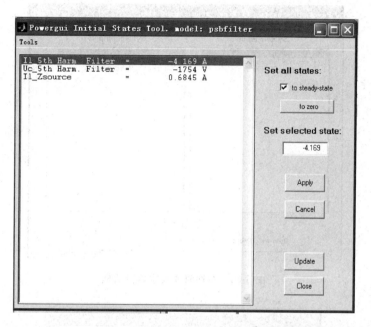

图 5-61　初始状态设置对话框

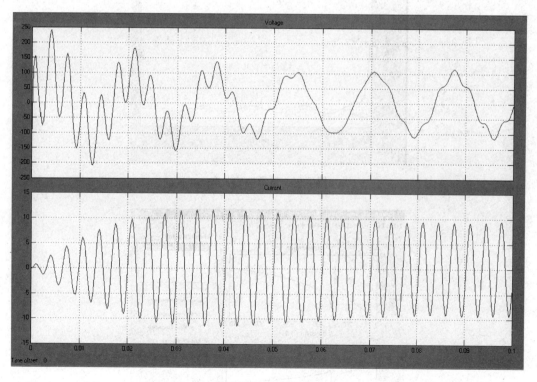

图 5-62　零状态响应

除上述已经进行介绍的功能外,电力系统时域分析工具还具有许多其他的功能,在下面相关的章节将对所用的功能进行相关的介绍。

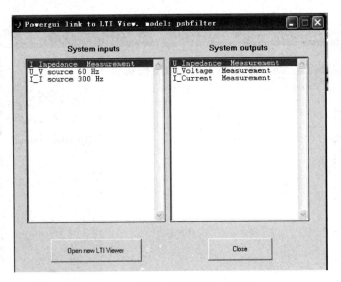

图 5-63　线性时变观察器对话框

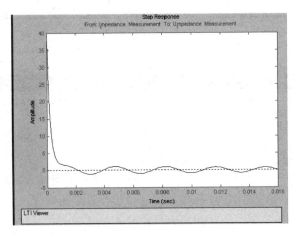

图 5-64　阶跃响应曲线

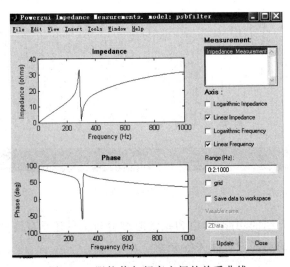

图 5-65　阻抗值与频率之间的关系曲线

5.2.3 电力系统相量图分析方法

电力系统相量图分析方法,利用该方法可以对电气量的幅值和相角的变化进行分析,电力系统分析工具里提供了这种相量图分析的方法。下面通过一个示例来对这种分析方法进行介绍。

【例 5-7】 电力系统相量图分析。根据给出的电路图模型,利用相量图分析工具来分析电压,电流的变化情况。

(1)电路图设计。

建立电路图模型,如图 5-66 所示。

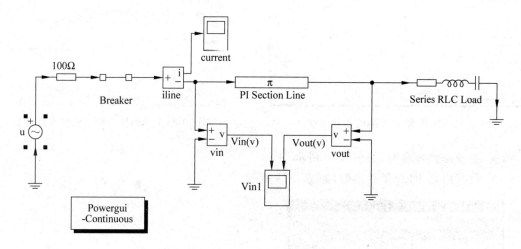

图 5-66 例 7 电路图

(2)仿真参数设置。

· 设置交流电压源参数,如图 5-67 所示。

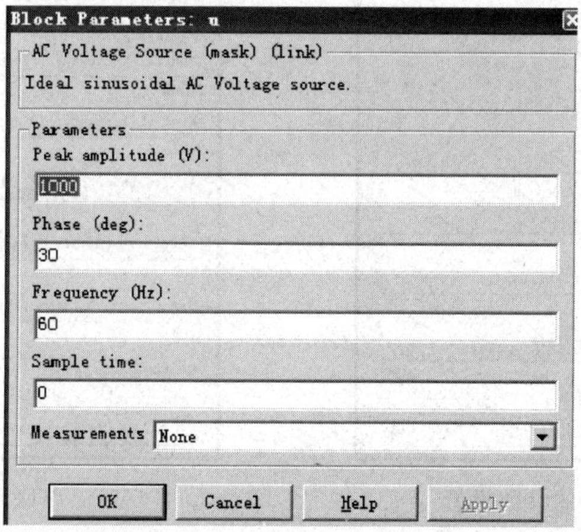

图 5-67 交流电压源的参数设置

- 设置串联 RLC 支路参数,如图 5-68 所示。
- 设置 π 型线路等值电路参数,如图 5-69 所示。

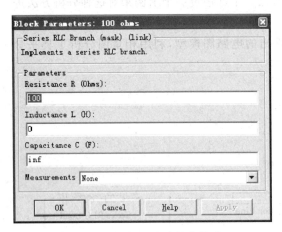

图 5-68　串联 RLC 支路的参数设置

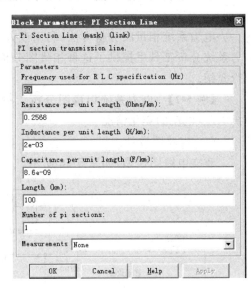

图 5-69　π 型线路等值电路的参数设置

- 设置断路器参数,如图 5-70 所示。
- 设置串联 RLC 负载参数,如图 5-71 所示。

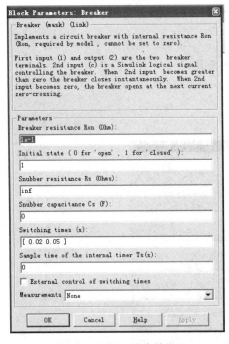

图 5-70　断路器的参数设置

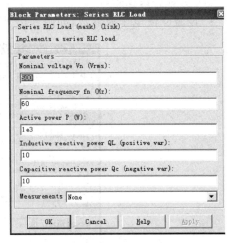

图 5-71　串联 RLC 负载的参数设置

- 设置电流测量元件参数,如图 5-72 所示。
- 设置电压测量元件参数,如图 5-73 所示。

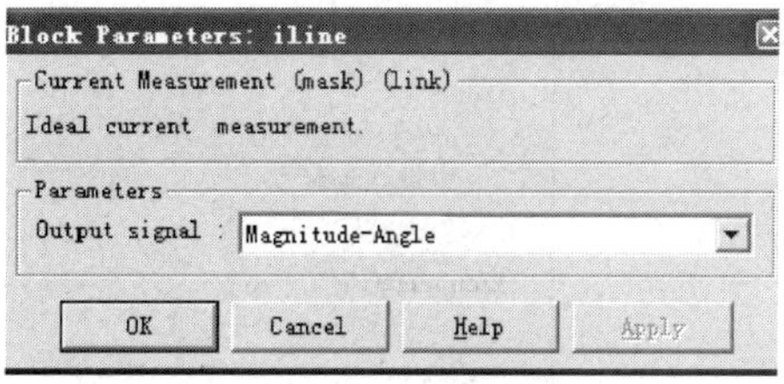

图 5-72　电流测量元件的参数设置

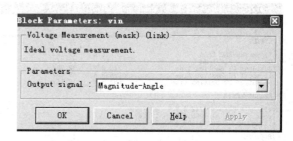

图 5-73　电压测量元件的参数设置

- 选择电力系统分析工具粘贴于电路图中。设置仿真参数，如图 5-74 所示。

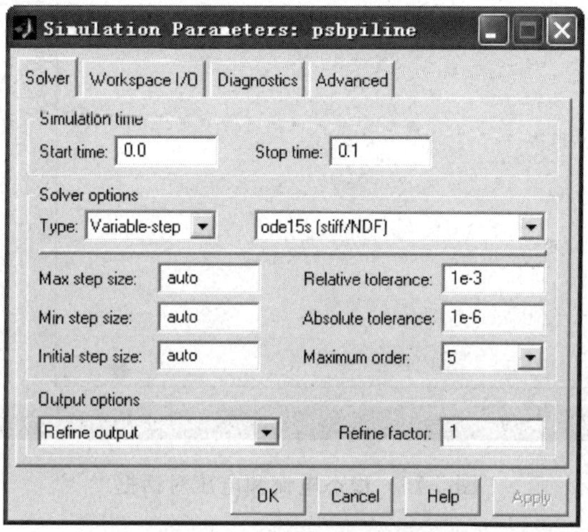

图 5-74　仿真参数设置

（3）仿真结果及分析。

- 参数设置后，进行电路仿真。使用 Powergui（电力系统）分析工具，选择 Phasor simulation（相量图仿真）选项。单击稳态电压和电流选项，得到稳态电流和电压对话框，如图 5-75 所示。

以其中的状态变量 π 型线路等值电路的输入端电压 Uc_input PI Section Line 为例，可测得其稳态电压相量的峰值为 742.8V，相角为 32.78°以及其他变量的峰值和相角。

- 在此电路中，π 型线路等值电路的输入端电流的相量图，如图 5-76 所示。

在断路器断开的时间段电流相量的幅值和相角均为 0，在断路器闭合的时间段（0.02～0.05s）电流达到稳态时，其相量的幅值为 2.603A，相角为 22.07°。

- 在此电路图中，π 型线路等值电路的输入/输出端电压的相量图，如图 5-77 所示。

在断路器断开的时间段，π 型线路等值电路的输入端电压相量的幅值和相角均为 0；在断路器闭合的时间段（0.02～0.05s），π 型线路等值电路的输入端电压达到稳态时，其相量幅值为 742.8V，相角为 32.78°；在断路器断开的时间段，π 型线路等值电路的输出端电压相量的幅值和相角均为 0；在断路器闭合的时间段（0.02～0.05s），π 型线路等值电路的输出端电压达到稳态时，其相量幅值为 656.5V，相角为 17.16°。

MATLAB应用技术——在电气工程与自动化专业中的应用

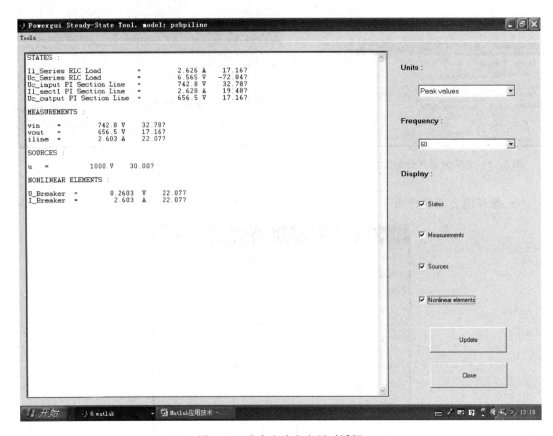

图 5-75　稳态电流和电压对话框

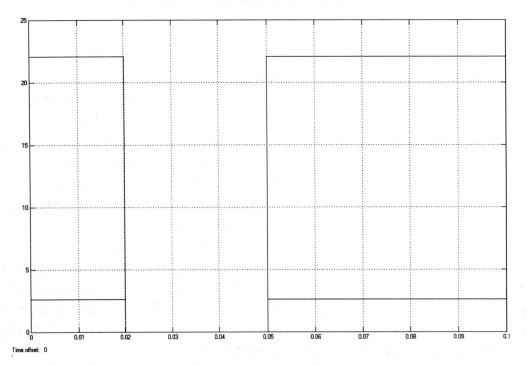

图 5-76　π型线路等值电路的输入端电流的相量图

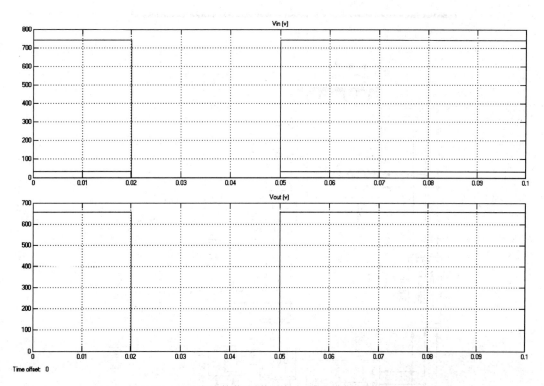

图 5-77　π 型线路等值电路的输入/输出端电压的相量图

5.3　电力系统仿真分析实例

电力系统一般由发电机、变压器、电力线路和负载构成。在本节中,通过对一个基本电力系统的实例来进行仿真分析,从而进一步说明利用 MATLAB 进行电力系统仿真分析的优越性。

【例 5-8】　电力系统自动重合闸仿真分析,该系统电压等级为 220kV,为双电源供电系统。

(1) 电路图设计。

建立电路图模型,如图 5-78 所示。

(2) 仿真参数设置。

- 设置同步发电机参数,如图 5-79 所示。
- 设置三相变压器参数,如图 5-80 所示。
- 设置 150km 分布参数线路参数,如图 5-81 所示。
- 设置 100km 分布参数线路参数,如图 5-82 所示。
- 设置三相电压源参数,如图 5-83 所示。
- 设置三相串联 RLC 负载参数,Load1 如图 5-84 所示。(其他 Load2、Load3 基本与其相同)
- 设置三相串联 RLC 负载参数,Load4 如图 5-85 所示。

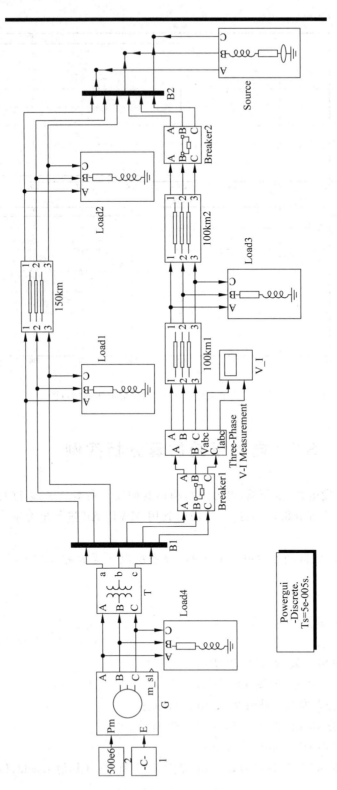

图 5-78　例 8 电路图

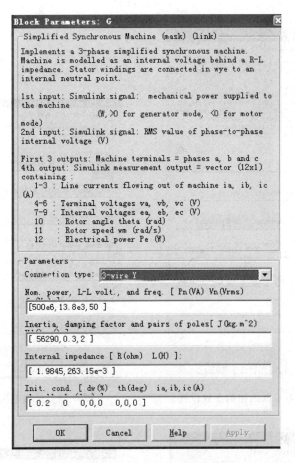

图 5-79　同步发电机的参数设置

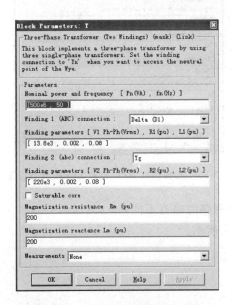

图 5-80　三相变压器的参数设置

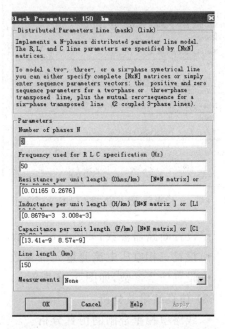

图 5-81　150km 分布参数线路的参数设置

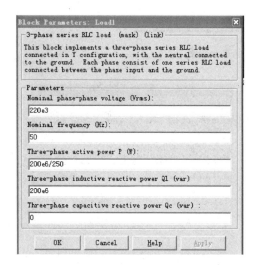

图 5-82　100km 分布参数线路的参数设置

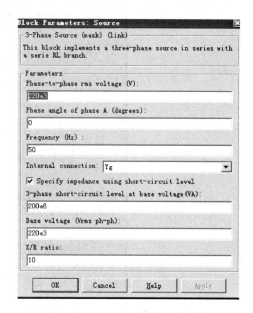

图 5-83　三相电压源的参数设置

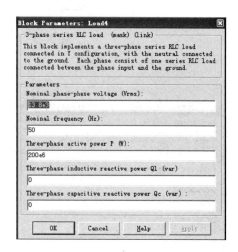

图 5-84　三相串联 RLC 负载 Load1 的参数设置　　　图 5-85　三相串联 RLC 负载 Load4 参数设置

- 设置断路器参数,如图 5-86 所示(不同类型短路时略有不同)。
- 设置三相电压电流测量元件参数,如图 5-87 所示。
- 设置仿真参数,如图 5-88 所示。

(3) 仿真结果及分析。

- 线路单相重合闸的仿真分析。

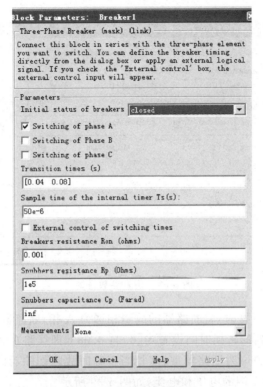

图 5-86 断路器参数设置

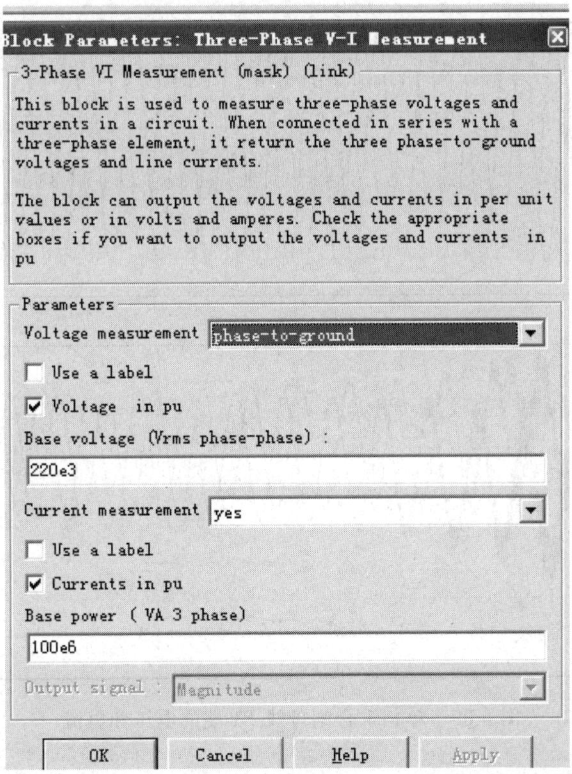

图 5-87 三相电压电流测量元件的参数设置

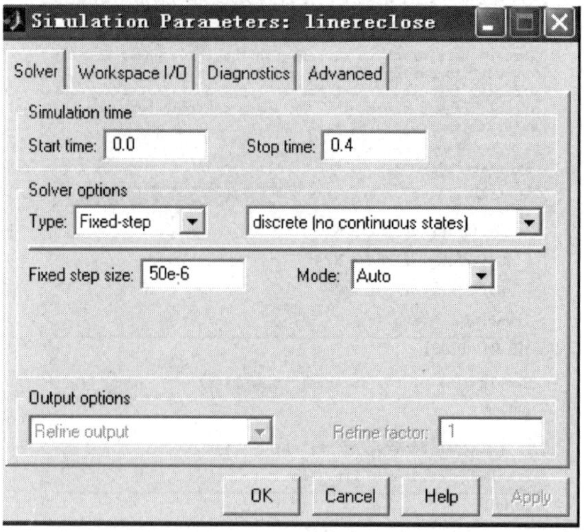

图 5-88　仿真参数设置

　　在电路图参数进行设置时,将断路器的故障相选为 A 相,断路器的初始状态为闭合,说明线路正常工作;断路器的转换时间设置为[0.04 0.08],即线路在 0.04s 时发生 A 相接地短路,断路器断开,在 0.08s 时断路器重合,相当于临时故障切除后线路进行重合闸。线路单相接地短路时,母线 B1 端的电压和电流,如图 5-89 所示。

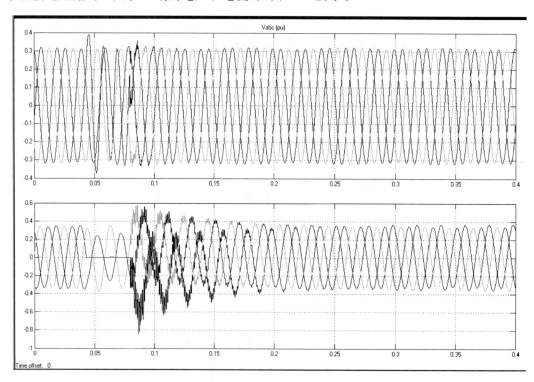

图 5-89　单相重合闸母线 B1 端的电压和电流

　　电力系统分析工具中的稳态电流电压对话框,如图 5-90 所示。

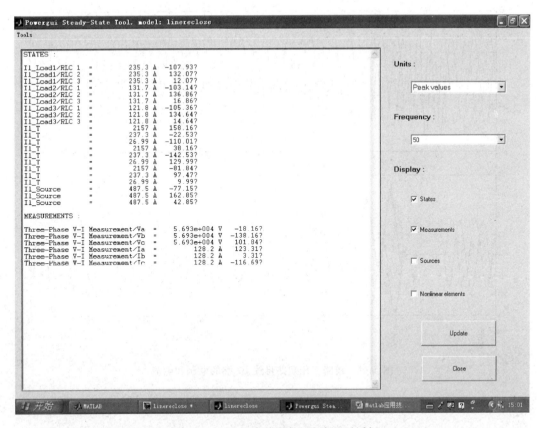

图 5-90 A 相短路时稳态电流电压对话框

由于系统为双电源供电系统,因此当线路发生单相接地短路时,断路器断开切除故障点,母线电压并没有多大的改变;在单相接地短路期间(0.04~0.08s),断路器 A 相断开,A 相电流为 0,非故障相的电流幅值减小;在故障切除后(0.08s 后),重合闸成功,三相电流经过暂态后又恢复为稳定工作状态,从稳态电流对话框中三相电流的幅值和相角可以看出,达到新的稳态后,三相电流保持对称,相角互差 120°。

• 线路三相重合闸的仿真分析。

在电路图参数进行设置时,将断路器的故障相选为 A 相、B 相、C 相,断路器的初始状态为闭合,说明线路正常工作;断路器的转换时间设置为[0.04 0.08],即线路在 0.04s 时发生三相相间短路,断路器断开,在 0.08s 时断路器重合,相当于临时故障切除后线路进行重合闸。线路三相短路时,母线 B1 端的电压和电流,如图 5-91 所示。

电力系统分析工具中的稳态电流电压对话框,如图 5-92 所示。

在三相短路期间(0.04~0.08s),三相的电流基本为 0;在故障切除后,重合闸成功,三相电流经过暂态后又恢复为稳定工作状态,三相电压电流对称。

【例 5-9】 电力系统线路故障分析。

(1)电路图设计。

本例中的基本电路与例 8 相同,但在例 8 系统中增加一个三相短路元件,去除断路器元件,修改后得到电路图,如图 5-93 所示。

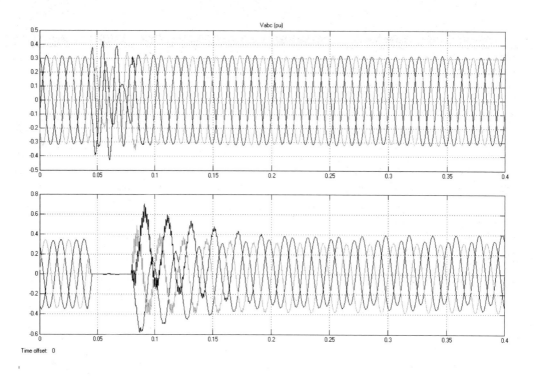

图 5-91   线路三相短路母线 B1 端的电压和电流

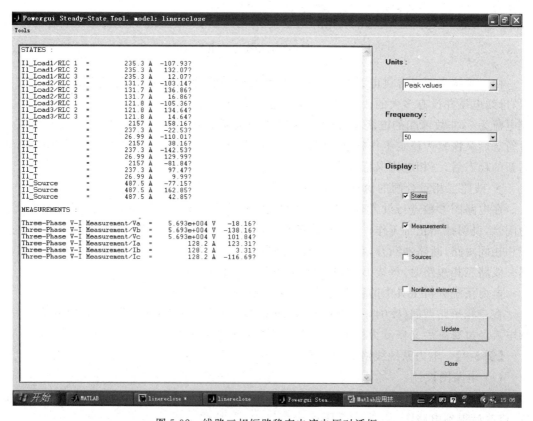

图 5-92   线路三相短路稳态电流电压对话框

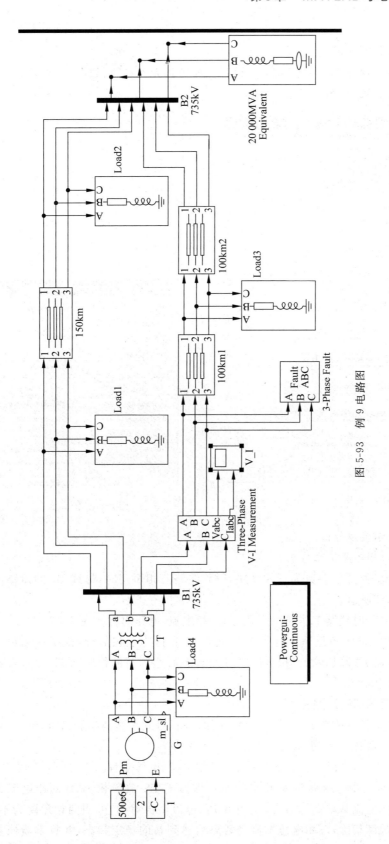

图 5-93　例 9 电路图

（2）仿真参数设计。

电路图中基本元件的参数同例 8，设置三相短路元件参数，如图 5-94 所示。

设置仿真参数，如图 5-95 所示。

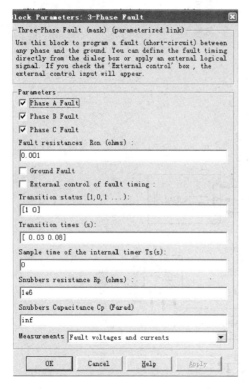

图 5-94　三相短路元件的参数设置

图 5-95　仿真参数的设置

（3）仿真结果及分析。

• 线路三相短路仿真分析。

设置三相短路元件参数为三相短路，得到线路三相短路时，母线 B1 的短路电压及电流波形，如图 5-96 所示。

在 0～0.03s 时线路工作在稳定状态，三相电流、电压对称。在 0.03s 时发生三相短路，三相电压为 0，三相电流迅速上升为短路电流，并保持为三相对称，说明三相短路为对称短路。在 0.08s 时，故障切除，三相电压电流经暂态后达到新的稳定状态，并且重新恢复三相对称运行的工作状态。

• 线路两相相间短路分析。

改变三相短路元件参数为 A、B 两相相间短路，得到线路两相短路时，母线 B1 的短路电压及电流波形，如图 5-97 所示。

在 0～0.03s 时线路工作在稳定状态，三相电流、电压对称。在 0.03s 时发生 A、B 两相相间短路，A、B 两相电压减小，C 相电压基本保持不变；故障相 A、B 两相电流迅速上升为短路电流，C 相电流基本保持不变；三相电压、电流不再对称，说明两相短路为不对称短路。在 0.08s 时，故障切除，三相电压电流经暂态后达到新的稳定状态，并且重新恢复三相对称运行的工作状态。

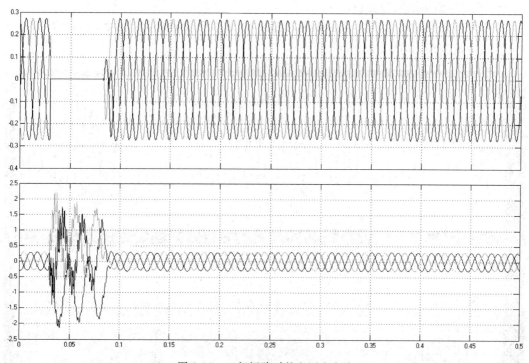

图 5-96 三相短路时的电压和电流

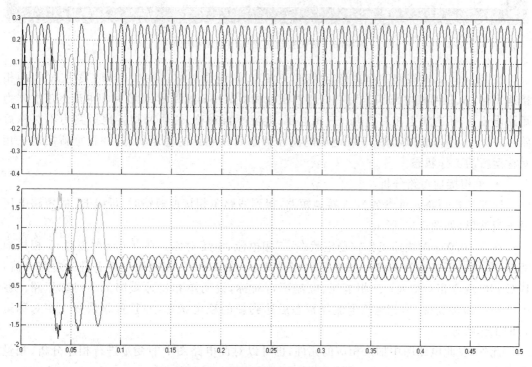

图 5-97 两相短路时的电压和电流

• 线路两相接地短路分析。

改变三相短路元件参数为 A、B 两相接地短路,得到线路两相接地短路时,母线 B1 的短路电压及电流波形,如图 5-98 所示。

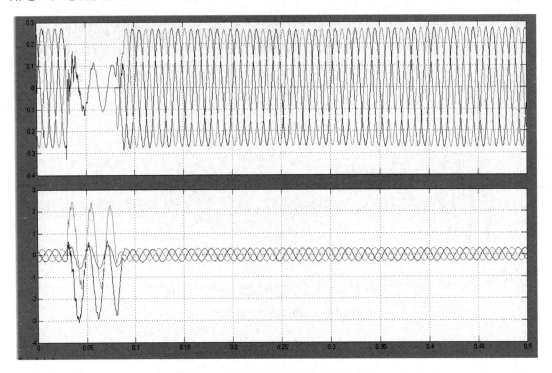

图 5-98　两相接地短路时的电压和电流

在 0～0.03s 时线路工作在稳定状态,三相电流、电压对称。在 0.03s 时发生 A、B 两相接地短路,A、B 两相电压基本为 0,C 相电压也相对减小;故障相 A、B 两相电流迅速上升为短路电流,C 相电流也相对增大;三相电压、电流不再对称,说明两相接地短路为不对称短路。在 0.08s 时,故障切除,三相电压电流经暂态后达到新的稳定状态,并且重新恢复三相对称运行的工作状态。

• 单相接地短路分析。

改变三相短路元件参数为 A 接地短路,得到线路单相接地短路时,母线 B1 的短路电压及电流波形,如图 5-99 所示。

在 0～0.03s 时线路工作在稳定状态,三相电流、电压对称。在 0.03s 时发生 A 相接地短路,A 相电压基本为 0,B、C 相电压也相对减小;故障相 A 相电流迅速上升为短路电流,B、C 相电流也相对增大;三相电压、电流不再对称,说明单相接地短路为不对称短路。在 0.08s 时,故障切除,三相电压电流经暂态后达到新的稳定状态,并且重新恢复三相对称运行的工作状态。

此外,在此电路图中加入相应的元件,也可以对此电路图中的变量进行相序分析、相量图分析。

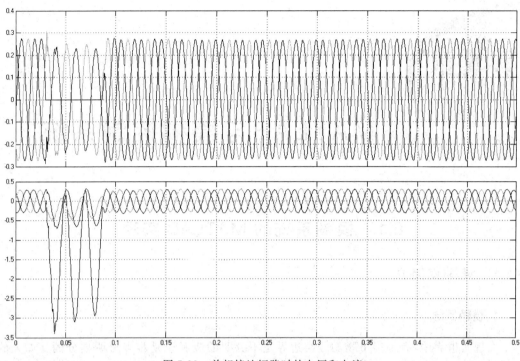

图 5-99　单相接地短路时的电压和电流

第6章

MATLAB与模糊控制系统

6.1 模糊系统的 MATLAB 实现

6.1.1 模糊集简介

1. 模糊概念

在现实世界中,有很多事物的分类边界是不分明的或者说是难以分明划分的。如人的高矮、胖瘦,"温度偏高"、"压力偏大"等,为了用数学方法描述这类概念,引入模糊集合。

模糊集是一种边界不分明的集合,模糊集与普通集合既有区别又有联系。对于普通集合而言,任何一个元素要么属于该集合,要么不属于集合,非此即彼,具有精确明了的边界;而对于模糊集合,一个元素可以是既属于该集合又不属于该集合,亦此亦彼,边界不分明或界限模糊。

建立在模糊集基础上的模糊逻辑,任何陈述或命题的真实性只是一定程度的真实性,与建立在普通集合基础上的布尔逻辑相比,模糊逻辑是一种广义化的逻辑。在布尔逻辑中,任何陈述或命题只有两种取值,即逻辑真和逻辑假,常用"1"表示逻辑真,"0"表示逻辑假。而在模糊逻辑中,陈述或命题的取值除真和假("1"和"0")外,可取 0～1 之间的任何值,如0.75,即命题或陈述在多大程度上为弄虚作假或假,例如"老人"这一概念,在普通集合没有一个明确的边界,60 岁以上是老人,58 岁也属于老人,40 岁在一定程度上也属于老人,只是他们属于老人这一集合的程度不同。模糊性反映了事件的不确定性,但这种不确定性不同于随机性。随机性反映的是客观性,即人们对有关事件定义或概念描述在语言意义理解上的不确定性。

2. 模糊集的表示

模糊集采用隶属度来表示,论域 X 上的一个模糊集 A,对于任意 $x \in X$,都指定了一个数 $\mu_A(x) \in [0 \quad 1]$,叫做 x 对 A 的隶属程度称作 A 的隶属函数。

论域 X 中的模糊集 A 的 3 种表示方法如下。

- 如果 X 是有限集或可数集,则 A 可表示为:$A = \sum\limits_{x_i}^{n} \dfrac{\mu_A(x_i)}{x_i}, (x_i \in X)$;

如果 X 是无限不可数集，A 也可表示为：$A = \int_X \frac{\mu_A(x)}{x}$。

- 向量表示法：$X = \{x_1, x_2, \cdots, x_n\}$；

  $A = [\mu_A(x_1) \mu_A(x_2) \cdots \mu_A(x_n)]$。

- 序偶表示法：$A = \{x, \mu_A(x) | x \in X\}$。

模糊集使得某元素可以以一定程度属于某集合，某元素属于某集合的程度由"0"与"1"之间的一个数值来刻画或描述。把一个具体的元素映射到一个合适的隶属度是由隶属度函数来实现的。隶属度函数可以是任意形状的曲线，取什么形状取决于是否使用起来感到简单、方便、快速、有效，惟一的约束条件是隶属度函数的值域为[0,1]，模糊系统中常用的隶属度函数有如下 11 种。

（1）高斯型隶属度函数。

$$f(x, \sigma, c) = e^{-\frac{(x-c)^2}{2\sigma^2}}$$

高斯型隶属度函数有两个特征参数 σ 和 c。

（2）双侧高斯型隶属度函数。

双侧高斯型隶属度函数是两个高斯型隶属度函数的组合，有 4 个参数 σ_1、c_1、σ_2、c_2。c_1 与 c_2 之间的隶属度为 1，c_1 左边的隶属度函数为高斯型隶属度函数 $f = (x, \sigma_1, c_1)$，c_2 右边的隶属度函数为高斯大林型隶属度函数 $f = (x, \sigma_2, c_2)$。

（3）钟形隶属度函数。

$$f(x, a, b, c) = \frac{1}{1 + \left(\dfrac{x-c}{a}\right)^{2b}}$$

钟形隶属度函数的形状如钟，故名钟形隶属度函数，钟形隶属度函数有 3 个参数 a、b、c。

（4）Sigmoid 函数型隶属度函数。

$$f(x, a, b, c) = \frac{1}{1 + e^{-a(x-c)}}$$

钟形隶属度函数有两个特征参数 a 和 c。

（5）差型 sigmoid 隶属度函数。

$$f(x, a_1, c_1, a_2, c_2) = \frac{1}{1 + e^{-a_1(x-c_1)}} - \frac{1}{1 + e^{-a_2(x-c_2)}}$$

差型 sigmoid 隶属度函数为两个 sigmoid 隶属度函数之差，它有 4 个特征友数 a_1、c_1、a_2、c_2。

（6）积型 sigmoid 隶属度函数。

积型 sigmoid 隶属度函数为两个 sigmoid 隶属函数的乘积：

$$f(x, a_1, c_1, a_2, c_2) = \frac{1}{1 + e^{-a_1(x-c_1)}} \cdot \frac{1}{1 + e^{-a_2(x-c_2)}}$$

积型 sigmoid 隶属度函数有 4 个参数 a_1、c_1、a_2、c_2。

（7）Z 形隶属度函数。

Z 形隶属度函数有两个参数 a、b，分别为隶属度函数曲线中斜线部分极点的位置。

（8）Ⅱ形隶属度函数。

Ⅱ形隶属度函数有 4 个参数 a、b、c、d，Ⅱ形隶属度函数可以看作参数为 a、b 的 S 形函数与参数为 c、d 的 Z 形函数叠加而成的。

（9）S 形隶属度函数。

S 形隶属度函数有两个参数 a 和 b，a、b 是隶属度函数曲线中斜线部分极点的位置。

（10）梯形隶属度函数。

$$f(x,a,b,c,d) = \begin{cases} 0 & x \leqslant a \\ \dfrac{x-a}{b-a} & a \leqslant x \leqslant b \\ 1 & b \leqslant x \leqslant c \\ \dfrac{c-x}{c-b} & c \leqslant x \leqslant d \\ 0 & x \geqslant d \end{cases}$$

或

$$f(x,a,b,c,d) = \max\left(\min\left(\frac{x-a}{b-a}, 1, \frac{d-x}{d-c}\right), 0\right)$$

梯形隶属度函数曲线有 4 个参数 a、b、c、d。

（11）三角形隶属度函数。

$$f(x,a,b,c,d) = \begin{cases} 0 & x \leqslant a \\ \dfrac{x-a}{b-a} & a \leqslant x \leqslant b \\ \dfrac{c-x}{c-b} & b \leqslant x \leqslant c \\ 0 & c \leqslant x \end{cases}$$

三角形隶属度函数有 3 个参数 a、b、c。

3. 模糊逻辑运算

（1）在普通逻辑或布尔逻辑中，任何陈述只有两个取值：真或假（"1"或"0"），即普通逻辑为二值逻辑。二值逻辑关系有逻辑与、逻辑或、直积，对应的逻辑运算有与（交）运算、或（并）运算、非运算、直积等。集合 A 和 B 的二值逻辑运算如下。

- 与运算：$A \cap B = \{x : x \in A \text{ 且 } x \in B\}$。
- 或运算：$A \cup B = \{x : x \in A \text{ 或 } x \in B\}$。
- 非运算：$\overline{A} = \{x : x \notin A, x \in U, U \text{ 为全集}\}$。
- 直积：$A \times B = \{i(a,b) : a \in A, b \in B\}$。

（2）模糊逻辑是普通二值逻辑的推广，在模糊逻辑中，任何陈述都以一定程度的真实性表示，其取值可以是"0"和"1"之间的任意实数，对应的模糊逻辑运算（逻辑与、逻辑或、逻辑非）如下。

- 逻辑与（A AND B），$\mu_{A \cap B}(x) = \min(\mu_A(x), \mu_B(x))$。
- 逻辑或（A OR B），$\mu_{A \cup B} = \max(\mu_A(x), \mu_B(x))$。
- 逻辑非（NOT A），$\mu_{\overline{A}}(x) = 1 - \mu_A(x)$。

（3）逻辑与运算和逻辑或运算还可由更广义的模糊逻辑算子——T 算子和协 T 算子来定义。模糊逻辑与运算可由 T 算子 $\otimes$ 定义为

$$\mu_{A \cap B}(x) = T(\mu_A(x), \mu_B(x)) = \mu_A(x) \otimes \mu_B(x)$$

T 算子 $\otimes$ 是满足下列条件的一个两变量函数 $T(\cdot, \cdot)$：

- 单调：如果 $a \leqslant c$ 且 $b \leqslant d$，则 $T(a,b) \leqslant T(c,d)$。
- 右界：$T(0,0)=0, T(a,1)=T(1,a)=a$。
- 交换律：$T(a,b)=T(b,a)$。
- 结合律：$T(a,T(b,c))=T(T(a,b),c)$。

模糊逻辑或运算也可由协 T 算子 $\oplus$ 定义为

$$\mu_{A \cap B}(x) = S(\mu_A(x), \mu_B(x)) = \mu_A(x) \oplus \mu_B(x)$$

协 T 算子 $\oplus$ 是满足下列条件的一个两变量函数 $S(\cdot, \cdot)$：

- 单调：如果 $a \leqslant c$ 且 $b \leqslant d$，则 $S(a,b) \leqslant S(c,d)$。
- 右界：$S(1,1)=1, S(a,0)=(0,a)=a$。
- 交换律：$S(a,b)=S(b,a)$。
- 结合律：$S(a,S(b,c))=S(S(a,b),c)$。

常用的 T 算子和协 T 算子定义如下。

- T 算子。

$$\mu_A(x) \otimes \mu_B(x) = \begin{cases} \min(\mu_A(x), \mu_B(x)) & \text{（模糊交）} \\ \mu_A(x) \cdot \mu_B(x) & \text{（代数积）} \\ \max(0, (\mu_A(x) + \mu_B(x) - 1)) & \text{（有界积）} \\ \left.\begin{array}{ll} \mu_A(x) & \mu_B(x) = 1 \\ \mu_B(x) & \mu_A(x) = 1 \\ 0 & \mu_A(x) < 0, \mu_B(x) < 0 \end{array}\right\} & \text{（直积）} \end{cases}$$

- 协 T 算子。

$$\mu_A(x) \otimes \mu_B(x) = \begin{cases} \max(\mu_A(x), \mu_B(x)) & \text{（模糊并）} \\ \mu_A(x) + \mu_B(x) & \text{（代数和）} \\ \min(1, \mu_A(x) + \mu_B(x)) & \text{（有界和）} \\ \left.\begin{array}{ll} \mu_A(x) & \mu_B(x) = 1 \\ \mu_B(x) & \mu_A(x) = 1 \\ 0 & \mu_A(x) > 0, \mu_B(x) > 0 \end{array}\right\} & \text{（直和）} \end{cases}$$

4. 模糊规则

在模糊推理系统工程中，模糊规则以模糊语言的形式描述人类的经验和知识，规则是否正确反映人类专家的经验和知识更新，是否能反映对象的特性，直接决定了模糊推理系统的性能，通常通过模糊规则的形式是 if…then，前提由对模糊语言变量的语言描述构成，如"温度较高"，"压力较低"等，结论由对输出模糊语言变量表示成输入量的精确的组合，模糊规则的这种形式化表示是符合人们通过自然对许多知识的描述和记忆习惯的。

模糊规则的建立是构造模糊推理系统的关键，其建立方法主要有如下 3 种。

（1）总结操作人员、专家的经验和知识。操作人员在长期从事仪器设备的操作中，积累了大量的经验，这些经验都有具有模糊性的特点。总结这些经验对构造模糊规则有重要的指导意义；某个领域的专家则对该领域的各种过程机理有较深刻的认识，对过程的运行特性能够通过理论分析给出定性的结论以帮助建立模糊规则。

（2）基于过程的模糊模型。被控过程的动态特性可以用模糊模型来描述，称作过程的模糊模型。基于过程的模糊模型可以产生一组模糊控制规则来使被控过程到达期望的性能。这种方法存在的困难就是难于获得能够充分反映被控过程特性的模糊模型及其参数。

（3）基于学习的方法。当被控过程存在时变的特性或难以直接构造模糊控制器时，可以通过设计具有自学习能力的模糊控制器来自动获得模糊规则。Procyk 和 Mamdani 首先提出了自组织、自学习能力的模糊控制器的一种分级结构，包括两级控制规则：第一级直接用于控制对象；第二级热气测量数据和评价准则在线修改第一级模糊规则。

上面介绍了建立模糊规则的 3 种主要方法，其中第 1 种方法是最基本的，也是应用最广泛的方法。在实际应用中，初步建立的模糊规则往往不能达到良好的效果，必须不断加以修正和试凑。在模糊规则的建立、修正和试凑过程中，应尽量保证模糊规则的完备性和相容性。所谓模糊规则的完备性，是指对于控制过程的任一状态，模糊规则都能产生有关控制作用。模糊规则的相容性则反映在输出模糊集全是否是多峰的，如果存在多峰的现象，则说明模糊规则中有相互矛盾的情况存在。

最简单的 if…then 规则的形式是："如果 x 是 A，则 y 是 B。"复合型的 if…then 规则的形式很多，举例如下。

- if m 是 A 且 x 是 B　then y 是 C，否则 z 是 D。
- if m 是 A 且 x 是 B　且 y 是 C，then z 是 D。
- if m 是 A 或 x 是 B　then y 是 C，或 z 是 D。
- if m 是 A 且 x 是 B　then y 是 C，且 z 是 D。

其中，A、B、C、D 分别是论域 M、X、Y、Z 中模糊集的主义值，if 部分是前提或前件，then 部分是结论或后件。解释 if…then 规则包括以下 3 个过程。

（1）输入模糊化。确定出 if…then 规则前提中每个命题或断言为真的程度（即隶属度）。

（2）应用模糊算子。利用模糊算子可以确定整个前提为真的程度（即整个前提的隶属度）。

（3）应用蕴含算子。由前提的隶属度和蕴含琥子，可以确定结论为真的程度（即结论的隶属度）。

5. 模糊推理

模糊推理是采用模糊逻辑由给定的输入到输出的映射过程。模糊推理包括 5 个过程。

（1）输入变量模糊化，即把确定的输入转化为由隶属度描述的模糊集。

（2）在模糊规则的前件中应用模糊算子(与、或、非)。

（3）根据模糊蕴含运算由前提推断结论。

（4）合成每一个规则的结论部分，得出总的结论。

（5）反模糊化，即把输出的模糊量转化为确定的输出。

6. 模糊控制

在自动控制理论(包括现代控制理论)中,控制器的分析与综合依赖于精确的数学模型。由于被控对象过程的非线性、参数间的强烈耦合、较大的随机干扰、过程机理错综复杂以及现场测量仪表条件的不足,或者测试仪表无法进入被测区,以致不可能建立起被控对象的数学模型,对于那些不能直接获得数学模型描述的系统,传统的控制方法难以取得令人满意的控制效果,然而这类被控对象在手工控制下却能够正常运行,达到一定的预期效果。

在手工控制中,操作人员在长期观察、实践中积累许多经验,这些经验常用定性的、不精确的语言规则等形式加以描述,如"若炉温偏高则燃料适当减少"。系统在运行过程中,人们将观察到的过程输出与设定值比较,得到过程输出偏离设定值程度的模糊语义描述或过程输出偏离设定值变化快慢的模糊语义描述,经逻辑推理得出控制量的模糊量:"适量减少燃料",再经反模糊化且转化为一精确的控制量,实现整个控制过程。以模糊集和模糊推理为基础,对上述手工操作过程进行建模,得到模糊控制器。

模糊系统除用于自动控制外,还用于模糊聚类、建模、信号处理、计算机视觉、专家系统、决策分析、图像处理等许多领域,其理论基础主要是模糊推理,但是具体的问题采用的隶属函数形式和模糊算子的形式不同。

6.1.2　模糊推理系统与 MATLAB 的应用

1. 模糊推理系统结构

最常见的模糊推理系统分为 3 类。

(1) 纯模糊逻辑系统,它的输入与输出均为模糊集合,模糊推理机在模糊推理系统中起着核心作用,它将输入模糊集合按照模糊规则映射为输出模糊集合。

(2) Sugeno 型模糊逻辑系统,它的输出量在没有模糊消除器的情况下仍然是精确值,其输出量由输入值的线性组合来表示。

(3) Mamdani 型模糊系统,具有模糊产生器和模糊消除器的模糊逻辑系统,是最广泛实用的模糊系统,通常简称作模糊逻辑系统,其结构如图 6-1 所示。

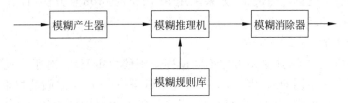

图 6-1　具有模糊产生器和模糊消除器的模糊逻辑系统

2. Mamdani 型模糊逻辑系统构建

Mamdani 型是典型的模糊逻辑系统,MATLAB 模糊逻辑工具箱中的模糊推理系统有5 个过程:输入变量的模糊化、模糊关系运算、模糊合成运算、不同规则结果的综合、去模糊化。

（1）输入模糊化。

一般来说，对于实际问题输入的模糊化是建立模糊推理系统工程的第一步，也就是选择系统的输入变量并根据其相应的隶属度函数来确定这些输入分别归属于恰当的模糊集合。在 MATLAB 模糊逻辑工具箱中，模糊化过程的输入必须是一个确定的数值，如采用平分的方法来把质量好坏这个模糊的概念转换成数值 0～10 之间的值，其对输入变量的广泛性起了一些限制作用，而输出则是一个特定的模糊集合上隶属程度（总是在 0～1 之间）。输入的模糊化相当于一个对应的查表或是函数计算。

例中的模糊推理系统采用了 3 条模糊推理规则，这些模糊规则都是基于将输入看作如下不同的模糊意义上的集合：服务水平差、服务水平高、食物难吃、食物可口等。在这些模糊规则被使用之前，输入变量应当被模糊化处理从而得到其对应的模糊集合。例如，什么程度的食物才算可口？假设给饭店食物质量按照 0～10 分的尺度打 8 分，按照"食物可口"模糊集合的隶属度函数的模糊化过程，经过模糊化后，8 分的食物隶属于"可口食物"的程度为 0.7 即 $\mu = 0.7$，因此该食物属于"可口食物"的程度是 0.7 而 8 分属于差的程度可能是 0。依照这个过程，所有的输入都根据既定的模糊规则所需要的模糊集合经过相应的模糊化过程。

（2）输入模糊集合的合成运算。

当输入已经被模糊化后，就可以知道这些输入满足相应的模糊推理规则的程度。但是如果给定的模糊规则的条件部分不是单一输入，而是多输入，就要运用模糊合成运算对这些多输入进行综合考虑和分析。经过模糊合成运算，这些多输入可以得到一个数值来表示该多个条件输入规则的综合满足程度，并被用于输出函数中。模糊合成运算的输入对象是两个或多个经过模糊化后的输入变量的隶属度值，输出是一个惟一确定的数值。任何完善合理的模糊合成方法都可以用 and(与操作)和 or(或操作)来实现。MATLAB 工具箱内置两种 and 操作方法，即 min(最小法)和 prod(乘积法)。同样，or 操作的方法也有两种，即 max(最大法)和 probor(概率法)。概率法(也称作代数和法)的计算公式为：

$$probor(a,b) = a + b$$

以推理规则"如果服务好和食物非常可口则小费高"的计算为例，输入的条件分别为实际服务打 3 分和食物打 8 分，则根据输入模糊化隶属函数可得隶属于服务好的程度是 0，隶属于食物可口的程度是非曲直 0.7，or 操作用 max 方法选择两者中的最大值 0.7，这样这一规则相对应的模糊合成就已经完成了，如果采用 or 操作的 probor 方法，计算方法为：probor (0.7,0)=0.7+0=0.7。

（3）模糊蕴含方法。

在进行模糊推理之前，还必须考虑不同模糊规则的权重问题(对于多规则系统，可能各条规则的重要程度是不同的)。因此，每一条规则赋予一个 0～1 之间的权重值，这个权重与每条规则的输入发生作用，通常权重相同且为 1。所以它对推理的结果并不产生影响。但在某些情况下则有可能不断修改各条模糊规则的相对权重而不是简单地取为 1。一旦给各条规则分配了恰当的权重(权重的处理可以转换成权重均为 1 的情况)，就可以进行模糊蕴含计算了。模糊蕴含计算过程的输入是由输入模糊集合的合成运算得到的单一数值即模糊集合，输出为根据模糊规则推导的结论模糊集合。模糊蕴含也就是各条模糊规则的表示问题。与合成方法相似，在 MATLAB 中蕴含也有两种方法：min(最小法)和 prod (乘积法)。

（4）输出的合成 Aggregation。

由于在模糊推理系统里决策的生成取决于所有的模糊规则，因而上一步所计算出的模糊输出必须用某种方式组合起来以得出结果。输出的合成就是对于所有模糊规则输出的模糊集合进行综合的过程。对于每一个输出变量，合成只进行一次。最终，对于每个输出变量仅得到一个模糊输出集合。

合成的方法应当是与顺序无关的，各条规则的结果的合成顺序度不影响结果。MATLAB 提供 3 种合成方法：max（最大值法）、probor（概率法）和 sum（求和法）。

（5）逆模糊化（解模糊化）。

逆模糊化的输入是模糊集合，即模糊推理系统的总体输出模糊集合，它的输出结果是一个数值。最后对实际有用的每一个变量的输出结果通常要求是一个确定的数值。由于经过模糊推理后所得到的是输出变量的在一个范围上的隶属度函数，因此，必须进行去模糊以得到确定输出的值。最通常的去模糊化的方法是面积中心法（重心法）。

MATLAB 模糊逻辑工具箱的解模糊化函数为 defuzz，其功能为执行输出解模糊化。

6.1.3 模糊推理系统的 MATLAB 模糊工具箱的图形界面实现方法

模糊推理系统可通过 MATLAB 模糊工具箱的图形界面工具来实现，方法简单并且直观。也可利用 MATLAB 提供的命令行方式的模糊逻辑函数编辑实现，这种方法有利于实现比较复杂的模糊推理系统。MATLAB 模糊工具箱的图形化工具与命令行函数是统一的，其格式都是相同的。

1. 图形界面工具箱简介

MATLAB 模糊工具箱提供的图形化工具包括如下 5 类。

- Fuzzy（模糊推理系统编辑器）。
- Mfedit（隶属度函数编辑器）。
- Ruleedit（模糊规则编辑器）。
- Ruleview（模糊规则观察器）。
- Surfview（模糊推理输入输出曲面视图）。

这 5 个图形化工具操作规程简单，相互动态联系，可以同时用来快速构建用户设计的模糊系统，如图 6-2 所示。

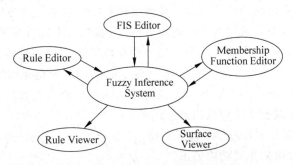

图 6-2 模糊逻辑可视化工具关系图

除此之外,工具箱还提供了图形化的基于神经网络算法的模糊逻辑系统设计工具函数 ANFISEDIT,它主要用于 Sugeno 型自适应神经网络模糊推理系统的建立、训练和测试。

Fuzzy 用来处理系统的最顶层的构建问题,例如输入输出变量的数目、变量名等。通常 MATLAB 并不限制输入的数目,但是对于复杂的大系统,输入可能会受到计算机内存的限制。在输入的数目太多或者模糊规则数目太多的情况下,使用图形化工具就会比较困难,就需要通过编写相应的程序来完成。Mfedit 用来可视化定义各个变量的隶属度函数。Ruleedit 用来编辑决定系统输出的模糊规则。Ruleview 和 Surfview 用来查看规则和模糊推理系统的输入输出关系曲面,它们用来计算、显示、模拟、分析和诊断系统,具有只读属性,并不对系统进行修改。

2. Fuzzy(模糊推理系统编辑器)

基本功模糊推理系统编辑器提供了利用 GUI(图形界面)对模糊系统的高层属性的编辑和修改功能,包括输入、输出语言变量的个数和去模糊化方法等。在基本模糊编辑器中可以通过菜单选择激活其他几个图形界面编辑器,如 Ruleedit(模糊规则编辑器)、Mfedit(隶属度函数编辑器)等。在 MATLAB 命令窗口执行 Fuzzy 命令即可激活基本模糊推理系统编辑器,其图形界面如图 6-3 所示。

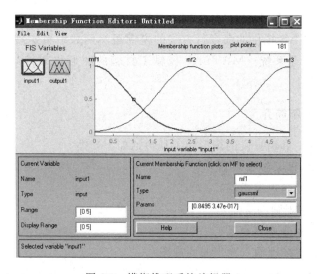

图 6-3　模糊推理系统编辑器

在窗口上半部以图形框的形式列出了模糊推理系统的基本组成部分,即输入模糊变量、模糊规则和输出模糊变量。通过双击上述图形框,能够激活隶属度函数编辑器和模糊规则编辑器等相应的编辑窗口。在窗口的下半部分的左侧列出了模糊推理系统的名称、类型和一些基本属性,包括“与”运算方法、“或”运算方法、蕴涵运算、模糊规则的综合运算以及去模糊化方法等,窗口下半部分的右侧,列出了当前选定的模糊语言变量的名称及其论域范围。在实际中,根据需要来调整选取以输出理想结果。

在 fuzzy 的菜单部分主要提供了如下功能。

(1) File(文件)菜单的主要功能如下。

• New Msmdani FIS:新建 Msmdani 型模糊推理系统。

- New Sugeno FIS：新建 Sugeno 型模糊推理系统。
- Open FIS From Disk：从磁盘打开一个型模糊推理系统文件。
- Save to disk：将当前的型模糊推理系统保存到磁盘中。
- Save As to disk：将当前的型模糊推理系统另存为一个文件。
- Open FIS From Workspace：从工作空间加载一个型模糊推理系统。
- Save to Wrokspace：保存到工作空间。
- Save to Wrokspace as：另存到工作空间的某一模糊推理系统。
- Print：打印型模糊推理系统的信息。
- Close window：关闭窗口。

（2）Edit（编辑）菜单的主要功能如下。

- Add input：添加输入语言变量。
- Add output：添加输出语言变量。
- Remove variable：删除语言变量。

（3）View（视图）菜单主要功能如下。

- Edit FIS Properties：修改模糊推理系统的特性。
- Edit membership functions：打开隶属度函数编辑器。
- Edit Rules：打开模糊规则编辑器。
- View Rules：打开模糊规则浏览器。
- View Surface：打开模糊系统输入输出特性浏览器。

MATLAB 模糊工具箱中已经附带了很多示例模型。这里以 MATLAB 工具箱中的典型范例说明模糊系统构建过程。

【例 6-1】 小费问题。

一般情况下，顾客在饭店里所给的小费与服务以及食物质量有关，简化问题模型的输入为服务质量和食物质量，输入的模糊空间范围即输入论域是顾客给出各项的分数分别是食物为：0～10 分，服务为：0～10 分。所给的评语分别是：食物为"差，好"；服务为"差，好，很好"；输出的模糊空间范围即输出论域是小费为（总价格的）5％～25％，其评语为："少，中等，高"。系统有如下 3 条模糊规则。

① 如果服务差，食物差，则小费低；
② 如果服务好，则小费中等；
③ 如果服务好和食物非常可口，则小费高。

小费问题，在 MATLAB 中已经提供了几种现成的模糊逻辑推理系统方案：分别存为custtip. fis，tiper. fis，tipper1. fis，tippersg. fis。下面以系统 tipper. fis 为例讲解图形编辑工具的使用。

- 直接读取磁盘中的文件的方法在 MATLAB 中输入命令：

```
fuzzy tipper(或 fuzzy tipper.fis)
```

打开模糊系统 tipper. fis 的编辑窗口，如图 6-4 所示。

图形化模糊系统工程工具 fuzzy 函数已经将在磁盘上的小费问题的模糊推理系统tipper. fis 读入了内存，这时就可以用前面所提到的 5 类图形化工具来对这个模糊系统进行计算、模拟、实现、修改等操作。

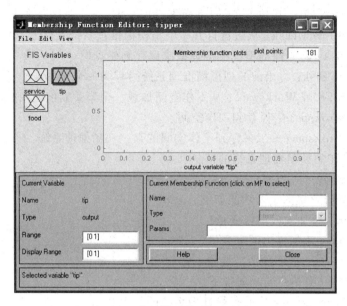

图 6-4　隶属度函数编辑器界面

- 自建 fis 文件的方法

① 在 MATLAB 中输入命令 fuzzy f 进入模糊系统得到基本模糊推理系统编辑器图形界面。

② 选择 Edit→Add input 项，使系统变成两个输入、一个输出，此时的文件名为 untitled。

③ 单击系统的 input1 输入文本框在 GUI 的右下角的空白处修改输入名称作 service，同理将 input2 输入文本框修改为 food，通常 FIS 编辑器默认为 Mamdani 型系统。

④ 单击系统的 output1（输出文本框），在 GUI 的右下角的空白处修改输出框的名称作 "tip"。

⑤ 在 File 下选择 Save to Workspace as…，并输入变量名为 tip，这时在 MATLAB 的工作空间中得到了一个 FIS 结构，名为 tipper。

在 MATLAB 下可显示出这一变量：

```
tipper
tipper =
    Nanm: 'tipper'
    Type: 'mamdani'
    Andmethod: 'min'
    OrMethiod: 'max'
    DefuzzMethod: 'centroid'
    ImpMethod: 'min'
    AggMethod: 'max'
    Input: [1x2 struct]
    Output: [1x1 struct]
    Rule: []
```

这样就建立初步的模糊推理系统的 GUI,与图 6-5 的不同在于没有 Rule 输入,其内容为空白。

在操作中,选择【Save to Wrokspace as…】将其存到工作空间内,而不是存入磁盘。如果选择存入磁盘的话,应当注意避免和系统中已有的文件重名。编辑窗口界面先后进行模糊系统中的相关隶属并函数及模糊规则等内容的编辑。

模糊隶属度函数的编辑有 3 种方式来打开编辑窗口。

① 选择 View→Edit membership function 项。

② 用双击窗口中需要编辑的变量图标,tip。

③ 直接在命令输入命令: mfedit。

3. 隶属度函数编辑器

在命令窗口输入 mfedit,或在基本模糊推理系统编辑器中选择编辑隶属度函数菜单,都可以激活隶属度函数编辑器。该编辑器提供了对输入输出语言变量各语言值的隶属度函数类型、参数进行编辑与个性的图形界面工具。在模糊推理系统编辑器菜单中选择 View→Edit membership function 项,如图 6-5 所示。

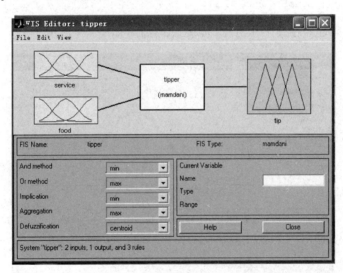

图 6-5　小费问题模糊系统编辑窗口

窗口上半部分为隶属度函数的图形显示;下半部分为隶属度函数的参数设定界面,包括语言变量的名称、论域和隶属度函数的名称、类型和参数。在菜单部分,文件菜单和视图菜单的功能与模糊推理系统编辑器的文件功能类似。Edit 菜单的功能包括添加定制的隶属度函数以及删除隶属度函数等。Edit 菜单的功能如下。

```
Add MFs...
Add Custom MF...
Remove Current MF
Remove All MF
Name = 'service'
Range = [0 10]
```

```
NumMFs = 3
Name                type        params
MFs = 'poor';       'gaussmf',  [1.5 0]
MFs = 'good';       'gaussmf',  [1.5 5]
MFs = 'excellent';  'gaussmf',  [1.5 10]
food
Name = 'food'
Range = [0 10]
NumMFs = 2
MF1 = 'rancid';     'trapmf',   [0 0 1 3]
MF2 = 'delicious';  'trapmf',   [7 9 10 10]
 Tip
Name = 'tip'
Range = [0 30]
NumMFs = 3
MF1 = 'cheap'       'trimf'     [0 5 10]
MF2 = 'average';    'trimf'     [10 15 20]
MF3 = 'generous';   'trimf'     [20 25 30]
```

将改动后的文件保存到工作空间,完成上述操作,如图 6-6 所示。

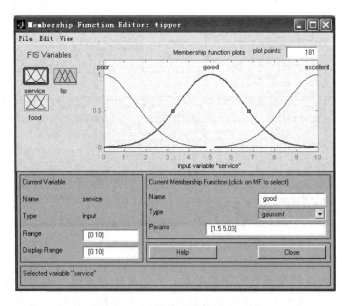

图 6-6　经过编辑后的隶属度函数

4. Ruleedit(模糊规则编辑器)

在 MATLAB 命令窗口输入 ruleedit 命令。或在基本模糊推理系统编辑器中选择编辑模糊规则菜单,均可激活模糊规则编辑器。在模糊规则编辑器中,提供了添加、修改和删除模糊规则的图形界面。在模糊推理系统编辑器菜单中,选择 View→Edit Rules…或双击 FIS Edit 窗口中间白色的模糊规则图标,打开 Rule Editor:tipper 窗口,如图 6-7 所示。

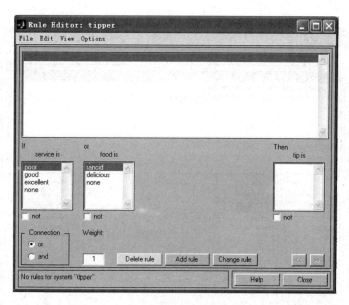

图 6-7　模糊规则编辑器

在模糊规则编辑器中提供了一个文本框，用于规则的输入和修改。模糊规则的显示方式包括 3 种：Verbose(语言型)、Simbolic(符号型)以及 Indexed(索引型)。

模糊规则编辑器的菜单功能与前两基本编辑器类似，在其视图菜单中能够激活其他的编辑器或窗口。

窗口下部还有 3 个按钮，分别为 Delete rule(删除规则)、Add rule(增加规则)及 Change rule(个性规则)。

在这个窗口下，编辑模糊规则是十分方便的，系统已经自动地将在 FIS dit 中定义的变量显示在界面的左下部。在窗口上选择相应的输入变量(以及是否加否定词 not)，然后选择不同变量之间的连接关系(or 或者 and)以及输入权重(默认为 1)。然后，单击 Add rule 按钮，输入的规则就在编辑器上面的显示区域中出现了。

例如，在 service 列表中选择 poor 项，在 food 列表中选择 racid 项，在 connection 项中选 or 单选按钮，单击 Add rule 按钮，出现如下结果。

1. If(service is poor),or (food is rancid)then(tip is cheap)(1)

括号中的数字是该规则的权重值。依次输入如下内容。

2. If(service is good)then(tip is average)(1)

3. If(service is excellent)or (food is delicious)then(tip is generous)(1)

输入完成之后，文本框内出现刚加入的模糊推理规则，如图 6-8 所示。

也可以从菜单 Options 项中选择相应的显示方式。

将显示方式设为 symbolic ，显示如下：

1. (service = = poor) = >(tip = cheap)(1)

2. (service = = good) = >(tip = average)(1)

3. (service = = excellent) = >(tip = average)(1)

如设为 indexed，显示如下。

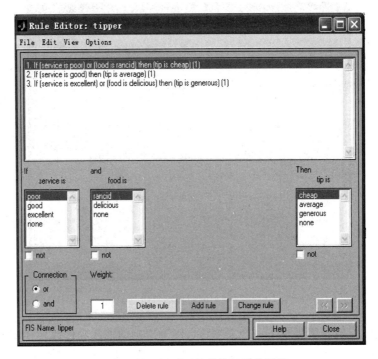

图 6-8　输入规则后的模糊规则编辑器

1. 1(1) : 1

2. 2(1) : 1

3. 3(1) : 1

这 3 种显示方式虽不同但这些规则内部实际的含义仍然是相同的。

5. Ruleview(模糊规则观察器)

在 MATLAB 命令窗口输入 ruleview 命令，或在上述 3 种编辑器中选择相应菜单，都可以激活模糊规则浏览器。在模糊规则浏览器中，以图形描述了模糊推理系统的推理过程，如图 6-9 所示。在 Rule Viewer：tipper 窗口中，上部是各输入输出的在输入选取确定值后的各评价语隶属度情况和按输入的规则推理运算后的各对应输出隶属度情况。窗口的下部有输入值调整窗口，可以在该窗口内改变输入的相应的参数来观察模糊逻辑推理系统的输出的情况。

6. Surfview(模糊推理输入输出曲面视图)

在 MATLAB 命令窗口输入 surfview 命令，或在各个编辑器窗口选择相应菜单，打开模糊推理的输入输出曲面视图窗口。该窗口以图形的形式显示了模糊推理系统的输入输出特性曲面。在命令窗口中输入命令 surfview tipper，打开 Surface Viewer：tipper 窗口，如图 6-10所示。

以上是利用 MATLAB 模糊工具箱中的图形界面工具完成模糊推理系统构建过程，整个过程简单方便并且直观。

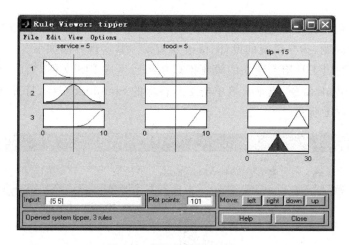

图 6-9　模糊规则演示窗口

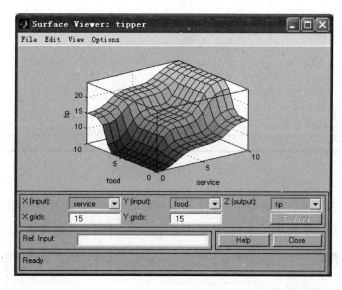

图 6-10　曲面观测器

当然，MATLAB 模糊工具箱中也有其他的方法可以构建模糊推理系统，也有一些特殊功能的函数如自定义函数这里不做介绍。

6.1.4　模糊逻辑工具箱与 Simulink 的接口

MATLAB 的模糊逻辑工具箱除了提供图形化工具以及命令行函数外，还可以与仿真工具箱等其他工具箱完美地结合起来并可以方便直观地观察到设计的模糊推理系统的工作情况，进而指导、改进和检验系统的设计。

MATLAB 的模糊的图形化系统建模和仿真工具 Simulink

MATLAB 提供的系统模糊图形输入与仿真工具有两个显著的功能：Simu(仿真)与 Link(连接)。既可以利用鼠标在模型窗口上"画"出所需的控制系统工程模型，又可以利用 Simulink 提供的功能来对系统进行仿真或线性化分析，使用得复杂系统的输入变得简单和直观。

当在模糊逻辑工具箱中建立了模糊推理系统后,可以在 Simulink 仿真环境中对其进行仿真分析和解决问题,指导系统的设计、修改及完善。其实现方法如下。

(1)在模糊逻辑工具箱中建立的模糊推理系统后生成 FIS 文件,然后,在 MATLAB 命令窗口输入 Simulink 命令,或是直接单击工具栏上的 Simulink 图标,打开 Simulink 模块库浏览环境,如图 6-11 所示。

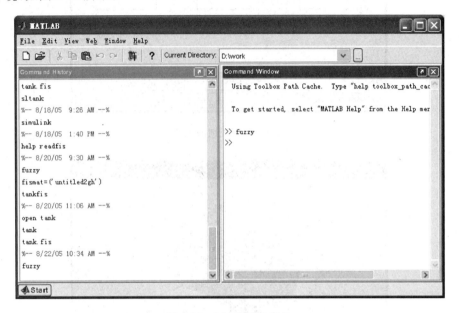

图 6-11 MATLAB 窗口

(2)在 Simulink 模块库窗口中,选择 File→New→Model 项或直接单击工具栏上的相应图标来创建一个新的模型,如图 6-12 所示。

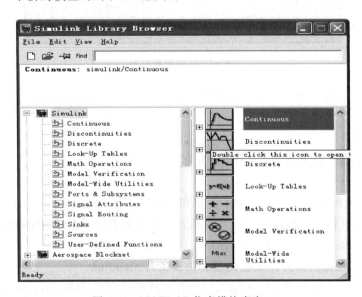

图 6-12 MATLAB 仿真模块库窗口

（3）在新的仿真模型编辑主窗口中搭建仿真控制系统模型，如图 6-13 所示。

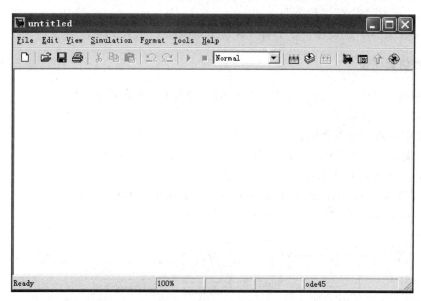

图 6-13　仿真模型编辑主窗口

搭建好仿真系统模型后，选择好各模块的参数，将模糊逻辑控制器的参数导入，进行仿真。

6.1.5　MATLAB 模糊工具箱应用实例

【例 6-2】 设计典型二阶环节：

$$H(s) = \frac{20}{1.6s^2 + 4.4s + 1}$$

的模糊控制器，使系统输出尽快跟随系统输入。

1. 建立结构图

设系统输入为 $R=10$，系统输出误差为 e，误差导数为 de，则可根据系统输出的误差和误差导数设计出 FC（模糊控制器），如图 6-14 所示。FC 的输入为 e 和 de 的模糊量，输出为 u 的模糊量，论域分别为：$[-11]$、$[-11]$、$[-10 \quad 10]$，其模糊语言如下。

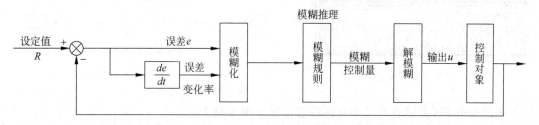

图 6-14　二级系统结构图

- e：“大 B”；“小 S”
- de：“正 P”“零 Z”、“负 N”；
- u：“负大 NB”、“负小 NS”、“零 ZR”、“正小 PS”、“正大 PB”。

2. 建立仿真模型

使用 MATLABL 图形界面工具设计模糊控制器 FC 过程如下。

（1）确定隶属度函数。

（2）确定模糊控制器规则。

（3）将编制好的文件生成 FIS 文件。

该例的文件名为 GH.fis；

在 MATLAB 下的 Simulink 环境中建立二级系统的仿真模型，如图 6-15 所示。

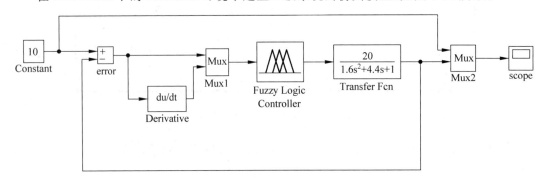

图 6-15　二级系统的仿真模型

3. 调用设置的参数

将 MATLAB 下的 GH.fis 文件导入 Simulink 模型中，作为的模糊控制器 FC 的参数，操作步骤如下。

（1）双击模糊模块控制器，打开对话框并给导入到仿真系统中的模糊控制器并命名为 gh，即 Workspace variable 为 gh，然后单击 OK 按钮，如图 6-16 所示。

（2）在 MATLAB 环境下输入命令： gh＝read(‘GH.FIS’)，即可完成。

（3）在模型中变量修改使用 FIS 中的 Wizard 模块将编制的模糊控制器标准化，如图 6-17所示。

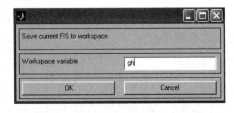

图 6-16　模糊控制器命名对话框

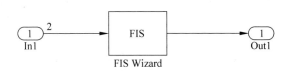

图 6-17　标准模糊控制器框图

可以双击 Fis 图标查看模型详细设置情况如图 6-18 所示。

运行并建立仿真模型，系统的输出曲线，如图 6-19 所示。

从结果可以看出系统输出脉动大，其原因是系统的模糊控制器控制效果不好，如控制规

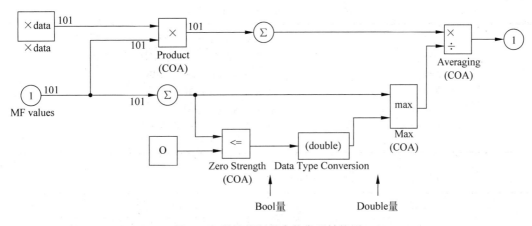

图 6-18 模糊控制器参数类型转换图

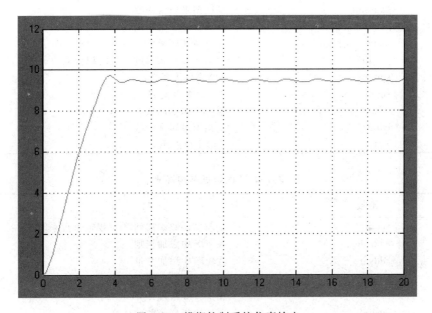

图 6-19 模糊控制系统仿真输出

则不合适、参数选择不合理、运用的算法不恰当等。这些问题都有需要在实际中不断调试解决，以达到一个预期的结果。如果在实际中无法达到预期的结果，要从控制方案上考虑，如考虑使用模糊 PID 控制，或者其他控制方案，通过设计比较找出最优方案。

6.2 MATLAB 模糊逻辑工具箱命令行函数应用

6.2.1 MATLAB 模糊逻辑工具箱函数

MATLAB 包含进行模糊分析与模糊系统设计的许多工具箱函数，如表 6-1、表 6-2、表 6-3、表 6-4、表 6-5、表 6-6、表 6-7 所示。

表 6-1　GUI(图形用户界面)工具

函数	功能
anfisedit	打开 ANFIS 编辑器的 GUI(图形界面)
fuzzy	调用基本功的 FIS 编辑器
mfedit	隶属度函数编辑器
ruleedit	规则编辑器和解析器
ruleview	规则观测器和模糊推理框图
surfview	输出曲面观测器

表 6-2　隶属度函数

函数	功能
dsigmf	由两个 S 形隶属度函数的差构成的隶属度函数
gauss2mf	联合高斯型隶属度函数
gaussmf	高斯型隶属度函数
gbellmf	广义钟形隶属度函数
pimf	Ⅱ 形隶属度函数
psigmf	由两个 S 形隶属度函数的积构成的隶属度函数
smf	S 状隶属度函数
sigmf	S 形隶属度函数
trapmf	梯形隶属度函数
trimf	三角形隶属度函数
zmf	Z 形隶属度函数

表 6-3　FIS 数据结构管理

函数	功能
addmf	隶属度函数添加到 FIS(模糊推理系统)
addrule	在 FIS 中添加规则
addvar	在 FIS 中添加变量
defuzz	反模糊化的隶属度函数
evalfis	完成模糊推理计算
evalmf	普通隶属度函数的计算
gensurf	产生 FIS 输出曲面
getfis	获取模糊系统的特性
mf2mf	在隶属度函数之间进行参数变换
newfis	建立新的 FIS
parsrule	模糊规则解析
plotfis	绘图表示 FIS
plotmf	绘制出给定变量的所有隶属度函数
readfis	从磁盘中装入 FIS
rmmf	从 FIS 中删除隶属度函数
rmvar	从 FIS 中删除变量
setfis	设置模糊系统的特性
showfis	显示带注释的 FIS
showrule	显示 FIS 规则
writefis	将 FIS 结构保存到磁盘文件中

表 6-4 先进技术

函数	功 能
anfis	Sugeno 型的训练程序
fcm	模糊 C 均值聚类
genfis1	利用加法聚类的数据中产生 FIS 结构
genfis2	利用减法聚类从数据中产生 FIS 结构
subclust	找出减法聚类的聚类中心

表 6-5 Simulink 仿真方框

函数	功 能
fuzblock	模糊逻辑控制器框图仿真
sffis	Simulink 中和模糊推理 S 函数

表 6-6 其余函数

函数	功 能
convertfis	FIS 结构的版本变换
findcluster	模糊 C 均值和减法聚类的交互聚类 GUI
fuzarith	完成模糊算术运算
mam2sug	将 Mamdani 型的 FIS 变换成 Sugeno 型 FIS
fuzdemos	模糊逻辑工具箱演示程序列表 help fuzzy

表 6-7 模糊系统演示程序

函数	功 能
defuzzdm	去模糊方法
fcmdemo	FCM 聚类方法演示(二维)
gasdemo	使用减法聚类的 ANFIS 演示
juggler	魔球演示
invkine	机械臂的倒置
irisfcm	FCM 聚类演示(四维)
noisedm	自适应噪声对消
slbb	球棒控制
slcp	倒立摆控制
sltank	水位控制
sltankrule	水位控制(得用规则观测器)
sltbu	卡车倒车控制

6.2.2 MATLAB 命令行函数使用

1. 隶属度函数

(1) dsigmf。

- 功能：由两个 S 形隶属度函数的差构成的隶属度函数。
- 格式：y＝dsigmf(x,[a1 c1 a2 c2])。

- 说明：这里使用的 S 形隶属度函数取决于 a 和 b 两个参数,其公式如下。

$$f(x,a,c) = \frac{1}{1+e^{-a(x-c)}}$$

隶属度函数 dsigmf 有 4 个参数：a1,c1,a2 和 c2,它是形隶属度函数的差,

$$f1(x,a1,c1) - f2(x,a2,c2)$$

$f1$ 和 $f2$ 可参见 sigmf 函数。

（2）gauss2mf。

- 功能：联合高斯型隶属函数。
- 格式：y＝gauss2mf(x,[sig1 c1 sig2 c2])。
- 说明：高斯函数取决于两个参数 σ(用 sig 表示)和 c,其公式如下。

$$f(x,\sigma,c) = e^{-\frac{(x-c)^2}{2\sigma^2}}$$

函数 gauss2mf 是两个高斯函数的联合,第一个函数由 sig1 和 c1 指定,第二个函数由 sig2 和 c2 指定,分别用于指定左边和右边的形状。只要 c1＜c2,则 gauss2mf 的最大值达到 1；否则 gauss2mf 的最大值小于 1。

（3）gaussmf。

- 功能：高斯型隶属度函数。
- 格式：y＝gaussmf(x,[sig c])。
- 说明：对称的高斯函数取决于两个参数 σ(用 sig 表示)和 c,其公式如下。

$$f(x,\sigma,c) = e^{-\frac{(x-c)^2}{2\sigma^2}}$$

gaussmf 函数的参数以向量[sig,c]形式给出。

【例】

```
x = 0: 0.1: 10;
y = gaussmf(x,[2 5]);
plot(x,y)
xlabel('gaussmf,P = [2 5]');
```

执行后得到高斯型隶属度函数,如图 6-20 所示。

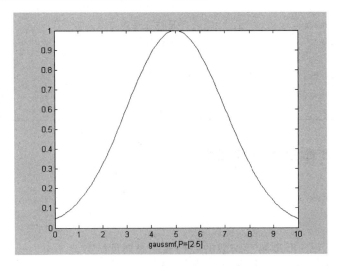

图 6-20 高斯型隶属度函数示例

（4）gbellmf。

- 功能：广义钟形隶属度函数。
- 格式：y＝gbellmf(x,params)。
- 说明：广义钟形函数有 3 个参数 a,b,c,其公式如下。

$$f(x,a,b,c) = \cfrac{1}{1+\left|\cfrac{x-c}{a}\right|^{2b}}$$

其中,参数 b 通常为正,参数 c 用于确定曲线的中心。在 gbellmf 函数的第二个参数 params 中应输入向量,其内容分别为 a,b 和 c。

（5）primf。

- 功能：Ⅱ形隶属度函数。
- 格式：y＝primf(x,[a b c d])。
- 说明：这种基于样条的曲线因其形状而得名。primf 函数可在指定向量 x 处计算隶属度函数值,参数 a 和 d 用于确定曲线的"脚",参数 b 和 c 用于确定曲线的"肩膀"。

（6）psigmf。

- 功能：由两个 S 形隶属度函数的积成的隶属度函数。
- 格式：y＝psigmf(x,[a1 c1 a2 c2])。
- 说明：S 形函数由参数 a 和 c 确定,其公式如下。

$$f(x,a,c) = \frac{1}{1+e^{-a(x-c)}}$$

psigmf 函数只是两个这种 S 形函数乘积,公式如下。

$$f1(x,a1,c1) \times f2(x,a2,c2)$$

其参数由[a1 c1 a2 c2]指定。

（7）smf。

- 功能：S 状隶属度函数。
- 格式：y＝smf(x,[a b])。
- 说明：这是基于样条函数曲线,因其形状而得名,参数 a 和 b 用于确定曲线的形状。

（8）sigmf。

- 功能：S 形隶属度函数。
- 格式：y＝sigmf(x,[a c])。
- 说明：S 形函数 sigmf(x,[a c])由参数 a 和 c 决定,其公式如下。

$$f(x,a,c) = \frac{1}{1+e^{-a(x-c)}}$$

根据参数 a 的正负,可确定 S 形隶属度函数的开口朝左或朝右,这正好可用来表示"正很大"或"负很大"的概念,更一般的隶属度函数可由两个不同的 S 形隶属度函数的积或差来构成。

（9）trapmf。

- 功能：梯形隶属度函数。

- 格式：y＝trapmf(x,[a b c d])。
- 说明：梯形曲线可由 4 个参数 a,b,c,d 确定,其公式如下。

$$f(x,a,b,c,d) = \begin{cases} 0 & x \leqslant a \\ \dfrac{x-a}{b-a} & a \leqslant x \leqslant b \\ 1 & b \leqslant x \leqslant c : \\ \dfrac{c-x}{c-b} & c \leqslant x \leqslant d \\ 0 & x \geqslant d \end{cases}$$

或者更紧凑地表示形式如下。

$$f(x,a,b,c,d) = \max\left(\min\left(\frac{x-a}{b-a},1,\frac{d-x}{d-c}\right),0\right)$$

其中参数 a 和 d 确定梯形的"脚",而参数 b 和 c 确定梯形的"肩膀"。

【例 6-3】

```
x = 0：0.1：10;
y = trapmf(x,[1 5 7 8]);
plot(x,y)
xlahel('tramf,P = [1 5 7 8]')
```

执行后可得到梯形隶属度函数曲线,如图 6-21 所示。

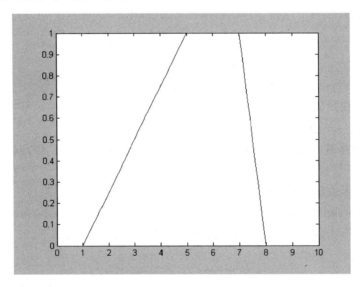

图 6-21　梯形隶属度函数

(10) trimf。

- 功能：三角形隶属度函数。
- 格式：y＝trimf(x,params),y＝trimf(x,[a b c])。

- 说明：三角形曲线由 3 个参数 a,b,c 确定，其公式如下。

$$f(x,a,b,c,d) = \begin{cases} 0 & x \leqslant a \\ \dfrac{x-a}{b-a} & a \leqslant x \leqslant b \\ \dfrac{c-x}{c-b} & b \leqslant x \leqslant c \\ 0 & c \leqslant x \end{cases}$$

或者更紧凑地表示如下。

$$f(x,a,b,c) = \max\left(\min\left(\frac{x-a}{b-a},\frac{c-x}{c-b}\right),0\right)$$

参数 a 和 c 确定三角形的"脚"，而参数 b 确定三角形的"峰"。

【例 6-4】

```
x = 0：0.1：10；
y - trimf(x,[3 6 8]);
plot(x,y)
xlabel('tramf,P = [3 6 8]')
```

执行后可得到三角形隶属度函数曲线，如图 6-22 所示。

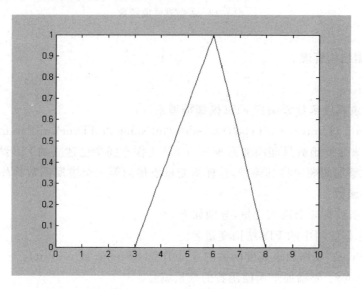

图 6-22　三角形隶属度函数

(11) zmf。

- 功能：Z 形隶属度函数。
- 格式：y＝zmf(x,[a b])。
- 说明：这是基于样条函数的曲线，因其呈现 Z 形状而得名。参数 a 和 b 确定曲线的形状。

【例 6-5】

```
x = 0：0.1：10；
y = zmf(x,[3 7]);
```

```
plot(x,y)
xlabel('tzmf,P=[3 7]')
```

执行后可得到 Z 形隶属度函数曲线,如图 6-23 所示。

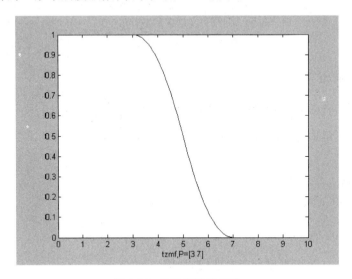

图 6-23　Z 型隶属度函数

2. FIS 数据结构管理

(1) addmf。

- 功能:隶属度函数添加到 FIS(模糊推理系统)。
- 格式:a=addmf(a,'varType',varIndex,'mfName','mfType',mfParams)。
- 说明:隶属度函数只能添加到 MATLAB 工作空间中已建立的 FIS 结构中。按隶属度函数添加的顺序将其编号,这样给变量添加的第一个隶属函数称作该变量的 1 号隶属度函数。

   addmf 函数有 6 个输入变量,分别如下。

   - a:工作空间中的 FIS 结构变量名。
   - varType:要添加隶属度函数的变量类型(即 input 或 output)。
   - varIndex:要添加隶属度函数的变量编号。
   - mfName:新隶属度函数名。
   - mfType:新隶属度函数类型。
   - mfParams:指定隶属度函数的参数向量。

【例 6-6】

```
a = newfis('tipper');                    % 建立新的 FIS 系统
a = addvar(a,'input', 'service',[0 10]); % 给 FIS 添加新的输入变量 service
a = addmf(a, 'input',1, 'poor','gaussmf',[1.5 0]);
a = addmf(a, 'input',1, 'poor','gaussmf',[1.5 5]);
a = addmf(a,'input',1, 'excellent','gaussmf',[1.5 10]);
plotmf(a,'input',1)
```

执行结果如图 6-24 所示。

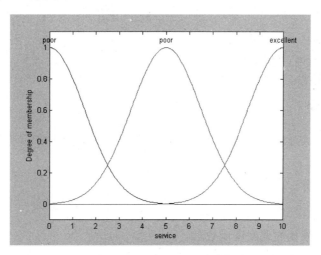

图 6-24　隶属度函数曲线

（2）addrule。

- 功能：在 FIS 中添加规则。
- 格式：a＝addrule(a,ruleList)。
- 说明：addrule 函数有两个变量,第一个变量 a 为 FIS 的变量名,第二个变量 ruleList 表示规则的矩阵。规则列表矩阵的格式有严格的要求；当模糊系统有 m 个输入、n 个输出时,规则列表示矩阵有 m＋n＋2 列,前 m 列表示系统的输入,每列的数值表示输入变量隶属度函数的编号；接着的 n 列表示系统的输出,第列的数值表示输出变量隶属度函数的编号；第 m＋n＋1 列的内容为该条规则的权值(0～1)；第 m＋n＋2 列的值决定模糊操作符的类型；1(当模糊操作为 and 时)或 0(当模糊操作为 or 时)。

【例 6-7】

```
ruleList = [1 1 1 1 1
            1 2 2 1 1];
a = addrule(a,ruleList);
```

如果系统 a 有两个输入和一个输出,则上述定义的第一条规则为：If X is x1 and Y is y1 then Z is z1。

（3）addvar。

- 功能：在 FIS 中添加变量。
- 格式：a＝addvar(a, 'varType', 'varName',varBounds)。
- 说明：Addvar 函数有 4 个输入变量如下。
  - a：工作空间中的 FIS 的变量名。
  - varType：添加隶属度函数的变量类型(即 input 或 output)。
  - varName：添加的变量名。
  - varBounds：变量的取值范围。

添加的变量按其添加的顺序进行编号,这样添加到系统的第一个变量总是称作系统的输入变量 1,输入与输出变量单独编号。

【例 6-8】

```
a = newfis('tipper');
a = addvar(a, 'input', 'servics',[0 10]);
getfis(a,'input',1)
```

这时 MATLAB 产生:

```
Name = service
NumMFs = 0
MFLabels =
Range = [0 10]
```

(4) defuzz。

- 功能:反模糊化的隶属度函数。
- 格式:out=defuzz(x,mf,type)。
- 说明:defuzz(x,mf,type)可得到输入为 x 时的隶属函数 mf 的反模糊化值,其反模糊化的策略由 type 指定。变量 type 如下。
  - ◆ centroid:区域重心法。
  - ◆ bisector:区域等分法。
  - ◆ mom:极大平均法。
  - ◆ som:极大最小法。
  - ◆ lom:极大最大法。

如果 type 不取上述各种方法,则默认为用户自定义的方法,x 和 mf 通过这一函数可产生反模糊化的结果。

【例 6-9】

```
x = -10:0.1:10;
mf = trapmf(x,[-10 -8 -4 7]);
xx = defuzz(x,mf,'centroid');
```

(5) evalfis。

- 功能:完成模糊推理计算。
- 格式:output=evalfis(input,fismat),

  Output=evalfis(input,fismat,numPts),

  [output,IRR,ORR,ARR]=evalfis(input,fismat),

  [output,IRR,ORR,ARR]=evalfis(input,fismat,numPts)。
- 说明:evalfis 函数具有如下参量。
  - ◆ input:指定输入的数值或矩阵。如果输入为 m×n 的矩阵时(n 为输入变量数),则 evalfis 将输入的第一行看作输入向量,并在输出变量 output 中产生 m×1 矩阵,其中每一行为输出向量,1 为输出变量数。
  - ◆ fismat:要计算的 FIS 结构。
  - ◆ numPts:计算输入和输出隶属度函数时采用的取样点数,如果默认,则采用默认值 101。

- ◆ output：evalfis 函数的输出变量为 m×1 的矩阵，其中 m 表示输入变量数，1 表示输出变量数。
- ◆ IRR：输入值通过隶属度函数后的结果，这是 numRules × n 的矩阵，其中 numRules 为规则数，n 为输入变量数。
- ◆ ORR：输出值通过隶属度函数后的结果，这是 numPts × numRules × 1，其中 numRules 为规则数，1 为输出变量数。这个矩阵的前 numRules 列对应于第一个输出，接下来的 numRules 列对应于第二个输出。
- ◆ ARR：沿着每个输出的取值范围以 numPts 取样得到的 numPts×1 矩阵。

只有当输入变量为行向量（只使用一组输入值）时，evalfis 才计算可得到输出变量值。只带一个输出向量 output。

【例 6-10】

```
fismat = readfis('tipper');
Out = evalfis([2 1; 4 9],fismat)
```

这将产生下列结果。

```
Out =
    7.016 9
    19.681 0
```

（6）evalmf。
- 功能：普通隶属度函数的计算。
- 格式：y＝evalmf(x,mfParams,'mfType')。
- 说明：evalmf 函数可计算任意的隶属度函数，其中 x 为要计算的隶属度函数取值，mfType 为工具箱中存在的一种隶属度函数，mfParams 为该函数的合适参数。如果建立了自己的隶属度函数，evalmf 函数也能很好地工作，这是因为 evalmf 只计算隶属度函数，并不对其名字进行识别。

【例 6-11】

```
x = 0：0.1：10；
mfparams = [2 4 6];
mftype = 'gbellmf';
y = evalmf(x,mfparams,mftype);
plot(x,y)
xlabel('gbellmf,P = [2 4 6]')
```

执行结果如图 6-25 所示。

（7）gensurf。
- 功能：产生 FIS 输出曲面。
- 格式：gensurf(fis)，
　　　　gensurf(fis,input,output)，
　　　　gensurf(fis,input,output,grids,refinput)。

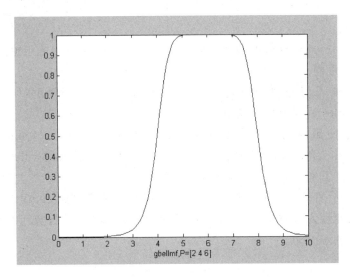

图 6-25　普通隶属度函数计算结果曲线

- 说明：gensurf(fis)函数针对给定 FIS 的前两个输入和第一个输出绘制出曲面。
  - ◆ gensurf(fis,input,output)可在绘制输出曲面时采用指定的输入（由 input 指定）和输出（由标量 output 指定）。
  - ◆ gensurf(fis,input,output,grids)还可指定 X 和 Y 方向的栅格数，如果 grids 为二元向量，则可独立指定 X 和 Y 的栅格数。
  - ◆ gensurf(fis,input,output,grids,refinput)可有两个以上的输出，其中 refinput 指定系统不变的输入。

［x,y,x］＝gensurf(...)又得到输出曲面的坐标值，并抑制自动显示。

【例 6-12】

```
a = readfis('tipper');
gensurf(a)
```

执行后得到 FIS 输出曲面，如图 6-26 所示。

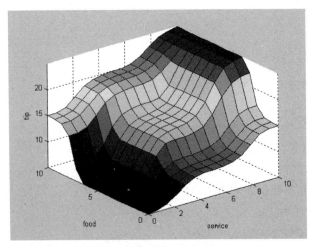

图 6-26　FIS 输出曲面

（8）getfis。

- 功能：获取模糊系统的特性。
- 格式：getfis(a)，

getfis(a,'fisprop')，

getfis(a,'varType',varIndex,'varProp')，

getfis(a,'varType',varIndex,'mf',mfIndex)，

getfis(a,'varType',varIndex,'mf',mfIndex,'mfProp')。

- 说明：这是FIS结构的基本访问函数，利用这一函数可获得FIS的每个部分。getfis
函数的输入变量如下。
  - a：FIS结构的变量名。
  - varType：变量类型的字符串，可取input或output。
  - varIndex：变量邮电部号的整数，例如，1表示输入1或输出1。
  - mf：要搜索的隶属度函数信息的字符串。
  - mfIndex：要搜索信息的隶属度函数的序号。

【例6-13】

- 单输入变量。

```
a = readfis('tipper');
getfis (a)
        Name = tipper
        Type = mamdani
        NumInputs = 2
        InLabels =
                service
                food
        NunOutputs = 1
        OutLabels =
                tip
        NumRules = 3
        AndMethod = min
        OrMethod = max
        ImpMethod = min
        AggMethod = cetroid
```

- 双输入变量。

```
getfis(a,'type')
        ans =
        mamdani
```

- 3个输入变量。

```
getfis(a,'input',1)
        Name = service
```

```
NunMFs = 3
MFLabels =
        poor
        good
        excellent
Range = [0 10]
```

- ◆ 4 个输入变量。

```
getfis(a,'input',1,'name')
    Ans =
        Service
```

- ◆ 5 个输入变量。

```
Getfis(a,'input',1,'mf',2)
Name = good
Type = gaussmf
Params =
        1.5000 5.0000
```

- ◆ 6 个输入变量。

```
getfis(a,'input',1,'mf',2,'name')
    Ans =
        good
```

（9）mf2mf。

- 功能：在隶属度函数之间进行参数变换。
- 格式：outParams＝mf2mf(inParams,inType,outType)。
- 说明：Mf2mf 函数可根据隶属度函数的参数集，将一种隶属度函数变换成另一种，原则上，mf2mf 函数在新旧隶属函数的对称点上进行匹配。这种变换偶尔也会导致信息的丢失，因此如果再将其变换回原来的隶属度函数类型时，则可能会与原隶属度函数不一致。

    mf2mf 的输入变量如下。

    - ◆ inParams：要变换的隶属度函数的参数。
    - ◆ inType：代表要变换的隶属度函数类型的字符串。
    - ◆ outType：代表要变换成新隶属度函数名的字符串。

【例 6-14】

```
x = 0：0.1：5;
mfp1 = [1 2 3];
mfp2 = mf2mf(mfp1,'gbellmf','trimf');
plot(x,gbellmf(x,mfp1),x,trimf(x,mfp2))
```

执行后得到的变换结果，如图 6-27 所示。

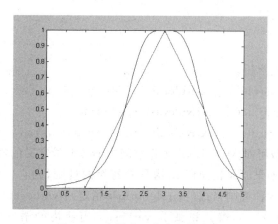

图 6-27　隶属度函数之间的变换

（10）newfis。

- 功能：建立新的 FIS。
- 格式：a = newfis(fisName, fisType, andMethod, orMethod, impMethod, aggMethod, defuzzMethod)。
- 说明：这一函数可建立新的 FIS 结构，newfis 函数最多可有 7 个输入变量，其输出变量为 FIS 结构。7 个输入变量分别如下。
  - fisName：FIS 结构名，其后缀默认为.fis。
  - fisType：FIS 类型。
  - andMethod、orMethod、impMethod、aggMethod 和 defuzzMethod 分别指定 and、or、蕴含、聚集和反模糊化运算方法。

【例 6-15】

为了显示出各种方法的默认值，输入：

```
a = nesfis('newsys');
getfis(a)
```

这时可得到：

```
Name = newsys
Type = mamdani
NumInputs = 0
InLabels =
NumOutputs = 0
OutLabels =
NumRules        0
AndMethod       min
OrMethod        max
ImpMethod       min
AggMethod       max
DefuzzMethod    centroid
ans =
```

[newsys]

（11）parsrule。

- 功能：模糊规则解析。
- 格式：fis2＝parsrule(fis,txtRuleList)，

    fis2＝parsrule(fis,txtRuleList,ruleFormat)，

    fis2＝parsrule(fis,txtRuleList,ruleFormat,lang)。
- 说明：这一函数可对 MATLAB 工作空间中 FIS 变量定义的规则（由 txtRuleList 指定）进行解析，如果原来的 FIS 结构具有初始的规则，则它们将在新的结构中被取代。这里支持 3 种规则格式（由 ruleFormat 指定）：verbose（详细）、symbolic（符号）和 indexed（编号），其默认格式为 verbose。当使用的语言变量 lang 时，规则按 verbosr 模式解析，并采用在 lang 中指定的关键字进行解析。语言只能取 English（英语）、Francais（法语）或 Deutsch（德语），在 English 中的关键字为：If、then、is、and、or 和 not。

【例 6-16】

```
a = readfis('tipper');
ruleTxt = 'If service is poor then tip is generous';
a2 = parsrule(a,ruleTxt,'verbose');
showrule(a2)
ans =
    1. If (service is poor) then (tip is generous) (1)
```

（12）plotfis。

- 功能：绘图表示 FIS。
- 格式：plotfis(fismat)。
- 说明：plotfis 函数可绘制出 FIS 结构（由 fismat 指定）的框图。输入及其隶属度函数在左边，输出及其隶属度函数绘制在右边。

【例 6-17】

```
a = readfis('tipper')
plotfis(a)
```

执行后得到 tipper 模糊推理系统，如图 6-28 所示。

（13）plotmf。

- 功能：绘制出给定变量的所有隶属度函数。
- 格式：plotmf(fismat,'varType',varIndex)。
- 说明：Plotmf 函数可以绘制出 FIS 中给定变量的所有隶属度函数，其中 fismat 指定 FIS 结构，varType 指定变量类型（可取 input 或 output），varIndex 指定变量的序号。这一函数还可以与 MATLAB 的 subplot 配合使用。

【例 6-18】

```
a = readfis('tipper');
plotmf(a,'input',1)
```

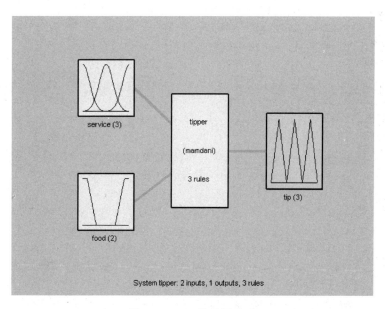

图 6-28　FIS 的绘图表示

执行后所得到隶属度函数曲线，如图 6-29 所示。

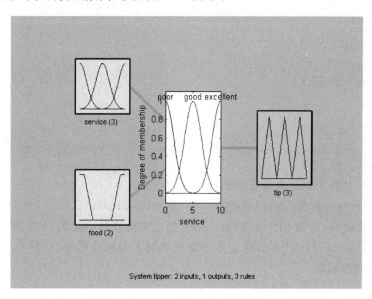

图 6-29　输入变量 1 的所有隶属度函数

（14）readfis。

- 功能：从磁盘中装入 FIS。
- 格式：fismat＝raedfis('filename')。
- 说明：从磁盘的 filename. fis 文件中读取模糊推理系统，并存在于工作空间中。fismat＝readfis（不带输入变量）将打开读取文件的对话框，以便输入文件名及其路径。

234

【例 6-19】

```
fismat = readfis('tipper');
getfis(fismat)
```

这时得到:

```
Name = tipper
Type = mamdani
NumInputs = 2
InLabels =
service

food

NumOutputs = 1
OutLabels =

tip

NumRules = 3
AndMethod = min
OrMethod = max
ImpMethod = min
AggMethod = max
DefuzzMethod = centroid

ans =
   tipper
```

(15) rmmf。

- 功能：从 FIS 中删除隶属度函数。
- 格式：fis＝rmmf(fis,'varType',varIndex,'mf',mfIndex)。
- 说明：其中 fis 指定 FIS 结构,varIndex 指定变量序号,varType 指定变量类型(可取 input 或 output),mfIndex 指定要删除的隶属度函数的序号,字符串 mf 表示要删除的是隶属度函数。

【例 6-20】

```
a = newfis('mysys');
a = addvar(a,'input','temperature',[0 100]);
a = addvar(a,'input',1,'cold','trimf',[0 30 60]);
getfis(a,'input',1)
```

这时得到:

```
Name =  temperature
NumMFs = 1
MFLabels =
```

```
        cold
Range = [0 100]
```

如果输入：

```
b = rmmf(a,'input',1,'mf',1);
getfis(b,'input',1)
```

则可得到：

```
Name =  temperature
NumMFs = 0
MFLabels =
Range = [0 100]
```

（16）rmvar。

- 功能：从 FIS 中删除变量。
- 格式：[fis2,errorStr]=rmvar(fis, 'varType',varIndex)，
        fis2= rmvar(fis,'varType',varIndex)。
- 说明：fis2= rmvar(fis, 'varType',varIndex)可从 FIS 中删除变量，其中 fis 指定 FIS 结构，varIndex 指定要删除的变量序号，varType 指定变量类型（可取 input 或 output）。

[fis2,errorStr]=rmvar(fis, 'varType',varIndex)可在 errorStr 中得到错误信息。

这一函数还可以自动调整规则列表，以便使它与当前的变量数一致。但必须在删除变量前，从 FIS 中删除要删除变量的所有规则，不能删除在规则列表中当前正在使用的模糊变量。

【例 6-21】

```
a = newfis('mysys');
a = addvar(a,'input','temperature',[0 100]);
getfis(a)
```

这时得到：

```
Name = mysys
Type = mamdani
NumInputs = 1
InLabels =
Temperature
NumOutputs = 0
OutLabels =
NumRules = 0
AndMethod = min
OrMethod = max
ImpMethod = max
DefuzzMethod = centroid
ans =
  mysys
```

如果输入：

b = rmvar(a,'input',1);

getfis(b)

则可以得到：

Name = mysys

Type = mamdani

NumInputs = 0

InLabels =

temperature

NumOutputs = 0

OutLabels =

NumRules = 0

AndMethod = min

OrMethod = max

ImpMethod = min

AggMethod = max

DefuzzMethod = centroid

ans =

　mysys

(17) setfis。

- 功能：设置模糊系统的特性。
- 格式：a＝setfis(a,'fisPropname','newfisProp')，

　　　　a＝setfis(a,'varType',varIndex,'varPropname','newvarProp')，

　　　　a＝setfis(a,'varType',varIndex,'mf',mfIndex,'mfPropname','newmfProp')。

- 说明：根据要设置的 FIS 特性不同，setfis 命令可有三个、五个或七个输入变量，这些变量含义如下。
  - a：工作空间中的 FIS 变量名。
  - varType：变量类型的字符串（可取 input 或 output）。
  - varIndex：输入/输出变量序号。
  - mf：使用七个输入变量调用 setfis 时不可默认的变量，用于指示要设置隶属度函数的特性。
  - mfIndex：所选变量的隶属度函数序号。
  - fisPropname：表示 FIS 特性的字符串，这里可取 Name、Type、AndMthod、OrMethod、OrMethod、ImpMethod、AggMethod 和 DefuzzMethod。
  - newfisProp：描述 FIS 特性或方法的字符串。
  - varPropname：表示变量域名的字符串，这里可取 Name 或 Range。
  - newvarProp：当变量域名为 Name 时，这一部分为要设置的变量名的字符串；当变量域名为 Range 时，这一部分为该变量范围的阵列。

- mfPropname：表示隶属度函数域名的字符串，可取 Name、Type 或 Params。
- newmfProp：当变量域名为 Name 或 Type 时，这一部分为要设置的隶属度函数域名或类型；当变量域名为 Params 时，这一部分为参数范围的阵列。

【例 6-22】
- 如果以 3 个自变量调用 setfis 方法如下。

```
a = readfis('tipper');
a2 = setfis(a,'name','eating');
getfis(a2,'name');
```

则可以得到：

```
out =
    eating
```

- 如果以 5 个自变量调用 setfis，则可以修改两个变量的特性，方法如下。

```
a2 = setfis(a,'input',1,'name','help');
getfis(a2,'input',1,'name')
ans =
    help
```

- 如果以 7 个自变量调用 setfis，则可以修改几个隶属度函数的特性，方法如下。

```
a2 = setfis(a,'input',1,'mf',2,'name','wretched');
getfis(a2,'input',1,'mf',2,'name')
ans =
    wretched
```

（18）showfis。
- 功能：显示带注释的 FIS。
- 格式：showfis(fismat)。
- 说明：showfis(fismat)可显示出 FIS 结构 fismat，从而更容易观察 FIS 结构各个域的重要性及其内容。

【例 6-23】

```
A = readfis('tipper');
showfis(a)
```

这时得到：

```
1. Name            tipper
2. Type            mamdani
3. Inputs/Outputs  [2 1]
4. NumIntputMFs    [3 2]
5. NumOutputMFs    3
6. NumRules        3
7. AndMethod       min
8. OrMethod        max
```

9. ImpMethod	min
10. AggMetthod	max
11. DefuzzMeethod	centroid
12. InLabels	service
13.	food
14. OutLabels	tip
15. InRange	[0 10]
16.	[0 10]
17. OutRange	[0 30]
18. InMFLabels	poor
19.	good
20.	excellent
21.	rancid
22.	delicious
23. OutMFLabela	cheap
24.	average
25.	generous
26. InMFTypes	gaussmf
27.	gaussmf
28.	gaussmf
29.	trapmf
30.	trapmf
31. OutMFParams	trimf
32.	trimf
33.	trimf
34. InMFParams	[1.5 0 0 0]
35.	[1.5 5 0 0]
36.	[1.5 10 0 0]
37.	[0 0 1 3]
38.	[7 9 10 10]
39. OutMFParams	[0 5 10 0]
40.	[10 15 20 0]
41.	[20 25 30 0]
42. Rule Antecedent	[1 1]
43.	[2 0]
44.	[3 2]
42. Rule Consequent	1
43.	2
44.	3
42. Rule Weigth	1
43.	1
44.	1
42. Rule Connection	2
43.	1
44.	2

(19) showrule。
- 功能：显示 FIS 规则。
- 格式：showrule(fis)，

       showrule(fis,indxList)，

       showrule(fis,indexList,format)，

       showrule(fis,indexList,format,Lang)。
- 说明：showrule 可显示出 FIS 系统的规则，它可有 1～4 个输入变量：fis 为 FIS 的结构变量名，indexList 为要显示规则的序号向量，format 用于指定规则显示的格式，Lang 用于指定显示规则的语言，规则的显示可采用三种格式：verbose(详细)、symbolic(符号)和 indexed(编号)。

  当有四个变量调用 showrule 时，第三个变量(format)的值必须是 verbose，并且按 Lang 指定的语言来显示，Lang 可取 English、Francais 或 Deutsch。

【例 6-24】

```
a = readfis('tipper');
showrule(a,1)
ans =
          1. If(service is poor )or(food is rancid) then (tip is cheap) (1)
showrule(a,2)
          2. If(service is good ) then (tip is average)(1)
showrule(a,[3 1],'symbolic')
ans =
    1 1, 1(1) : 2
    2 0, 2(1): 1
    3 2, 3(1): 2
```

(20) writefis。
- 功能：将 FIS 结构保存到磁盘文件中。
- 格式：writefis(fismat)，

       writefis(fismat,'filename')，

       writefis(fismat,'filename','dialog')。
- 说明：writefis 可将 MATLAB 工作空间中的 FIS 结构变量 fismat 保存到磁盘文件中。writefis(fismat)可打开一个对话框，以输入变量的文件名及其路径。writefis(fismat,'filename')可直接指定文件名 filename. fis，这时不会出现对话框，文件保存在当前目录中。writefis(fismat,'filename','dialog')可打开对话框，并且以 filename. fis 为默认文件名。

【例】

```
a = newfis('tiper');
a = addvar(a,'input','servvice',[0 10]);
a = addmf(a,'input',1,'poor','gaussmf',[1.5 0]);
a = addmf(a,'input',1,'good','gaussmf',[1.5 5]);
a = addmf(a,'input',1,'excellent','gaussmf',[1.5 10]);
```

```
writefis(a,'my_file')
```

3. 先进技术

(1) anfis。

- 功能：Sugeno 型 FIS 的训练程序。
- 格式：[fismat,error,stepsize]＝anfis(trnData)，

　　　　[fismat,error1,stepsize]＝anfis(trnData,fismat)，

　　　　[fismat,error1,stepsize]＝anfis(trnData,fismat,trnOpt,dispOpt)，

　　　　[fismat, error1, stepsize, fismat2, error2]＝anfis(trnData, fismat, trnOpt, dispOpt,chkData,optMethod)，

　　　　[fismat1,error1, stepsize, fismat2, error2]＝anfis(trnData, fismat, trnOpt, dispOpt,dispOpt,chkData,optMethod)。

- 说明：这是 Sugeno 型模糊推理系统(FIS)的主要训练程序,anfis 利用一种混合学习算法来确定 Sugeno 型 FIS 的参数,它结合最小二乘法与 BP 梯度下降法对给出的数据集训练,确定 FIS 隶属度函数的参数。调用 anfis 时还可以使用一个可选参数检测模型的有效性,anfis 函数的变量如下。

  - trnDate：训练的数据集合名称,这个矩阵的最后一列为输出数据,其他列为输入数据。
  - fismat：FIS 名称,用于给 anfis 提供训练隶属度函数的一组初值,当默认这一选项时,anfis 将使用 genfis1 产生的 FIS,这时,当只含一个变量调用 anfis 时,默认的 FIS 为具有两个高斯型的隶属度函数。如果 fismat 为单个数值(或向量),则将这个数值作为隶属度函数的数值(或者将向量的值作为相应输入的隶属度函数的数值),在这种情况下,在开始训练之前,将这两个变量传递给 genfis1 函数以产生有效 FIS 结构。
  - trnOpt：训练的选项向量,当向量选项为 NaN 时,则取其默认值。各选项的默认值分别如下。

- trnOpt(1)：训练批数(默认值为 10)。
- trnOpt(2)：训练误差目标(默认值为 0)。
- trnOpt(3)：初始步长(默认值为 0.01)。
- trnOpt(4)：步长减量比(默认值为 0.9)。
- trnOpt(5)：步长增量比(默认值为 1.1)。

  - dispOpt：显示选项向量,用于指定训练中的显示信息,默认值为 1,表示显示相应的信息;其值为 0,表示不显示信息。当显示选项为 NaN 时,表示取默认值。这些选项包括如下项。

- dispOpt(1)：ANFIS 信息,如输入和输出隶属度函数的数量(默认值为 1)。
- dispOpt(2)：误差(默认值为 1)。
- dispOpt(3)：参数更新步长(默认值为 1)。
- dispOpt(4)：最终结果(默认值为 1)。

  - chkData：隶属度有效性检查的数据集名称,这里的数据集是一个与训练数据集

具有相同格式的矩阵。

- optMethod：隶属度函数训练中的可选最优化方法，其中 1 表示混合方法，0 表示 BP 方法。默认时为混合方法，即最小二乘会计与 BP 的组合。当该选项为非 0 值时就取其默认方法。

一旦在到设计的训练批数或者达到训练的误差目标，则停止训练过程。训练结束后输出变量如下。

- format1：根据最小训练误差准则而得到的 FIS 结构。
- error1 和 error2：分别表示训练数据和检验数据的均方根误差。
- stepsize：记录训练过程步长的阵列。
- format2：根据最小检验误差准则而得到的 FIS 结构。

（2）fcm。

- 功能：模糊 C 均值聚类。
- 格式：[center,U,obj_fcn]＝fcm(data,cluster_n)。
- 说明：表示在给定的数据集合上应用模糊 C 均值聚类方法。函数的输入变量如下。
  - data：要聚类的数据集合，每一行为一个取样数据点。
  - cluster_n：聚类数（大于 1）。

这一函数的输出变量如下。

- center：最终的聚类中心矩阵，其每一行为聚类中心的坐标值。
- U：最终的模糊分区矩阵（或者称作隶属度函数矩阵）。
- obj_fcn：在迭代过程中的目标函数值。

fcm(data,cluster_n,options)可利用控制聚类参数的附加参量 options，以引入停止准则和设置迭代信息的显示。

- options(1)：分区矩阵 U 的指数（默认值为 2.0）。
- options(2)：最大的迭代次数（默认值为 100）。
- options(3)：最小的改善量（默认值为 10^{-5}）。
- options(4)：迭代过程显示信息（默认值为 1）。

如果在 options 中出现 NaN 值，则取其默认值。

如果达到最大的迭代次数或者两次相继迭代之间的目标函数改善量小于指定的最小改善量，则聚类过程结束。

（3）genfis1。

- 功能：从未加聚类的数据中产生 FIS 结构。
- 格式：fismat＝genfis1(data)，
     fismat＝genfis1(data,numMFs,inMFType,outMFType)。
- 说明：genfis1 可为训练 ANFIS 产生 Sugeno 型 FIS 结构的初值（隶属度函数参数的初值），genfis1(data,numMFs,inMFType,outMFType)利用在未加聚类的数据中栅格分区的方法，可从训练数据集 data 中产生 FIS 结构，其输入变量如下。
  - Data：训练数据向量，除了最后一列为输出数据外，其余列均表示输入数据。
  - numMFs：表示向量，其每个元素表示输入的隶属度函数数据的数量。如果每个输入的隶属度函数数量相同，则只需输入标题值。

- inFMType：表示字符串阵列，其每一行指定一个输入的隶属度函数类型，如果隶属度函数类型相同，则 inMFType 变成一维的字符串。
- outMFType：指定输入隶属度函数类型的字符串。由于只能采用 Sugeno 型系统，因此系统只能有一个输出其类型为 linear 或 constant。

与输出相对应的隶属度函数数目等同于由 genfis1 产生的规则数。隶属度函数 numMFs 的默认值为 2，输入/输出隶属度函数类型的默认值为 gbellmf。

（4）genfis2。

- 功能：利用减法聚类从数据中产生 FIS 结构。
- 格式：fismat＝genfis2(Xin,Xout,radii)，

         fismat＝genfis2(Xin,Xout,radii,xBounds)，

         fismat＝genfis2(Xin,Xout,radii,xBounds,options)。

- 说明：在给定输入和输出数据的情况下，genfis2 函数可利用模糊减法聚类产生 FIS 结构。当只有一个输出时，genfis2 通常在数据上实现减法聚类来产生训练 ANFIS 的初始 FIS，它是通过提取一组规则对数据进行建模来完成的。规则提取方法先利用 subclust 函数确定规则数和隶属度函数，然后利用线性最小二乘法估计每条规则的方程。由此得到的 FIS 结构，其模糊规则覆盖了特征空间。

  Genfis2 函数的输入变量如下。

- Xin：表示一个矩阵，其每一行为数据点的输入值。
- Xout：表示一个矩阵，其每一行为数据点的输出值。
- radii：表示一个向量，用于指定每个数据维上聚类中心的范围（设数据在单位超立方体内），例如数据维为三（设 Xin 有两列，Xout 有一列）则 radii＝[0.5 0.4 0.3] 指定了第 1、2、3 个数据维（即 Xin 的第一列、Xin 的第二列和 Xout 的列）的波动范围分别为数据空间宽度的 0.5、0.4 和 0.3 倍。如果 radii 为标量，则所有数据维具有相同倍数，也就是说，每个聚类中心都具有一个以给定值为半径的球形波动邻域。
- xBounds：为 2×n 的可选矩阵，用于指定将 Xin 和 Xout 中的数据映射到单位超立方体的方法。xBounds 的第一行和第二行分别包含维数据缩放时的最小值和最大值。
- options：表示可选向量，用于指定算法参数，这些参数在 subclust 函数的在线帮助中解释。当没有指定这个变量时，采用默认值。

（5）Subclust。

- 功能：找出减法聚类的聚类中心。
- 格式：[C,S]＝subclust(X,radii,xBounds,options)。
- 说明：subclust 函数可利用减法聚类方法求出一组数据的聚类中心。所谓减法聚类是指假定每个数据点为潜在的聚类中心，然后根据数据点附近的密度，计算每个可能的聚类中心的测试，其方法如下。
  - 选择具有最大潜力的数据点作为第一个聚类中心。
  - 删去第一个聚类中心的数据点（根据 radii 参数，radii 作为有效半径），这样可确定出下一个数据聚类中心及其中心位置。

◆ 重复这一过程,直到所有的数据都位于聚类中心的指定半径之内。

减法聚类方法是山峰聚类方法的扩展。

在$[C,S]$＝subclust(X,radii,xBounds,options)中,矩阵 X 包含聚类的数据,X 的每一行表示一个数据点。变量 radii 为 0～1 的向量,用于指定聚类中心在各个数据维上的影响范围,radii(半径)越小可找的聚类越多,合适的半径通常在 0.2～0.5,如果数据维为二,则 radii＝$[0.5\ 0.25]$表示第一个数据维的影响范围为数据空间宽度的一半,而第二个数据维的影响范围为数据空间宽度的 1/4。当 radii 为标量时,表示所有数据维的影响范围均为该标量值,也就是说,每个聚类中心具有一个球形的影响邻域。xBounds 为一个 2×n 的矩阵,用于指定将数据 X 映射到单位超立方体的方式,其中 n 为数据维。当 X 为归一化的数据时,这一参数可选,第一行为该数据维归一化时数据范围的最小值,第二行为该数据维归一化时数据范围的最大值,例如 xBounds＝$[-10\ -5;\ 10\ 5]$指定第一个数据维从$[-10\ +10]$归一化为$[0\ 1]$,第二个数据维从$[-5\ +5]$归一化为$[0\ 1]$。如果 xBounds 为空矩阵或者未提供,则采用其默认值,即每个数据维的最小值和最大值用作为数据边界。

options 向量用来指定聚类算法的参数如下。

◆ options(1)＝quashFactor:表示一个与 radii 相乘的因子,用来确定聚类中心的邻域,从而取消聚类以外数据的影响,其默认值为 1.25。

◆ options(2)＝acceptRatio:设置潜能高值(一种聚类测度),它是第一个聚类中心潜能的一部分,当另一个数据点的潜能超过设置值时,可将该数据点作为另一个聚类中心,默认值为 0.5。

◆ options(3)＝rejectRatio:设置潜能低值,当数据点的潜能低于这个值时,将拒绝把它当作聚类中心,默认值为 0.15。

◆ options(4)＝verbose:如果这一项非零,则后续信息将用作为聚类过程处理,默认值为 0。

这一函数可在矩阵 C 中得到聚类中心,C 的每一行为聚类中心的位置,同时得到的 S 向量包含聚类中心在每个数据维上的 σ 值,所有的聚类中心都使用同一组 σ 值。

4. Simulink 仿真方框

(1) fuzblock。

• 功能:模糊逻辑控制器框图仿真。

• 格式:fuzblock。

• 说明:这一命令可调用 Simulink 系统,它还包含一些 Simulink 的演示程序,可以使用的程序如下。

◆ Fuzzy Logic Controller(模糊逻辑控制器)。

◆ Fuzzy Logic Controller With Rule Viewer(带有规则观测器的模糊逻辑控制器)可参见 ruleview 函数)。这一程序可在 Simulink 仿真时打开 Rule Viewer(规则观测器)窗口。

双击 Fuzzy Logic Controller 图标,可打开相应的对话框,其中包含了想要在 Simulink 模型中使用的 FIS 结构名。

为打开 Fuzzy Logic Controller With Rule Viewer 窗口的操作如下。

① 双击同名的图标,这时可打开 Fuzzy Logic Controller 的 Simulink 窗口;

② 双击第二个 Fuzzy Logic Controller 图标。

如果 FIS 有多个输入,则应将它们组合在一起,然后输入到 Fuzzy Logic Controller 或 Fuzzy Logic Controller With Rule Viewer 窗口。类似地,如果系统有多个输出,则这些信号将在同一个函数中输出。

（2）sffis。

- 功能：Simulink 中的模糊推理 S 函数。
- 格式：output＝sffis(t,x,u,flag,fismat)。
- 说明：这时得到一个可由 Simulink 使用的 MEX 文件,通常由 evalfis 函数完成计算工作,并且在 Simulink 环境中已经达到最优,这就意味着 sffis 可在 Simulink 仿真的初始阶段就建立数据结构,并一直在仿真中使用。

自变量 t、x 和 flag 为 Simulink 中 S 函数的标准变量,变量 u 是 MATLAB 工作空间 FIS 结构 fismat 的输入。如果 fismat 有两个输入,则 u 为二元向量。

5. 其余函数

（1）convertfis。

- 功能：FIS 结构的版本变换。
- 格式：fis_new＝converfis(fis_old)。
- 说明：convertfis 可将模糊逻辑工具箱 1.0 版本的 FIS 矩阵变成 2.0 版本的 FIS 结构。

（2）findcluster。

- 功能：模糊 C 均值和减法聚类的交互聚类 GUI。
- 格式：findcluster,

    findcluster('file. dat')。
- 说明：findcluster 函数可调用 GUI 实现模糊 C 均值(fcm)和减法聚类,这两个选项在 GUI 的 Method(方法)的下拉列表中,利用 Load Data 按钮输入数据,一开始,每个选项都设置成默认值,但可根据要求修改。有关模糊 C 均值聚类和模糊减法聚类的选项可分别参看 fcm 和 subclust 函数。

（3）fuzarith。

- 功能：完成模糊算术运算。
- 格式：C＝fuzarith(X,A,B,operator)。
- 说明：利用算术运算,其可在取样模糊集 A 和 B 上完成由 operator 表示的二进制操作,从而计算出模糊集 C。A 和 B 的元素来自于取样凸函数 X。
  - A、B 和 X 为相同维数的向量。
  - Operator 取'sum'、'sub'、'prod'和'div'。

模糊集 C 为列向量,其长度为 X 的长度。其中模糊相加运算可能产生 divide by zero (被 0 除)错误,但这并不会影响计算结果的正确性。

（4）mam2sug。

- 功能：将 Mamdani 型的 FIS 变换成 Sugeno 型 FIS。

- 格式：sug_fis＝mam2sug(mam_fis)。
- 说明：mam2sug(mam_fis)可将 Mamdani 型的 FIS 结构 mam_fis 变换成 Sugeno 型的 FIS 结构 sug_fis,得到的 Sugeno 系统具有常数输出隶属度函数,其常数值由原来 Mamdani 系统得到的隶属度函数的质心确定,并且其前件不变。

(5) fuzdemos。
- 功能：模糊逻辑工具箱演示程序列表。
- 格式：fuzdemos。
- 说明：该函数打开一个 GUI,并运行模糊逻辑工具箱的演示程序。

6.2.3　MATLAB 模糊逻辑工具箱命令函数应用实例

【例 6-25】　许多工业控制过程都可以等效成二阶环节。设计典型二阶环节:

$$H(s) = \frac{20}{1.6s^2 + 4.4s + 1}$$

的模糊控制器,使系统输出尽快跟随系统输入。

若设系统输入为 R＝1.5,系统输出误差为 e,误差导数为 ė(程序中记作为 de),则可根据系统输出的误差和误差导数设计出模糊控制器(FC)。FC 的输入为 e 和 ė 的模糊量：NB(负大)、NS(负小)、ZR(零)、PS(正小)和 PB(正大),隶属度函数如图 6-30、图 6-31 所示。FC 的输出为控制 u 的模糊量：NB(负大)、NS(负小)、ZR(零)、PS(正小)和 PB(正大),隶属度函数,如图 6-32 所示。模糊推理规则,如表 6-8 所示。

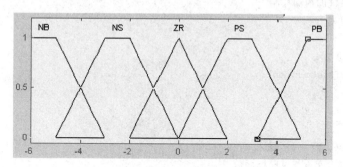

图 6-30　误差隶属度函数

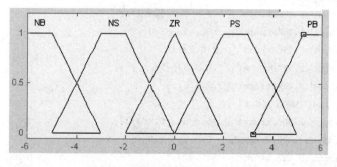

图 6-31　误差变化率隶属度函数

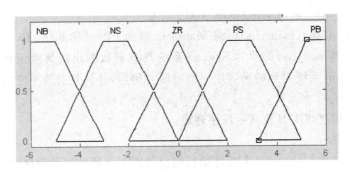

图 6-32　输出隶属度函数

表 6-8　FC 的模糊推理规则表

u ＼ e de	NB	NS	ZR	PS	PB
NB	PB	PB	PS	PS	ZR
NS	PB	PS	PS	ZR	ZR
ZR	PS	PS	ZR	ZR	NS
PS	PS	ZR	ZR	NS	NS
PB	ZR	ZR	NS	NS	NB

MATLAB 程序如下

```
% 典型二阶系统的模糊控制
% 控制对象建模
num = 20;
den = [1.6 4.4 1];
[a1 b c d] = tf2ss(num,den);
x = [0;0];
T = 0.01; h = T;
N = 250;
R = 1.5 * ones(1,N); 参考输入
% 定义输入输出变量与隶属度函数
a = newfis('Simple');
a = addvar(a,'input','e',[- 6 6]);
a = addmf(a,'input',1,'NB','trapmf',[- 6, - 6, - 5, - 3]);
a = addmf(a,'input',1,'NS','trapmf',[- 5, - 3, - 2,0]);
a = addmf(a,'input',1,'ZR','trimf',[- 2,0,2]);
a = addmf(a,'input',1,'PS','trapmf',[0,2,3,5]);
a = addmf(a,'input',1,'PB','trapmf',[3,5,6,6]);
a = addvar(a,'input','de',[- 6,6]);
a = addmf(a,'input',2,'NB','trapmf',[- 6, - 6, - 5, - 3]);
a = addmf(a,'input',2,'NS','trapmf',[- 5, - 3, - 2,0]);
a = addmf(a,'input',2,'ZR','trimf',[- 2,0,2]);
a = addmf(a,'input',2,'PS','trapmf',[0,2,3,5]);
a = addmf(a,'input',2,'PB','trapmf',[3,5,6,6]);
```

```matlab
a = addvar(a,'output','u',[-3,3]);
a = addmf(a,'output',1,'NB','trapmf',[-3,-3,-2,-1]);
a = addmf(a,'output',1,'NS','trimf',[-2,-1,0]);
a = addmf(a,'output',1,'ZR','trimf',[-1,0,1]);
a = addmf(a,'output',1,'PS','trimf',[0,1,2]);
a = addmf(a,'output',1,'PB','trapmf',[1,2,3,3]);
%模糊规则矩阵
rr = [5 5 4 4 3
      5 4 4 3 3
      4 4 3 3 2
      4 3 3 2 2
      3 3 2 2 1];
rr = zeros(prod(size(rr)),3);
k = 1;
for i = 1: size(rr,1)
    for j = 1: size(rr,2)
        r1(k,:) = [i,j,rr(i,j)];
        k = k + 1;
    end
end
[r,s] = size(r1);
r2 = ones(r,2);
rulelist = [r1,r2];
a = addrule(a,rulelist);
%模糊控制系统仿真
e = 0;
de = 0;
ke = 30;
kd = 20;
ku = 1;
for k = 1: N
    e1 = ke * e;
    de1 = kd * de;
    if e1 >= 6
        e1 = 6;
    elseif e1 <= -6
        e1 = -6;
    end
    if de1 >= 6
        de1 = 6;
    elseif de1 <= -6
        de1 = -6;
    end
%模糊推理,计算被控对象输入
in = [e1 de1];
```

```
u = ku * evalfis(in,a);
uu(1,k) = u;
% 控制作用于被控系统,计算系统输出
k0 = a1 * x + b * u;
k1 = a1 * (x + h * k0/2) + b * u;
k2 = a1 * (x + h * k1/2) + b * u;
k3 = a1 * (x + h * k2) + b * u;
x = x + (k0 + 2 * k1 + 2 * k2 + k3) * h/6;
y = c * x + d * u;
yy(1,k) = y;
% 计算系统输出误差及误差变化率
e1 = e;
e = y - R(1,k);
de = (e - e1)/T;
end
% 模糊控制输出曲线
kk = [1:N] * T;
figure(1);
plot(kk,R,'k',kk,yy,'r');
grid on
```

执行后得到系统阶跃响应曲线,如图 6-33 所示。

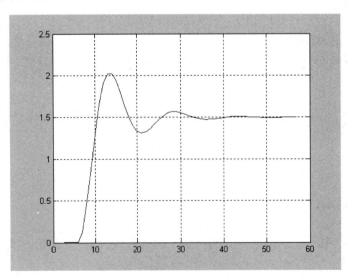

图 6-33　模糊控制系统输出

第7章

MATLAB其他应用技术

7.1 MATLAB 其他技术介绍

MATLAB 是一个功能完善的、自包容的程序设计和数据处理集成环境，它所提供的功能、内建函数以及大量的工具箱，在无需借助外界的帮助情况下，几乎可能完成所有的任务，因此近乎是一个完全独立的系统。

MATLAB 是一个优秀软件的另一方面在于它的开放性，其开放性主要表现在两方面。

(1) MATLAB 适应各种科学、专业研究的需要，提供了各种专业性的工具包。

(2) MATLAB 为实现与外部应用程序的良好结合，提供了专门的应用程序接口 API。

MATLAB 自身提供了一种图形用户界面(Graphical User Interfaces，GUI)技术，作为一种接口的变形。GUI 是由窗口、光标、按钮等对象构成的。通过一定的方法选择、激活这些图形对象，使计算机产生某种动作或变化，实现计算、绘图等功能。

在 MATLAB 中提供了一个非常重要的组件——MATLAB 应用程序接口。采用此方法来解决与外部接口等诸多问题。它是一个功能完善的接口函数库，可以完成与 C 语言或 Fortran 语言编写的程序的调用。因此 MATLAB 可以充分利用其他语言优势，满足和实现特定的需求。

另外，MATLAB Notebook 成功地将 Microsoft Word 和 MATLAB 结合在一起，为文字处理、科学计算和工程设计营造了一个完美的工作环境。这样 MATLAB 不仅兼具原有的计算能力，而且又增加了 Word 软件的编辑能力。

MATLAB 还可以与 Microsoft Excel 进行数据交换，将 MATLAB 与 Excel 二者功能完美结合。

7.2 MATLAB 的 GUI 技术

7.2.1 MATLAB GUI 技术介绍

用户界面是指人与机器之间交互作用的工具和方法，键盘、鼠标、跟踪球、话筒等都可成为与计算机交换信息的接口。图形用户界面则是由窗口、光标、按钮、菜单、文字说明等 Objects(对象)构成的一个用户界面。通过一定的方法(如鼠标或键盘)选择、激活这些图形对象,使计算机产生某种动作或变化,例如实现计算、绘图功能等。

MATLAB 为表现其基本功能而设计的演示程序 demo 是使用图形界面的最好范例。MATLAB 的用户,在命令窗中运行 demo 打开图形界面后,只要用鼠标进行选择和单击,就可浏览 MATLAB 丰富多彩的内容。

总之,使用 GUI 可以实现如下功能。

(1) 编写一个需多次反复使用的实用函数,菜单、按钮、文本框作为输入方法。

(2) 编写函数或开发应用程序供他人使用。

(3) 创建一个过程、技术或分析方法的交互示例。

7.2.2 GUI 设计一般步骤

进行 GUI 设计根据个人的习惯不同有很大的差别,这里提供的设计步骤仅供参考。GUI 设计包括 GUI 设计和程序实现两个过程。主要的步骤如下。

(1) 分析需要实现的主要功能,确定设计任务。

(2) 在草稿纸上绘出界面草图,并从用户角度反复审核界面,尽力做到界面友好,操作方便。

(3) 按照草图的构思,在 MATLAB 环境下制作图形用户界面,并核对无误。

(4) 设置选择使用的控件属性,编写界面动态功能的程序,并对程序反复检查核对无误。

(5) 反复调试修正完成设计。

7.2.3 GUI 设计工具

读者在初次编写 GUI 时,可能会感到很棘手,这是因为 GUI 的制作很大一部分是通过 M 脚本文件实现的。利用 M 函数制作 GUI,需要解决数据传递等问题,但这种制作方法显得比较繁琐。为此,MATLAB 提供了设计、修改 GUI 的专用工作台 Layout Editor,如图 7-1所示。

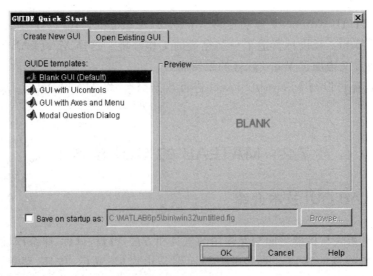

图 7-1   图形用户界面设计向导

随着 MATLAB 版本的升级,界面设计工具栏的变化相当大。MATLAB 6.5 版的设计工作台与以前的版本相比就有很大的改善。

1. 界面设计工具

(1) 调用 GUI 设计工作台的指令 guide。调用格式如下。

guide　　　　　　　打开空白设计工作台;

guide FN　　　　　打开装有 FN 的工作台,FN 是已经存在的 GUI 文件名。(在 guide 指令下,待打开的文件名,不区分字母大小写。)

运行 guide 指令,打开 GUIDE Quick Start 对话框,如图 7-1 所示。

在 GUIDE templates 列表中选择 Blank GUI(Default)项,单击 OK 按钮,打开 GUI 设计窗口,如图 7-2 所示。

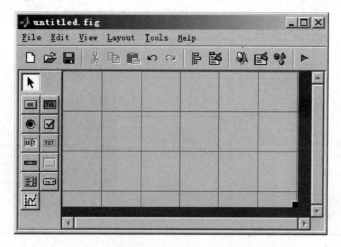

图 7-2　GUI 设计窗口

(2) 空白 GUI 设计工具栏,如图 7-3 所示,包括如下 4 个功能区。

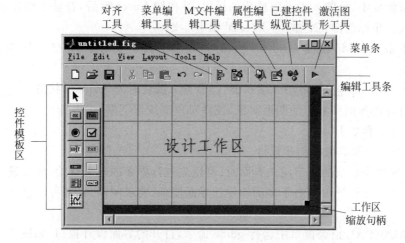

图 7-3　空白 GUI 设计窗口

- 菜单条。
- 编辑工具条。
- 控件模板区。
- 设计工作区：图形用户界面设计在该区域进行。

2. 交互式 GUI 设计实例

【例 7-1】 针对传递函数为 $G(s) = \dfrac{1}{s^2 + 2\xi s + 1}$ 的二阶系统，制作一个能绘制系统的单位阶跃响应的图形用户界面，如图 7-4 所示。

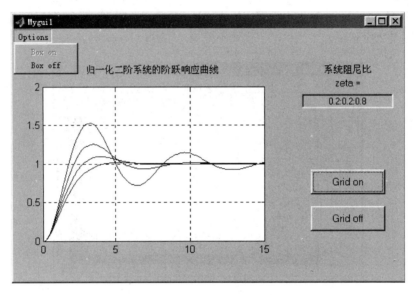

图 7-4　用户界面设计实例

该界面具有如下功能。

- 在编辑框中，可输入表示阻尼比的标量，并在按 Enter 键后，在轴上画出相应的蓝色曲线。坐标范围：X 轴 $[0, 15]$；Y 轴 $[0, 2]$。
- 再单击 Grid on 键或 Grid off 按钮时，在轴上画出或删除"分格线"；默认时，无分格线。
- 菜单 Options 包括 Box on 项和 Box off 项；默认时为 Box off 状态。
- 所设计的界面和其中的图形对象、控件对象都按比例缩放。

具体设计过程如下。

（1）窗口大小和参数的初步设计。

设计一些较为复杂的图形用户界面时、可以先进行界面的轮廓草绘，然后进行真正意义上的计算机实现过程处理。由于本例的设计界面清晰、要求明确，从而可以直接进入界面制作阶段。

- 在 MATLAB 指令窗口中运行 guide 命令，打开的界面设计窗口，如图 7-5 所示。
- 拖曳"工作区"右下角的边框按钮，使工作区的大小与图 7-4 中的工作区大小相当。
- 单击"轴 Axes"控件按钮，然后在工作区中的适当位置，拖曳出适当大小的绘图区。

- 通过单击 Static Text(静态文本)按钮 **TXT** 、Edit Text(可编辑文本)按钮 **EDIT** 、Push
  Button(按键)按钮 **OK** ,添加相应的控件,如图 7-5 所示。

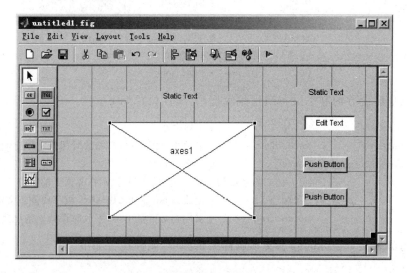

图 7-5 窗口大小和参数设计

(2) 图形窗口和控件参数设置。

双击工作区或控件可打开图形窗口和相应控件的 Property Inspector(属性编辑框)窗口。如图 7-6 所示。

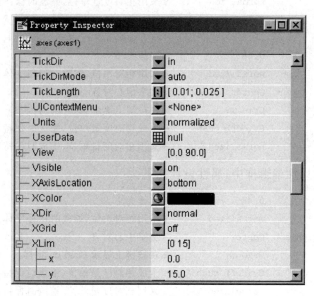

图 7-6 轴属性窗口

- 在图形窗的属性编辑中,属性设置如下。

```
Name        Mygui1          % 图形窗名称
Resize      on              % 图形窗可以缩放
```

Tag	figure1	%生成 handles.figure1 域存放图形窗句柄

- 在轴属性编辑框中,属性设置如下。

Box	off	%轴不封闭
Units	normalized	%采用相对度量单位,缩放时保持比例
Tag	axes1	%生成 handles.axes1 域存放轴句柄
XLim	[0,15]	%X 轴范围
YLim	[0,2]	%Y 轴范围

- 在图形区上方的静态文本属性编辑框中,属性设置如下。

FontSize	0.696	%字体大小
FontUnits	normalized	%采用相对度量单位,缩放时保持字体比例
HorizontalAlignment	Center	%文字中心对齐
String	归一化二阶系统的阶跃响应曲线 %显示在界面上的字符	
Tag	title_text	%生成 handles.title_text 域存放静态文本句柄
Units	normalized	%采用相对度量单位,缩放时保持该区比例

- 在可编辑文本上方的静态文本属性编辑框中,属性设置如下。

FontSize	0.351	%字体大小
FontUnits	normalized	%采用相对度量单位,缩放时保持字体比例
HorizontalAlignment	Center	%文字中心对齐
String	系统阻尼比	%显示在界面上的字符
Tag	edit_text	%生成 handles.edit_text 域存放静态文本句柄
Units	normalized	%采用相对度量单位,缩放时保持该区比例

- 在上按键的属性编辑框中,属性设置如下。

FontSize	0.485	%字体大小
FontUnits	normalized	%采用相对单位,缩放时保持字体比例
HorizontalAlignment	Center	%文字中心对齐
String	Grid on	%在按键上显示 Grid on 字样
Tag	Gridoff_push	%生成相对度量单位,缩放时保持该键句柄
Units	normalized	%采用相对度量单位,缩放时保持该区比例

- 在下按键的属性编辑框中,属性设置如下。

FontSize	0.485	%字体大小
FontUnits	normalized	%采用相对单位,缩放时保持字体比例
HorizontalAlignment	Center	%文字中心对齐
String	Grid on	%在按键上显示 Grid on 字样
Tag	Gridoff_push	%生成相对度量单位,缩放时保持该键句柄
Units	normalized	%采用相对度量单位,缩放时保持该区比例

(3) 调整控件的大小以及其相对位置。

- 根据显示在控件上的文字等,通过鼠标拖曳,或更精细地通过设置决定控件大小的属性值,使控件上大小更加合适、协调。
- 选择要进行相对位置调整的有关控件,然后单击位置排列工具按钮 ，打开 Align

Objects（排列对象）对话窗，在此窗上选定适当的排列方式后，再单击 Apply 按钮，就可完成控制位置的调整，如图 7-7 所示。

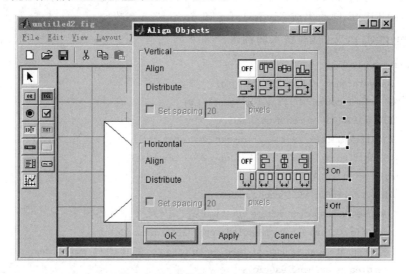

图 7-7　调整控件大小与位置界面

（4）创建菜单。

- 单击"菜单编辑器"按钮，打开 Menu Editor 对话框。

- 单击最左上方的 New Menu（新菜单）按钮，在左侧窗口中，出现 Untitled1 按钮，再单击此按钮，就在右侧打开相应的选项组。在 Label 文本框中输入 Options，在 Tag 文本框中输入 Options，于是左侧的 Untitled1 按钮变成 Options 按钮。

- 单击 Options 按钮，再单击工具栏上的 New Menu Item 按钮，就打开等待定义的菜单项。在右侧的 Label 文本框中输入 Box on，在 Tag 文本框中输入 box_on。重复该步的操作，建立 Box off 项，如图 7-8 所示。

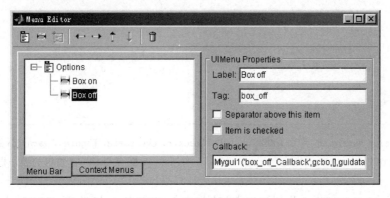

图 7-8　菜单编辑界面

（5）界面的激活和函数回调。

经过以上操作后，工作台上所制作的界面外形及所含构件已经符合设计要求，但这个界面各构件之间还没有建立联系，为此必须做激活处理。

- 单击工具栏上的 Activate Figure(激活)按钮 ▶，打开 Mygui1(待激活的)窗口和 mygui1(待填写回调指令的)M 函数文件的文件编辑器窗口。同时，在当前目录下，由 MATLAB 自动生成 Mygui1.fig 和 mygui1.m 文件。
- 在 mygui1.m 文件中，输入回调指令如下。

```
[mygui1.m]
function varargout = Mygui1(varargin)
% MYGUI1 Application M-file for Mygui1.fig
%    FIG = MYGUI1 launch Mygui1 GUI.
%    MYGUI1('callback_name', ...) invoke the named callback.
% Last Modified by GUIDE v2.0 15-Jun-2002 16:12:52
if nargin == 0 % LAUNCH GUI
        fig = openfig(mfilename,'reuse');
        % Use system color scheme for figure:
        set(fig,'Color',get(0,'defaultUicontrolBackgroundColor'));
        % Generate a structure of handles to pass to callbacks, and store it.
        handles = guihandles(fig);
        guidata(fig, handles);
            set(handles.box_off,'enable','off')      % 使初始图形界面上的菜单项 Box off 失能
            if nargout > 0
            varargout{1} = fig;
        end
elseif ischar(varargin{1})                           % INVOKE NAMED SUBFUNCTION OR CALLBACK
        try
            if (nargout)
                [varargout{1:nargout}] = feval(varargin{:});    % FEVAL switchyard
            else
                feval(varargin{:});                  % FEVAL switchyard
            end
        catch
            disp(lasterr);
        end

end
% -----------------------------------------------------------------------
function varargout = GridOff_push_Callback(h, eventdata, handles, varargin)
grid off                              % 配合 Grid off 按键的操作指令
% -----------------------------------------------------------------------
function varargout = GridOn_push_Callback(h, eventdata, handles, varargin)
grid on                               % 配合 Grid on 按键的操作指令
% -----------------------------------------------------------------------
function varargout = zeta_edit_Callback(h, eventdata, handles, varargin)
z = str2num(get(handles.zeta_edit,'String'));    % 从编辑框中获取 zeta 数据
t = 0:0.1:15;                                     % 设置时间采样数组
```

```
cla
for k = 1 : length(z)
    y( : ,k) = step(1,[1, 2 * z(k), 1], t);       % 计算阶跃输出
    line(t,y( : ,k));                             % 绘制曲线
end
% --------------------------------------------------------------------
function varargout = options_Callback(h, eventdata, handles, varargin)
% --------------------------------------------------------------------
function varargout = box_on_Callback(h, eventdata, handles, varargin)
box on                                          % 配合 Box on 菜单的操作指令
set(handles.box_on,'enable','off')              % 使菜单项 Box on 失能
set(handles.box_off,'enable','on')              % 使菜单项 Box off 使能
% --------------------------------------------------------------------
function varargout = box_off_Callback(h, eventdata, handles, varargin)
box off                                         % 配合 Box on 菜单的操作指令
set(handles.box_off,'enable','off')             % 使菜单项 Box off 失能
set(handles.box_on,'enable','on')               % 使菜单项 Box on 使能
```

（6）GUI 的使用。

这时完成的图形用户界面就可以投入使用。只要 myguil. m 和 Myguil. fig 在当前目录或在 MATLAB 搜索路径上，那么在 MATLAB 指令窗口中运行 myguil 或 Myguil 就能打开图形用户界面，如图 7-9 所示。

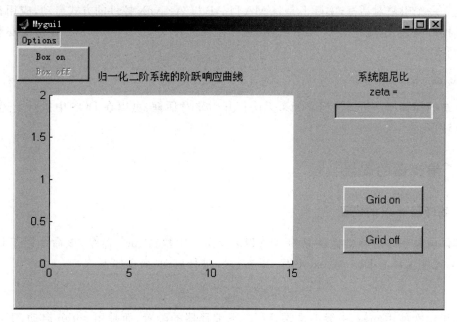

图 7-9　运行图形用户界面

在可编辑框中填写任何 MATLAB 认可的数值标量后，单击 Enter 键，就可绘出相应的曲线。对其他控件或菜单进行操作，坐标轴将做出相应的变化。

7.3 MATLAB 与 C 语言接口技术

MATLAB 优秀之处不仅体现在自身的 MATLAB 强大的数学计算功能,还体现在与其他编程语言的交互性。MATLAB 可以被 C/Fortran 语言程序调用,也可以调用 C/Fortran 语言编制的程序,还可以与 Java 等语言编制的应用程序相互调用。从编程复杂性的角度来说,最简单的途径就是利用 MATLAB 的 engine(引擎)功能,从其他应用程序中向 MATLAB 发送命令,这种情况下,用户的 C/Fortran 语言应用程序将 MATLAB 作为一个计算或图形显示的引擎来调用。本节主要介绍 MATLAB 的 engine 应用程序接口,以及如何在 VC 程序中通过 engine API 控制 MATLAB 的运行。

7.3.1 调用 MATLAB 最直接的途径——engine

所谓 engine,是指一组 MATLAB 提供的接口函数,支持 C 和 Fortran 两种语言,通过这些接口函数,可以在 C 或 Fortran 语言的应用程序中实现对 MATLAB 的控制与调用。

与其他各种接口方式相比,引擎所提供的 MATLAB 进程,可以控制完成任何计算和绘图操作,直观来说,应用程序实际上是代替了手工录入过程,自动地在 MATLAB 环境中输入命令,执行程序。引擎方式打开的 MATLAB 进程会显示在任务栏上,如果打开该窗口,可以观察主程序通过 engine 方式控制 MATLAB 运行的流程。

建立一个引擎对话框,实际上是将 MATLAB 以 ActiveX 控件的方式启动,应用程序通过若干接口函数,也就是引擎 API 函数,与该控件进行交互。当 MATLAB 初次安装的时候,自动执行一次:

```
matlab/regserver
```

将在系统的控件库中进行注册。如果无法打开引擎对话框,可以在 DOS 中执行上述命令,以重新注册。

7.3.2 编译器的配置

1. 编译器 mex 的配置

编译引擎程序的标准做法是在 MATLAB 窗口中执行 mex 命令,该命令用于将 C 或 Fortran 程序编译为 DLL 或 exe 程序,以参数-h 进行启动,命令如下。

```
>> mex - h
```

对于初次使用 mex,一般不是要运行一下编译器的配置,而是用-setup 启动,下面是配置的过程。

```
>> mex - setup
Please choose your compiler for building external interface (MEX) files:
Would you like mex to locate installed compilers [y]/n? y
```

Select a compiler：

[1] Digital Visual Fortran version 6.0 in C：\Program Files\Microsoft Visual Studio

[2] Lcc C version 2.4 in D：\sys\lcc

[3] Microsoft Visual C/C++ version 6.0 in C：\Program Files\Microsoft Visual Studio

[0] None

% 编译器选择 VC6.0。

Compiler：3

Please verify your choices：

Compiler：Microsoft Visual C/C++ 6.0

Location：C：\Program Files\Microsoft Visual Studio

% 确认

Are these correct? （[y]/n）：y

% 生成 mcc 默认配置文件

The default options file：

"C：\Documents and Settings\hq\Application Data\MathWorks\MATLAB\R13\mexopts.bat"

is being updated from D：\BIN\WIN32\mexopts\msvc60opts.bat...

% 安装插件

Installing the MATLAB Visual Studio add-in ...

  Updated C：\Program Files\Microsoft Visual Studio\common\msdev98\template\MATLABWizard.awx

    from D：\BIN\WIN32\MATLABWizard.awx

  Updated C：\Program Files\Microsoft Visual Studio\common\msdev98\template\MATLABWizard.hlp

    from D：\BIN\WIN32\MATLABWizard.hlp

  Updated C：\Program Files\Microsoft Visual Studio\common\msdev98\addins\MATLABAddin.dll

    from D：\BIN\WIN32\MATLABAddin.dll

  Merged D：\BIN\WIN32\usertype.dat

    with C：\Program Files\Microsoft Visual Studio\common\msdev98\bin\usertype.dat

Note：If you want to use the MATLAB Visual Studio add-in with the MATLAB C/C++

    Compiler, you must start MATLAB and run the following commands：

    cd(prefdir);

    mccsavepath;

    (You only have to do this configuration step once.)

经过以上步骤，mex 就配置完成。最后根据提示，执行以下两行命令：

cd(prefdir);

mccsavepath;

将为 mcc 命令保存探索路径。

2. mex 编译引擎程序的文件

Mex 命令在执行的时候，如果没有特殊说明，会自动找到文件 mexopts.bat 作为自己的配置文件，而该文件是为生成 mex 程序专用的，编译 engine 程序不能用这个配置文件。

生成 engine 程序所需要的配置文件位于目录：

　　C:\matlab\bin\win32\mexots

其中有若干 bat 文件,就包括了几个名为 xxxengnatopts. bat 的文件,xxx 为编译器的名称。在 Visual C++6.0 中,对应的文件为 msvc60engnatopts. bat。

3. 编译和连接引擎程序

在 MATLAB 环境下,进入要编译的文件所在目录,输入编译命令:

```
Mex - f engnatopts.bat ft.c
```

其中,-f 用来指定编译设置文件,engnatopts. bat 是专门为生成引擎程序的,ft. c 是 C 文件名。

4. engine API 详解

(1) 头文件 engine. h。

在调用 engine 的程序中,必须加如下行:

```
#include "engine.h"
```

该文件包含了引擎函数的说明和所需数据结构的定义。

(2) 引擎的打开 engOpen 和关闭 engClose。

engOpen 为打开 MATLAB engine。

函数声明:

```
engine * engOpen(const char * startcmd);
```

函数返回一个 engine 类型的指针,它是一个 MATLAB 对话的数据结构。

engClose 为关闭 MATLAB engine。

```
int engClose(Engine * ep);
```

返回 0 表示成功关闭,返回 1 则错误。

(3) 发送命令字符串 engEvalString。

函数 engEvalString 向 MATLAB 发送一个字符串,让 MATLAB 执行。

函数声明:

```
int engEvalString(Engine * ep,const char * string);
```

其中,ep 为事先用 engOpen 函数打开的 engine 的指针。函数返回 0 表示成功执行,如果返回 1,说明 ep 对应的 MATLAB engine 已经关闭了。

如果 MATLAB engine 是打开的,那么无论该字符串的结果如何,并不能从该函数的返回结果得知。如果一定要知道的话,就要用 engOutBuffer 函数获取 MALAB 命令行的输出文字,然后编程序进行分析。

(4) 获取 MATLAB 命令窗口的输出 engOutputBuffer。

函数 engOutputBuffer 获取 MATLAB 命令窗口的文字输出。

函数声明：

```
Int engOutputBuffer(Engine * ep, char * p, int n);
```

其中,ep 为事先打开的 MATLAB engine 指针,p 为字符串缓冲区的指针,n 为最大保存的个数,通常也就是缓冲区 p 的大小。该函数执行之后,接下来的 engEvalString 函数所引起的命令行输出将会在缓冲区 p 中被保存。

（5）读写 MATLAB 数组 engGetArray。

函数 engGetArray 用于将 MATLAB 工作空间中的数组读入 C 程序。

函数声明：

```
mxArray * engGetArray(Engine * ep, const char * name);
```

其中,ep 为事先打开的 MATLAB engine 指针,name 为以字符串形式指定的数组名,函数返回的是指向数组指针,类型为 mxArray。

函数 engPutArray 用于将 C 程序中创建的数组写入 MATLAB 工作空间中。

```
int engutArray(Engine * ep, const mxArray * mp);
```

5. MATLAB 引擎综合应用实例

【例】

- 演示 MATLAB 引擎对用户自编 M 函数文件的调用。
- 演示在 DOS 环境下,输入 MATLAB 的指令和结果发布。

（1）编写源程序 wzl_c1.c.c。

```
# include <stdlib.h>              //定义通用数据类型、宏、函数等
# include <stdio.h>               //用于标准 I/O 程序定义和声明的头文件
# include <string.h>
# include "engine.h"              //定义 MATLAB 引擎应用中所必需的数据类型、宏、函数等
# define BUFSIZE 512
int main()
{
  Engine * ep;
  mxArray * Pz = NULL, * result = NULL;
  char buffer[BUFSIZE];
  double zeta[4] = {0.2, 0.4, 0.8, 1.2 };  //MATLAB 环境外数据示例
    if (! (ep = engOpen("\0")))           //开启本地 MATLAB 引擎,如失败给出警告
    {
          fprintf(stderr, "\nCan't start MATLAB engine\n");
          return EXIT_FAILURE;
    }
// -----------------------------------------------------------------------------
//程序段 1：①把 zeta 数据送进 MATLAB ②利用引擎进行计算
// -----------------------------------------------------------------------------
    Pz = mxCreateDoubleMatrix(1, 4, mxREAL);//创建指针为 pz 的(1 * 4)实型 mxArray
    mxSetClassName(Pz, "z");                //pz 所指 mxArray 起名为 z
```

```
    memcpy((void *)mxGetPr(Pz), (void *)zeta, sizeof(zeta));
                              //把 zeta 中的全部数据复制到 pz 所指 mxArray 中
    engPutVariable(ep, Pz); 把 pz 所指 mxArray(带变量名 z)数据送进 MATLAB 引擎空间
    engEvalString(ep, "engzzy(z); ");
                    //把符合 MATLAB 语法的指令送进引擎空间执行,执行 engzzy 文件
    printf("按 Enter 键继续! \n\n");           //在 DOS 界面显示提示内容
    fgetc(stdin);                      //等待键盘输入,在此用来保证图形窗在前台有足够停留时间
    printf("程序段 1 运行已经结束。下面处于程序段 2 运行过程中! \n");
    mxDestroyArray(Pz);                  //释放 pz 所占内存
    engEvalString(ep, "close; ");         //关闭 MATLAB 引擎
// ----------------------------------------------------------------------
//程序段 2: 由于 DOS 界面为 MATLAB 引擎的工作界面。①用户可以在该 DOS 环境下输入任何符合
MATLAB 语法的指令,并看到相应结果;②假如用户要关闭该程序,——要创建数值变量 Exit。
// ----------------------------------------------------------------------
    engOutputBuffer(ep, buffer, BUFSIZE);
    //为 ep 所指引擎配置 buffer 所指的长度为 BUFSIZE 的缓冲区,
    //准备承接 MATLAB 的输出
    while (result == NULL) {
        char str[BUFSIZE];
        printf("注意:\n");
        printf("· 此界面上,可输入任何 MATLAB 指令。\n");
        printf("· 若想退出,请对 Exit 变量赋任何数值。\n");
        printf(">> ");
        fgets(str, BUFSIZE - 1, stdin);       //获得用户输入的字符串 str
        engEvalString(ep, str);           //把从界面输入的字符串 str 送进计算机
        printf(" %s", buffer);            //把计算结果显示在界面上
        if ((result = engGetArray(ep,"Exit")) == NULL)
                              //从引擎空间中读出名为 Exit 的变量
            printf("可继续运行! \n");
    }
    printf("运行结束! \n");
    mxDestroyArray(result);
    engClose(ep);
    return EXIT_SUCCESS;
}
```

(2) 编译连接源程序。

运行以下指令,编译后得到可执行程序 wzl_c1.exe。

```
cd d: \mywork                % 把 wzl_c1.c.c 源程序所在目录设为当前目录
mex - f D: \MATLAB6p5\bin\win32\mexopts\msvc60engmatopts. bat wzl_c1.c
                    % 编译 wzl_c1.c 生成 wzl_c1.exe
```

(3) 运行 wzl_c1.exe。

- 在 DOS 环境下输入该文件名 wzl_c1 即可运行该程序。该程序过程分为两个阶段。
第一阶段实现把数据读入 MATLAB 引擎空间,然后调用用户自编的 MATLAB 函

数文件绘制图形,如图 7-10 所示。

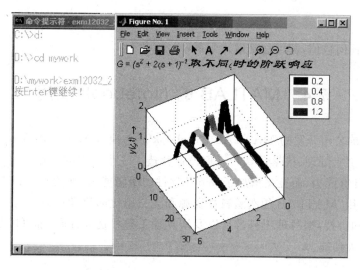

图 7-10 第一阶段输出图形

- 在 DOS 环境上,按 Enter 键,进入程序的第二阶段,允许在 DOS 环境下输入任何合法的 MATLAB 指令。输入的 MATLAB 指令如下。

```
rand('state',1),D = eig(rand(3,3))
```

在按 Enter 键后,计算结果就显示在指令的下方,如图 7-11 所示。

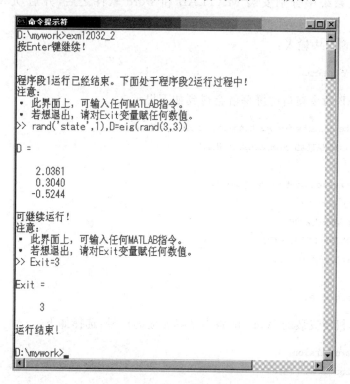

图 7-11 第二阶段结果输出

• 退出程序执行过程所必需输入的命令如下：

```
Exit = 3
```

向 Exit 赋任何数值，都可达到退出目的。

7.4 MATLAB 的 Notebook 应用

MathWorks 公司开发的 MATLAB Notebook 成功地将 Microsoft Word 和 MATLAB 结合在一起，为文字处理、科学计算和工程设计营造了一个完美的工作环境。MATLAB 不仅兼具原有的计算能力，而且又增加了 Word 软件的编辑能力，使用户可以在 Word 环境中"随心所欲地享用"MATLAB 的浩瀚科技资源和无与伦比的科学计算能力。在撰写科技报告、论文、专著和讲授，编写理工科教材以及演算理工科习题等方面，都可以显示 MATLAB Notebook 的强大功能。

7.4.1 MATLAB Notebook 的安装

当然使用 MATLAB Notebook 之前，必须安装 Word 和 MATLAB 应用软件。对于 MATLAB 和 word 的不同软件版本，操作的步骤可能略有不同。

具体步骤如下。

（1）在确认系统中分别安装 MATLAB 和 word 软件之后，并启动 MATLAB 命令窗口。

（2）在命令窗口中输入：

```
>> notebook - setup
```

在 MATLAB 命令窗口中屏幕就会得到如下提示：

```
Welcome to the utility for setting up the MATLAB Notebook
for interfacing MATLAB to Microsoft Word

Choose your version of Microsoft Word：
[1] Microsoft Word 97
[2] Microsoft Word 2000
[3] Microsoft Word 2002 (XP)
[4] Exit, making no changes

Microsoft Word Version：
```

（3）根据本机所安装的 Word 的版本选择相应的代号，选择如下。

```
Microsoft Word Version：3
Notebook setup is complete.
```

提示 MATLAB Notebook 安装成功，这样就可以使用 MATLAB Notebook 了。

7.4.2　MATLAB Notebook 的使用

1. 建立或打开 Notebook 文件

MATLAB Notebook 文件又称作 M-book 文件，M-book 文件的建立和打开可以有多种方法，本书建议直接在 MATLAB 命令窗口输入命令来新建或打开一个 M-book 文件，操作如下。

```
>> notebook                           % 新建一个 M-book
>> notebook c：matlab\works\mymfile.doc   % 打开一个已经存在的 M-book
```

打开的 word 窗口，如图 7-12 所示，可以看到在 word 的菜单中多了 Notebook 菜单项，即 Notebook 应用程序。

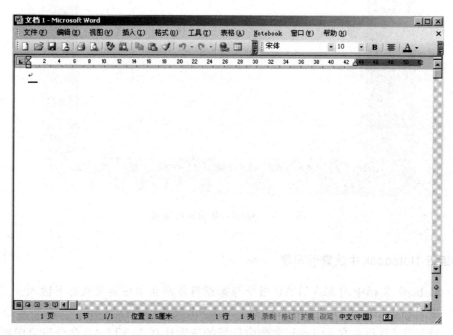

图 7-12　Notebook 运行窗口

2. Notebook 运行

Notebook 和 MATLAB 交互的基本单位为细胞(cell)。Notebook 需要输入 MATLAB 中的命令组成细胞，再传到 MATLAB 中运行，运行输出的结果再以细胞的方式传回 Notebook。

具体的执行过程：在 Notebook 编辑区域采用文本格式输入 MATLAB 命令行，选择 Notebook→Define Input Cell 项，用来定义输入细胞；最后从 Notebook→Evaluate Cell 项或者按 Ctrl+Enter 键，执行 Notebook 中的 MATLAB 程序。

其中，输入细胞都显示为黑方括号包括的绿色字符，输出细胞都是黑方括号包括的蓝色字符，如果出现错误黑方括号包括的红色字符，其他文本都默认为黑色字符。

【例 7-2】 绘制一幅图片输出。

```
t = 0：0.1：20；y = 1 - cos(t).* exp( - t/6);
plot(t,y,'r')
```

结果如图 7-13 所示,并嵌入在 Notebook 文档中。

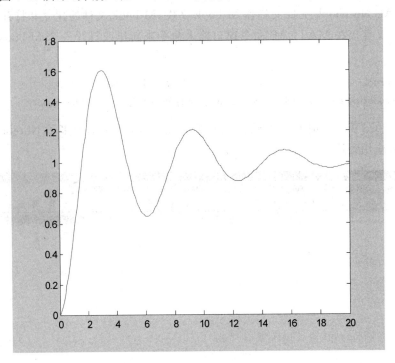

图 7-13   Notebook 的输出结果

3. 运行 Notebook 中注意的问题

(1) M-book 文档中的 MATLAB 指令与标点符号都必须在英文状态下输入。

(2) 带鼠标操作的图形交互指令不能在 M-book 文档中运行。

(3) MATLAB 指令在 M-book 文档中运行的速度比在 MATLAB 命令窗口中慢很多。

(4) 使用 Notebook→Bring MATLAB to Front 可以将 MATLAB 命令窗口调到前台。

(5) 使用 Notebook→Toggle Graph Output for Cell 可以控制是否显示输入细胞或输出细胞的输出图形。若控制为不输出图形,可将光标置于欲运行的细胞内,选择 Toggle Graph Output for Cell 项,在细胞群后将生成 no graph,运行细胞就不显示输出图形。重新选中此项,即可输出图形。

MATLAB命令与函数

- MATLAB 常用管理命令和函数

DEMO	运行演示程序
DOC	装入超文本说明
HELP	在线帮助文件
LOOKFOR	通过 HELP 条目搜索关键字
PATH	控制 MATLAB 的搜索路径
TYPE	列出 M 文件
WHICH	定位函数和文件
WHAT	M、MAT、MEX 文件的目录列表

- 管理变量和工作空间

WHO	列出当前变量
WHOS	列出当前变量(长表)
LOAD	从磁盘文件中恢复变量
SAVE	保存工作空间变量
CLEAR	从内存中清除变量和函数
PACK	整理工作空间内存
SIZE	矩阵的尺寸
LENGTH	向量的长度
DISP	显示矩阵或文件和操作系统有关的命令
CD	改变当前工作目录
DIR	目录列表
DELETE	删除文件
GETENV	获取环境变量值
!	执行 DOS 操作系统命令
UNIX	执行 UNIX 操作系统命令并返回结果
DIARY	保存 MATLAB 任务

- 窗口控制命令

CEDIT	设置命令行编辑
CLC	清命令窗口
HOME	光标置左上角
FORMAT	设置输出格式
ECHO	底稿文件内使用的回显命令
MORE	在命令窗口中控制分页输出

- 启动和退出 MATLAB

QUIT	退出 MATLAB
STARTUP	引用 MATLAB 时所执行的 M 文件
MATLABRC	主启动 M 文件

- 一般信息

INFO	MATLAB 系统信息及 MATHWORKS 公司信息
SUBSCRIBE	成为 MATLAB 的订购用户
HOSTID	MATLAB 主服务程序的识别代号
WHATSNEW	在说明书中未包含的新信息
VER	MATLAB 版本信息

- 操作符和特殊字符

+	加
—	减
*	矩阵乘法
.*	向量乘法
^	矩阵幂
.^	向量幂
\	左除或反斜杠
/	右除或斜杠
./	向量除
KRON	KRONECKER 张量积
:	冒号
()	圆括号
[]	方括号
.	小数点
..	父目录
...	继续
,	逗号
;	分号

%	注释
!	感叹号
'	转置或引用
=	赋值
==	相等
< >	关系操作符
&	逻辑与
|	逻辑或
~	逻辑非
XOR	逻辑异或

- 逻辑函数

EXIST	检查变量或函数是否存在
ANY	向量的任一元为真,则其值为真
ALL	向量的所有元为真,则其值为真
FIND	找出非零元素的索引号

- 三角函数

SIN	正弦
SINH	双曲正弦
ASIN	反正弦
ASINH	反双曲正弦
COS	余弦
CSH	双曲余弦
AOS	反余弦
AOSH	反双曲余弦
TAN	正切
TANH	双曲正切
ATAN	反正切
ATAN2	四象限反正切
ATANH	反双曲正切
AEC	正割
SECH	双曲正割
ASECH	反双曲正割
CSC	余割
CSCH	双曲余割
ACSC	反余割
ACSCH	反双曲余割
COT	余切

COTH	双曲余切
ACOT	反余切
ACOTH	反双曲余切

- 指数函数

EXP	指数
LOG	自然对数
LOG10	常用对数
SQRT	平方根

- 复数函数

ABS	绝对值
ARGLE	相角
CONJ	复共轭
IMAGE	复数虚部
REAL	复数实部

- 数值函数

FIX	朝零方向取整
FLOOR	朝负无穷大方向取整
CEIL	朝正无穷大方向取整
ROUND	朝最近的整数取整
REM	除后取余
SIGN	符号函数

- 基本矩阵

ZEROS	零矩阵
ONES	全"1"矩阵
EYE	单位矩阵
RAND	均匀分布的随机数矩阵
RANDN	正态分布的随机数矩阵
LOGSPACE	对数间隔的向量
MESHGRID	三维图形的 X 和 Y 数组
:	规则间隔的向量

- 特殊变量和常数

ANS	当前的答案
EPS	相对浮点精度
REALMAX	最大浮点数

REALMIN	最小浮点数
PI	圆周率
I,J	虚数单位
INF	无穷大
NAN	非数值
FLOPS	浮点运算次数
NARGIN	函数输入变量数
NARGOUT	函数输出变量数
COMPUTER	计算机类型
ISIEEE	当计算机采用 IEEE 算术标准时,其值为真
WHY	简明的答案
VERSION	MATLAB 版本号

- 时间和日期

CLOCK	挂钟
DATE	日历
ETIME	计时函数
TIC	秒表开始计时
TOC	计时函数
CPUTIME	CPU 时间(以 s 为单位)

- 矩阵操作

DIAG	建立和提取对角阵
FLIPLR	矩阵作左右翻转
FLIPUD	矩阵作上下翻转
RESHAPE	改变矩阵大小
ROT90	矩阵旋转 90 度
TRIL	提取矩阵的下三角部分
TRIU	提取矩阵的上三角部分
:	矩阵的索引号,重新排列矩阵
COMPAN	COMPAN 矩阵
HADAMARD	HADAMARD 矩阵
HANKEL	HANKEL 矩阵
HILB	HILBERT 矩阵
INVHILB	逆 HILBERT 矩阵
KRON	KRONECKER 张量积
MAGIC	魔方矩阵
TOEPLITZ	TOEPLITZ 矩阵
VANDER	VANDERMONDE 矩阵

- 矩阵分析

COND	计算矩阵条件数
NORM	计算矩阵或向量范数
RCOND LINPACK	逆条件值估计
RANK	计算矩阵秩
DET	计算矩阵行列式值
TRACE	计算矩阵的迹
NULL	零矩阵
ORTH	正交化

- 线性方程

\和/	线性方程求解
CHOL	CHOLESKY 分解
LU	高斯消元法求系数阵
INV	矩阵求逆
QR	正交三角矩阵分解（QR 分解）
PINV	矩阵伪逆

- 特征值和奇异值

EIG	求特征值和特征向量
POLY	求特征多项式
HESS	HESSBERG 形式
QZ	广义特征值
CDF2RDF	变复对角矩阵为实分块对角形式
SCHUR	SCHUR 分解
BALANCE	矩阵均衡处理以提高特征值精度
SVDE	奇异值分解

- 矩阵函数

EXPM	矩阵指数
EXPM1	实现 EXPM 的 M 文件
EXPM2	通过泰勒级数求矩阵指数
EXPM3	通过特征值和特征向量求矩阵指数
LOGM	矩阵对数
SQRTM	矩阵开平方根
FUNM	一般矩阵的计算

- 泛函——非线性数值方法

ODE23	低阶法求解常微分方程

ODE23P	低阶法求解常微分方程并绘出结果图形
ODE45	高阶法求解常微分方程
QUAD	低阶法计算数值积分
QUAD8	高阶法计算数值积分
FMIN	单变量函数的极小变化
FMINS	多变量函数的极小化
FZERO	找出单变量函数的零点
FPLOT	函数绘图

- 多项式函数

ROOTS	求多项式根
POLY	构造具有指定根的多项式
POLYVALM	带矩阵变量的多项式计算
RESIDUE	部分分式展开(留数计算)
POLYFIT	数据的多项式拟合
POLYDER	微分多项式
CONV	多项式乘法
DECONV	多项式除法

- 建立和控制图形窗口

FIGURE	建立图形
GCF	获取当前图形的句柄
CLF	清除当前图形
CLOSE	关闭图形

- 建立和控制坐标系

SUBPLOT	在标定位置上建立坐标系
AXES	在任意位置上建立坐标系
GCA	获取当前坐标系的句柄
CLA	清除当前坐标系
AXIS	控制坐标系的刻度和形式
CAXIS	控制伪彩色坐标刻度
HOLD	保持当前图形

- 句柄图形对象

FIGURE	建立图形窗口
AXES	建立坐标系
LINE	建立曲线
TEXT	建立文本串

PATCH	建立图形填充块
SURFACE	建立曲面
IMAGE	建立图像
UICONTROL	建立用户界面控制
UIMEN	建立用户界面菜单

- 句柄图形操作

SET	设置对象
GET	获取对象特征
RESET	重置对象特征
DELETE	删除对象
NEWPLOT	预测 NEXTPLOT 性质的 M 文件
GCO	获取当前对象的句柄
DRAWNOW	填充未完成绘图事件
FINDOBJ	寻找指定特征值的对象

- 打印和存储

PRINT	打印图形或保存图形
PRINTOPT	配置本地打印机默认值
ORIENT	设置纸张取向
CAPTURE	屏幕抓取当前图形

- 基本 X—Y 图形

PLOT	线性图形
LOGLOG	对数坐标图形
SEMILOGX	半对数坐标图形(X 轴为对数坐标)
SEMILOGY	半对数坐标图形(Y 轴为对数坐标)
FILL	绘制二维多边形填充图

- 特殊 X—Y 图形

POLAR	极坐标图
BAR	条形图
STEM	离散序列图或杆图
STAIRS	阶梯图
ERRORBAR	误差条图
HIST	直方图
ROSE	角度直方图
COMPASS	区域图
FEATHER	箭头图

FPLOT	绘图函数
COMET	星点图

- 图形注释

TITLE	图形标题
XLABEL	X 轴标记
YLABEL	Y 轴标记
TEXT	文本注释
GTEXT	用鼠标放置文本
GRID	网格线

- MATLAB 编程语言

FUNCTION	增加新的函数
EVAL	执行由 MATLAB 表达式构成的字串
FEVAL	执行由字串指定的函数
GLOBAL	定义全局变量

- 程序控制流

IF	条件执行语句
ELSE	与 IF 命令配合使用
ELSEIF	与 IF 命令配合使用
END	FOR,WHILE 和 IF 语句的结束
FOR	重复执行指定次数(循环)
WHILE	重复执行不定次数(循环)
BREAK	终止循环的执行
RETURN	返回引用的函数
ERROR	显示信息并终止函数的执行

- 交互输入

INPUT	提示用户输入
KEYBOARD	像底稿文件一样使用键盘输入
MENU	产生由用户输入选择的菜单
PAUSE	等待用户响应
UIMENU	建立用户界面菜单
UICONTROL	建立用户界面控制

- 一般字符串函数

STRINGS	MATLAB 中有关字符串函数的说明
ABS	变字符串为数值

SETSTR	变数值为字符串
ISSTR	当变量为字符串时其值为真
BLANKS	空串
DEBLANK	删除尾部的空串
STR2MAT	从各个字符串中形成文本矩阵
EVAL	执行由 MATLAB 表达式组成的串

- 字符串比较

STRCMP	比较字符串
FINDSTR	在一字符串中查找另一个子串
UPPER	变字符串为大写
LOWER	变字符串为小写
ISLETTER	当变量为字母时,其值为真
ISSPACE	当变量为空白字符时,其值为真

- 字符串与数值之间变换

NUM2STR	变数值为字符串
INT2STR	变整数为字符串
STR2NUM	变字符串为数值
SPRINTF	变数值为格式控制下的字符串
SSCANF	变字符串为格式控制下的数值

- 十进制与十六进制数之间变换

HEX2NUM	变十六进制为 IEEE 标准下的浮点数
HEX2DEC	变十六制数为十进制数
DEC2HEX	变十进制数为十六进制数

- 建模

APPEND	追加系统动态特性
AUGSTATE	变量状态作为输出
BLKBUILD	从方框图中构造状态空间系统
CLOOP	系统的闭环
CONNECT	方框图建模
CONV	两个多项式的卷积
DESTIM	从增益矩阵中形成离散状态估计器
DREG	从增益矩阵中形成离散控制器和估计器
DRMODEL	产生随机离散模型
ESTIM	从增益矩阵中形成连续状态估计器
FEEDBACK	反馈系统连接

ORD2　　　　　　　　　产生二阶系统的 A、B、C、D

PADE　　　　　　　　　时延的 PADE 近似

PARALLEL　　　　　　　并行系统连接

REG　　　　　　　　　从增益矩阵中形成连续控制器和估计器

RMODEL　　　　　　　产生随机连续模型

SERIES　　　　　　　　串行系统连接

SSDELETE　　　　　　　从模型中删除输入、输出或状态

SSSELECT　　　　　　　从大系统中选择子系统

- 模型变换

C2D　　　　　　　　　变连续系统为离散系统

C2DM　　　　　　　　利用指定方法变连续为离散系统

C2DT　　　　　　　　带延时的变连续为离散系统

D2C　　　　　　　　　变离散为连续系统

D2CM　　　　　　　　利用指定方法变离散为连续系统

POLY　　　　　　　　变根值表示为多项式表示

RESIDUE　　　　　　　部分分式展开

SS2TF　　　　　　　　变状态空间表示为传递函数表示

SS2ZP　　　　　　　　变状态空间表示为零极点表示

TF2SS　　　　　　　　变传递函数表示为状态空间表示

TF2ZP　　　　　　　　变传递函数表示为零极点表示

ZP2TF　　　　　　　　变零极点表示为传递函数表示

ZP2SS　　　　　　　　变零极点表示为状态空间表示

- 模型简化

BALREAL　　　　　　　平衡实现

DBALREAL　　　　　　离散平衡实现

DMODRED　　　　　　离散模型降阶

MINREAL　　　　　　最小实现和零极点对消

MODRED　　　　　　　模型降阶

- 模型实现

CANON　　　　　　　正则形式

CTRBF　　　　　　　可控阶梯形

OBSVF　　　　　　　可观阶梯形

SS2SS　　　　　　　采用相似变换

- 模型特性

COVAR　　　　　　　相对于白噪声的连续协方差响应

CTRB	可控性矩阵
DAMP	阻尼系数和固有频率
DCGAIN	连续稳态(直流)增益
DCOVAR	相对于白噪声的离散协方差响应
DDAMP	离散阻尼系数和固有频率
DDCGAIN	离散系统增益
DGRAM	离散可控性和可观性
DSORT	按幅值排序离散特征值
EIG	特征值和特征向量
ESORT	按实部排列连续特征值
GRAM	可控性和可观性
OBSV	可观性矩阵
PRINTSYS	按格式显示系统
ROOTS	多项式之根
TZERO	传递零点
TZERO2	利用随机扰动法传递零点

- 时域响应

DIMPULSE	离散时间单位冲激响应
DINITIAL	离散时间零输入响应
DLSIM	任意输入下的离散时间仿真
DSTEP	离散时间阶跃响应
FILTER	单输入单输出 Z 变换仿真
IMPULSE	冲激响应
INITIAL	连续时间零输入响应
LSIM	任意输入下的连续时间仿真
LTITR	低级时间响应函数
STEP	阶跃响应
STEPFUN	阶跃函数

- 频域响应

BODE	BODE 图(频域响应)
DBODE	离散 BODE 图
DNICHOLS	离散 NICHOLS 图
DNYQUIST	离散 NYQUIST 图
DSIGMA	离散奇异值频域图
FBODE	连续系统的快速 BODE 图
FREQS	拉普拉斯变换频率响应
FREQZ	Z 变换频率响应

LTIFR	低级频率响应函数
MARGIN	增益和相位裕度
NICHOLS	NICHOLS 图
NGRID	画 NICHOLS 图的栅格线
NYQUIST	NYQUIST 图
SIGMA	奇异值频域图

- 根轨迹

PZMAP	零极点图
RLOCFIND	交互式地确定根轨迹增益
RLOCUS	画根轨迹
SGRID	在网格上画连续根轨迹
ZGRID	在网格上画离散根轨迹

- 增益选择

ACKER	单输入单输出极点配置
DLQE	离散线性二次估计器设计
DLQEW	离散线性二次估计器设计
DLQR	离散线性二次调节器设计
DLQRY	输出加权的离散调节器设计
LQE	线性二次估计器设计
LQED	基于连续代价函数的离散估计器设计
LQE2	利用 SCHUR 法设计线性二次估计器
LQEW	一般线性二次估计器设计
LQR	线性二次调节器设计
LQRD	基于连续代价函数的离散调节器设计
LQRY	输出加权的调节器设计
LQR2	利用 SCHUR 法设计线性二次调节器
PLACE	极点配置

- 方程求解

ARE	代数 RICCATI 方程求解
DLYAP	离散 LYAPUNOV 方程求解
LYAP	连续 LYAPUNOV 方程求解
LYAP2	利用对角化求解 LYAPUNOV 方程

- 演示示例

BOILDEMO	锅炉系统的 LQG 设计
CTRLDEMO	控制工具箱介绍

DISKDEMO	硬盘控制器的数字控制
JETDEMO	喷气式飞机偏航阻尼的典型设计
KALMDEMO	KALMAN 滤波器设计和仿真

- 实用工具

ABCDCHK	检测(A、B、C、D)组的一致性
CHOP	取 N 个重要的位置
DEXRESP	离散取样响应函数
DFRQINT	离散 BODE 图的自动定范围的算法
DFRQINT2	离散 NYQUIST 图的自动定范围的算法
DMULRESP	离散多变量响应函数
DISTSL	到直线间的距离
DRIC	离散 RICCATI 方程留数计算
DSIGMA2	DSIGMA 实用工具函数
DTIMVEC	离散时间响应的自动定范围算法
EXRESP	取样响应函数
FREQINT	BODE 图的自动定范围算法
FREQINT2	NYQUIST 图的自动定范围算法
FREQRESP	低级频率响应函数
GIVENS	旋转
HOUSH	构造 HOUSEHOLDER 变换
IMARGIN	利用内插技术求增益和相位裕度
LAB2SER	变标号为字符串
MULRESP	多变量响应函数
NARGCHK	检测 M 文件的变量数
PERPXY	寻找最近的正交点
POLY2STR	变多项式为字符串
PRINTMAT	带行列号打印矩阵
RIC	RICCATI 方程留数计算
SCHORD	有序 SCHWR 分解
SIGMA2	SIGMA 使用函数
TFCHK	检测传递函数的一致性
TIMVEC	连续时间响应的自动定范围算法
TZREDUCE	在计算过零点时简化系统
VSORT	匹配两根轨迹的向量

Simulink模块列表

Simulink 6.0 工具箱有 13 模块库,详情如下。

附表 2-1　Continous 模块库

名称	模型	功能	名称	模型	功能
Derivative	du/dt	微分模块	Transport Delay		延时模块
Integrator	$\frac{1}{s}$	积分模块	Variable Transport Delay		可变延时模块
State-Space	$x' = Ax+Bu$ $y = Cx+Du$	状态空间模块	Zero-Pole	$\frac{(s-1)}{s(s+1)}$	零极点模型
Transfer Fcn	$\frac{1}{s+1}$	传递函数模块			

附表 2-2　Discontinuties 模块库

名称	模型	功能	名称	模型	功能
Backlash		在输出不变区恒定,之外线性变换	Quantizer	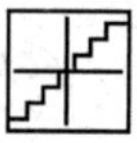	量化模块
Coulomb&Viscous Friction	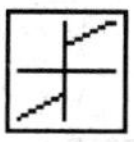	原定外不连续,之外线性	Rate Limiter	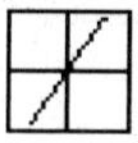	限定变化率模块
Dead Zone	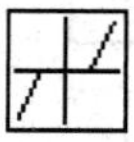	带死区非线性	Relay	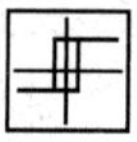	带时滞环的继电器特性模块
Hit Crossing	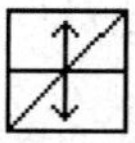	过零检测	Saturation	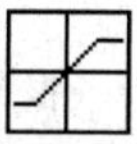	对输出信号限幅

附表 2-3　Discrete 模块库

名称	模型	功能	名称	模型	功能
Discrete Transfer Fcn	$\dfrac{1}{z+0.5}$	离散传递函数模块	First-Order Hold		一阶保持器模块
Discrete Zero-Pole	$\dfrac{(z-1)}{z(z-0.5)}$	离散零极点模型	Memory		对输入信号进行一步保持,下一步输出
Discrete Filter	$\dfrac{1}{1+0.5z^{-1}}$	离散滤波器模块	Unit Delay	$\dfrac{1}{z}$	进行一个采样周期延时
Discrete State-Space	y(n)=Cx(n)+Du(n) x(n+1)=Ax(n)+Bu(n)	离散状态空间模块	Zero-Order Hold		零阶保持器
Discrete-Time Integrator	$\dfrac{T}{z-1}$	离散积分模块			

附表 2-4　Look-Up Tables 模块库

名称	模型	功能	名称	模型	功能
Direct Look-Up Table (n-D)	n-D T[k]	从表中选择数据	Look-Up Table (2-D)		建立两维输入信号的查询表
Interpolation (n-D) using PreLook-Up	n-D T(k,r)	对输入信号进行内插运算	Look-Up Table (n-D)	n-D T(u)	建立 n 维输入信号的查询表
Look-Up Table		建立一维输入信号的查询表	PreLook-Up Index Search	u　k	查找输入信号范围

附表 2-5　Math Operations 模块库

名称	模型	功能	名称	模型	功能
Abs	$|u|$	取绝对模块	Matrix Gain	u	增益模块
Algebraic Constraint	f(2) Solve =0	强制为零模块	MinMax	min	求取最大与最小值
Assignment	U1 -> Y U2 -> Y(E) Y	给信号指定元素	Polynomial	P(u) O(P) = 5	多项式输出
Bitwise Logical Operator	bitwise AND 'FFFF'	对信号位操作	Product	×	乘除运算
Combinatorial Logic	[:::]	根据真值表进行组合逻辑运算	Real-Imag to Complex	Re Im	有实部与虚部构建复数

续表

名称	模型	功能	名称	模型	功能
Complex to Magnitude-Angle	⌐|u| ∠u	取复数心火的模和幅角	Relational Operator	<=	关系运算模块
Complex to Real-Imag	Re(u) Im(u)	求取实部与虚部	Reshape	U(:)	维数变换模块
Dot Product	·	求内积	Rounding Function	floor	取整运算
Gain	1	增益环节	Sign		符号函数
Logical Operator	AND	逻辑运算模块	Slider Gain	1	可变增益
Magnitude-Angle to Complex	|·| ∠	将模与幅角转换复数	Sum	+++	求和点
Math Function	e^u	数学运算	Trigonometric Function	sin	三角函数模块
Matrix Concatenation	Horiz Cat	将输入信号连接成矩阵输出			

附表 2-6　**Model Verification 模块库**

名称	模型	功能	名称	模型	功能
Assertion		非零检测模块	Check Dynamic Lower Bound		检测信号是否低于某信号
Check Discrete Gradient		检测二连续信号差值	Check Dynamic Upper Bound		检测信号是否高于某信号
Check Dynamic Gap		检测信号幅值	Check Input Resolution		检测信号的分辨率
Check Dynamic Range		检测输入信号是否在某一范围	Check Static Lower Bound		检测信号是否不低于某下界
Check Static Gap		检测输入信号范围	Check Static Upper Bound		检测信号是否不高于某上界
Check Static Range		检测信号固定范围			

附表 2-7　Model-Wide Utilities 模块库

名称	模型	功能	名称	模型	功能
DocBlock	DOC	创建描述文档	Timed-Based Linearization	T=1	根据仿真时间生成线性模型
Model Info	Model Info	在模型中显示信息	Trigger-Based Linearization		根据触发事件生成线性模型

附表 2-8　Port&Subsystems 模块库

名称	模型	功能	名称	模型	功能
Configurable Subsystem	Template	表示指定模块库中的一组模块	In1	1	子系统输入端口
Atomic Subsystem	In1　Out1	另一系统的子系统	Out1	1	子系统输出端口
Enable		使能端	Subsystem	In1　Out1	建立子系统
Enabled Subsystem	In1　Out1	使能子系统	Subsystem Examples	Subsystem Examples	子系统实例
Enabled and Triggered Subsystem	In1　Out1	触发使能子系统	Switch Case	case [1]: default:	Switch-Case 逻辑操作
For Iterator Subsystem	In1　for{...}　Out1	"For"迭代子系统	Switch Case Action Subsystem	Action In1　Out1	Switch Case 子系统
Function-Call Generator	t0	定时间定速率执行调用子系统	Trigger		触发端口
Function-Call Subsystem	function() In1　Out1	函数调用子系统	Triggered Subsystem	In1　Out1	触发子系统
If	if(u1 > 0) u1　else	实现 if-else 操作	While Iterator Subsystem	In1 while{...} Out1 IC	While 子系统
If Action Subsystem	Action In1　Out1	If 条件子系统			

附表 2-9　**Signal Attributes 模块库**

名称	模型	功能	名称	模型	功能
Data Type Conversion	auto (???)	数据类型转换	Rate Transition		不同采样速率转换
IC	[1]	设置信号初始值	Signal Specification	Inherit	指定信号属性
Probe	Ts:[0 0], C:0, D:0	获取信号属性	Width	0	信号宽度

附表 2-10　**Signal Routing 模块库**

名称	模型	功能	名称	模型	功能
Bus Creator		创建信号总线	Goto Tag Visibility	{A}	定义 Goto 模块标签范围
Bus Selector		输入总线选择	Manual Switch		手动选择开关
Data Store Memory	A	定义共享数据区	Merge	Merge	将输入合并输出
Data Store Read	A	从共享数据区读数据	Multiport Switch		在多输入选择输出
Data Store Write	A	向共享数据区写数据	Mux		将多路信号复用输出
Demux		将复用信号分路输出	Selector		进行元素选择输出
From	[A]	从 Goto 模块输入数据	Switch		1,3 路选择输出
Goto	[A]	将数据输入 From 模块中			

附表 2-11　**Sinks 模块库**

名称	模型	功能	名称	模型	功能
Display	0	显示输入信号数值	Terminator		无连接的输出端
Floating Scope		浮点示波器	To File	untitled.mat	将数据写入文件

续表

名称	模型	功能	名称	模型	功能
Out1	1	输出端口	To Workspace	simout	将数据写入工作空间
Scope		示波器	XY Graph		在图形窗口画出输入信号的关系图
Stop Simulation	STOP	输入非零终止			

附表 2-12　Sources 模块库

名称	模型	功能	名称	模型	功能
Band-Limited White Noise		对连续系统引入一个带限白噪声	Pulse Generator		脉冲信号发生器
Chirp Signal		产生一个线性调频信号	Ramp		斜坡信号
Clock		输出每个仿真步点的时刻值	Random Number		高斯分布的随机信号
Constant	1	常量信号	Repeating Sequence		周期序列
Digital Clock	12:34	指定间隔采样时间	Signal Generator		信号发生器
From Workspace	simin	从工作空间读入数据	Signal Builder	signal 1	分段线性信号
From File	untitled.mat	从 mat 文件读入数据	Sine Wave		正弦波
Ground		输入接地	Step		阶跃信号
In1	1	为子系统建立输入端口	Uniform Random Number		均匀分布的随机数

附表 2-13　User-Defined Function 模块库

名称	模型	功能	名称	模型	功能
Fcn	f(u)	Matlab 表达式运算	S-Function	system	实现 S 函数调用
MATLAB Fcn	MATLAB Function	Matlab 函数	S-Function Builder	system	创建 S 函数

参 考 文 献

1. 张志涌. 精通 MATLAB 6.5. 北京：北京航空航天大学出版社，2003
2. 周渊深. 交直流调速系统与 MATLAB 仿真. 北京：中国电力出版社，2003
3. 陈伯时. 电力拖动自控系统(第二版). 北京：机械工业出版社，1997
4. 李正熙. 电力拖动自控系统. 北京：冶金工业出版社，1997
5. 曲永印. 电力电子变流技术. 北京：冶金工业出版社，2002
6. 吴天明，谢小竹，彭彬. MATLAB 电力系统设计与分析. 北京：国防工业出版社，2004
7. 钟麟，王峰. MATLAB 仿真技术与应用教程. 北京：国防工业出版社，2004
8. 李华德. 交流调速控制系统. 北京：电子工业出版社，2003
9. 王云亮. 电力电子技术. 北京：电子工业出版社，2003
10. 王学辉，张明辉. MATLAB 6.1 最新应用详解. 北京：中国电力出版社，2003
11. 吴晓莉. MATLAB 辅助模糊系统设计. 西安：西安电子科技大学出版社，2002

读者意见反馈

亲爱的读者：

感谢您一直以来对清华版计算机教材的支持和爱护。为了今后为您提供更优秀的教材，请您抽出宝贵的时间来填写下面的意见反馈表，以便我们更好地对本教材做进一步改进。同时如果您在使用本教材的过程中遇到了什么问题，或者有什么好的建议，也请您来信告诉我们。

地址：北京市海淀区双清路学研大厦 A 座 602 室　计算机与信息分社营销室　收

邮编：100084　　　　　　　　　　　电子邮件：jsjjc@tup. tsinghua. edu. cn

电话：010-62770175-4608/4409　　　邮购电话：010-62786544

教材名称：MATLAB 应用技术——在电气工程与自动化专业中的应用
ISBN：7-302-13290-9/TP • 8385

个人资料

姓名：_____　　年龄：_____　所在院校/专业：_____

文化程度：_____　通信地址：_____

联系电话：_____　电子信箱：_____

您使用本书是作为：□指定教材 □选用教材 □辅导教材 □自学教材

您对本书封面设计的满意度：

□很满意 □满意 □一般 □不满意　改进建议_____

您对本书印刷质量的满意度：

□很满意 □满意 □一般 □不满意　改进建议_____

您对本书的总体满意度：

从语言质量角度看　□很满意 □满意 □一般 □不满意

从科技含量角度看　□很满意 □满意 □一般 □不满意

本书最令您满意的是：

□指导明确 □内容充实 □讲解详尽 □实例丰富

您认为本书在哪些地方应进行修改？（可附页）

_____

_____

您希望本书在哪些方面进行改进？（可附页）

_____

_____

电子教案支持

敬爱的教师：

为了配合本课程的教学需要，本教材配有配套的电子教案（素材），有需求的教师可以与我们联系，我们将向使用本教材进行教学的教师免费赠送电子教案（素材），希望有助于教学活动的开展。相关信息请拨打电话 010-62776969 或发送电子邮件至 jsjjc@tup. tsinghua. edu. cn 咨询，也可以到清华大学出版社主页（http://www. tup. com. cn 或 http://www. tup. tsinghua. edu. cn）上查询。